T0245442

CAMBRIDGE LIBRARY COLLECTION

Books of enduring scholarly value

Mathematics

From its pre-historic roots in simple counting to the algorithms powering modern desktop computers, from the genius of Archimedes to the genius of Einstein, advances in mathematical understanding and numerical techniques have been directly responsible for creating the modern world as we know it. This series will provide a library of the most influential publications and writers on mathematics in its broadest sense. As such, it will show not only the deep roots from which modern science and technology have grown, but also the astonishing breadth of application of mathematical techniques in the humanities and social sciences, and in everyday life.

Oeuvres de Desargues

The French mathematician and engineer Gérard Desargues (1591–1661) was one of the founders of projective geometry. Desargues' theorem is named in the honour of this prolific writer of treatises on geometry and its application to the arts and architecture. His important writings, which had been lost, were published in 1864 by the mathematician and scientific historian Noël-Germinal Poudra (1794–1894). Poudra's two-volume edition, republished here, reveals the major role played by Desargues in the scientific debates of the seventeenth century. It includes a biography of Desargues, in which Poudra discusses his role as architect, as well as his influence on famous scientists of his time including Pascal and Descartes. Volume 1 contains the majority of Desargues' treatises, including 'Perspective' (1636), followed by an analysis by Poudra, and the 'Traité des Coniques' (1639), with a lexicon of the scientific terms used.

Cambridge University Press has long been a pioneer in the reissuing of out-of-print titles from its own backlist, producing digital reprints of books that are still sought after by scholars and students but could not be reprinted economically using traditional technology. The Cambridge Library Collection extends this activity to a wider range of books which are still of importance to researchers and professionals, either for the source material they contain, or as landmarks in the history of their academic discipline.

Drawing from the world-renowned collections in the Cambridge University Library, and guided by the advice of experts in each subject area, Cambridge University Press is using state-of-the-art scanning machines in its own Printing House to capture the content of each book selected for inclusion. The files are processed to give a consistently clear, crisp image, and the books finished to the high quality standard for which the Press is recognised around the world. The latest print-on-demand technology ensures that the books will remain available indefinitely, and that orders for single or multiple copies can quickly be supplied.

The Cambridge Library Collection will bring back to life books of enduring scholarly value (including out-of-copyright works originally issued by other publishers) across a wide range of disciplines in the humanities and social sciences and in science and technology.

Oeuvres de Desargues

Volume 1

Edited by
Noël Germinal Poudra

CAMBRIDGE UNIVERSITY PRESS

Cambridge, New York, Melbourne, Madrid, Cape Town,
Singapore, São Paolo, Delhi, Tokyo, Mexico City

Published in the United States of America by Cambridge University Press, New York

www.cambridge.org
Information on this title: www.cambridge.org/9781108032575

This edition first published 1864
This digitally printed version 2011

ISBN 978-1-108-03257-5 Paperback

ŒUVRES

DE DESARGUES

OUVRAGES DU MÊME AUTEUR,

(M. POUDRA.)

Ombres, comprenant la détermination des effets produits par la lumière sur les corps et les moyens de les rendre par le LAVIS.

Perspective, contenant l'exposition, de la méthode des échelles de Desargues, de celle des points de concours et conduisant à représenter en Perspective, un sujet donné, sans le secours des plans, au moyen de simples croquis cotés.

Architecture, ou cours de construction.

Gnomonique, ramenée au simple tracé d'un cadran horizontal.

Machines, ou traité de Mécanique pratique.

(Ces cinq parties sont le texte des leçons professées à l'École d'état-major, par l'auteur, elles forment 3 vol. in-fol. lithographiés.)

Traité de Perspective-Relief, comprenant la construction des bas-reliefs. le tracé des décorations théâtrales, une théorie des apparences avec des applications aux décorations architecturale et au tracé des parcs et jardins. — Précédé du rapport fait sur cet ouvrage, à l'Académie des sciences, par MM. le général Poncelet, et Chasles rapporteur.

(Un vol. in-8., chez Leiber.)

Histoire de la perspective ancienne et moderne, contenant l'exposition de toutes les méthodes connues de Perspective, et une analyse des ouvrages sur cette science.

(Imprimée, en partie, dans le *Journal des Sciences militaires* de Corréard. 1860-61. *La fin est sous presse*)

Examen critique du Traité de perspective de M. D. L. G.

(Journal des Sciences militaires, année 1859, brochure.)

Question de probabilité, avec applications aux opérations géodésiques.

(Conjointement avec le colonel HOSSARD, brochure, chez Leiber.)

Divers mémoires de géométrie, (*dans les Annales de mathématiques* de O. TERQUEM, *années* 1855-56-57-58...)

Sceaux. — Imprimerie de E. Dépée.

OEUVRES

DE

DESARGUES

RÉUNIES ET ANALYSÉES

PAR M. POUDRA,

Officier supérieur d'état-major en retraite, ancien élève de l'École polytechnique.
auteur d'un Traité de Perspective-relief, etc..

PRÉCÉDÉES

D'UNE NOUVELLE BIOGRAPHIE DE DESARGUES,

SUIVIES DE

- L'Analyse des ouvrages de Bosse, élève et ami de Desargues;
De Notices sur Desargues extraites de la vie de Descartes, par Baillet;
et des lettres de Descartes;
- De Notices diverses sur Desargues, par le P. Colonia, Pernetty.
MM. Poncelet et Chasles;
De Notices sur la Perspective d'Aleaume et Migon; —
Sur celle de Niceron; — Sur celle de Grégoire Huret;
et d'un Recueil très-rare de divers libelles publiés contre Desargnes.

TOME I.

Avec planches.

PARIS

LEIBER, ÉDITEUR,

RUE DE SEINE-SAINT-GERMAIN, 13.

1861

ERRATA DU PREMIER VOLUME.

Page 233, art. 4, voir page 236, art 4, mais aussi, etc.
— 256 ligne 6, *lisez* involution *au lieu de* invention.
— 292 — 18 — une *au lieu de* un.
— 319 — 5 — R'V' *au lieu de* RV.
— 13 — V'R'P *au lieu de* VRP.
— 15 — TPR' *au lieu de* TPR.
— 321 — 3 — ; *après* la porte;
— 5 — ; *après* représentent;
— 9 — ; *après* la porte;
— 22 — ; *après* min;
— 324 — 13 — que *après* pas.
— 22 — K'N *au lieu de* KN.
— 325 — 9 — Z' *au lieu de* Z.
— 325 — 1 — K *au lieu de* K.
— 15 — B *au lieu de* D.
— 23,24,25 — K' *au lieu de* K.
— 328 — 18 — M' *au lieu de* M.
— 329 — 2 — I' *au lieu de* I.
— 17 — K' *au lieu de* K.
— 19 — I' *au lieu de* L.
— 332 — 7 — et que le trait *au lieu de* trait.
— 20 — Ak, Hk *au lieu de* AK, HK.
— 342 — 5 — Q'L' *au lieu de* QL.
— 345 — 11 — O' *au lieu de* o.
— 17 — oo' *au lieu de* oo.
— 19 — oo'O *au lieu de* ooO.
— 346 — 5 — III *au lieu de* II'.
— 11 — L'Q' *au lieu de* LQ.
— 14 — L Q' *au lieu de* LQ.
— 405 — 7 — ct *au lieu de* t.

De la page 306 à 336 *mettre en tête de page* coupe des pierres *au lieu d'*Analyse des coniques.

OBSERVATION.

Dans cet ouvrage on a copié textuellement les originaux et suivi leur orthographe, malgré les irrégularités qu'elle présente.

PRÉFACE.

Les ouvrages du célèbre géomètre Desargues ont été pendant longtemps considérés comme perdus ; son nom semblait même être oublié des biographes, lorsqu'en 1822, M. le général Poncelet, dans son Traité des propriétés projectives, appela l'attention sur ce véritable et profond géomètre, et le reconnut, sous le titre mérité de Monge de son siècle, comme l'un des fondateurs de la géométrie moderne.

M. Chasles confirma cette appréciation, en donnant, dans son histoire de la géométrie, les résultats de ses importantes recherches sur Desargues et en faisant connaître le mérite de quelques-unes de ses belles conceptions en géométrie. Dans une note, où M. Chasles parle de quelques détracteurs de Desargues, on trouve ce passage : « L'estime que mérite « Desargues, qui a été si peu connu des biographes, « nous a porté à entrer dans ces détails, espérant « qu'ils pourront piquer la curiosité de quelques

« personnes et les engager à rechercher les ouvrages
« originaux de cet homme de génie et les pièces
« relatives à ses démêlés scientifiques. Sa corres-
« pondance avec les hommes les plus illustres de
« son temps, dont il partageait les travaux et qui le
« voulaient tous pour juge de leurs ouvrages,
« serait aussi une découverte précieuse pour l'his-
« toire littéraire de ce dix-septième siècle qui fait
« tant d'honneur à l'esprit humain. »

Stimulé par l'opinion de ces deux savants, nous avons entrepris de rechercher les ouvrages de Desargues et de réunir tous les renseignements qui peuvent servir à faire connaître la part qu'il a prise dans le grand mouvement scientifique de l'époque. Ce sont les résultats de ces recherches que nous donnons dans ce volume.

Le premier ouvrage de Desargues, que nous avons pu connaître, est celui qu'un heureux hasard fit découvrir, en 1845, par M. Chasles chez un libraire de Paris : c'est une copie faite par le géomètre De la Hire, de son principal ouvrage, qui traite des sections coniques. Ce précieux manuscrit est maintenant déposé dans la bibliothèque de l'Académie des sciences, avec la lettre de De la Hire qui en établit l'authenticité.

Le deuxième ouvrage est celui sur la coupe des pierres dont un exemplaire se trouve aussi dans la même bibliothèque ; mais malheureusement les planches y manquent ; de sorte que nous avons été obligé de les rétablir sur le texte. Il contient aussi la manière de tracer les cadrans solaires.

Nous avons pu recomposer la méthode employée par Desargues pour déterminer le style dans les cadrans solaires, en l'extrayant, phrase par phrase, d'une analyse qui en est faite par un inconnu.

Le traité de Perspective de 1636, qui est le premier ouvrage de Desargues, se trouve en entier, à la suite de celui de Bosse sur le même sujet. Nous avons retrouvé, également dans les œuvres de Bosse, divers mémoires intéressants, évidemment de Desargues, sur la géométrie et sur la perspective, et de plus, des reconnaissances signées de Desargues certifiant que tout le contenu de ces ouvrages de Bosse était conforme aux idées qu'il lui avait communiquées ; ces reconnaissances sont aussi fort intéressantes en ce qu'elles sont en même temps des réponses aux détracteurs de Desargues.

On trouve dans les œuvres de Bosse et dans quelques autres écrits de l'époque, principalement dans ceux des détracteurs de Desargues, les titres des divers ouvrages de ce géomètre. Nous croyons avoir été assez heureux pour en retrouver la plus grande partie ; il nous manque seulement une note, ou annexe ajoutée au traité des sections coniques, sur *les contrariétés d'entre les actions des puissances ou forces.* Nous en donnons un fragment qui en fera regretter la perte ; on verra qu'il y traitait de la gravité, ou pesanteur.

Nous n'avons pas pu retrouver, ni expliquer bien clairement un ouvrage que divers auteurs appellent, *lecons de ténèbres.*

Nous avons trouvé réunis, divers libelles contre Desargues, qui donnent, non-seulement les titres des ouvrages cités ci-dessus, mais encore ceux de plusieurs placards que Desargues fit afficher sur les murs de Paris, contre la Perspective attribuée au père Dubreuil et contre l'Examen de ses œuvres par Curabelle ; nous en donnons les titres, avec quelques extraits.

Toutes les idées de Desargues sur les sciences d'application ne sont pas renfermées dans ses ouvrages. Ce géomètre était très-concis, et ne donnait que des principes très-généraux, laissant à d'autres le soin d'en tirer toutes les conséquences ; c'est principalement son élève et ami, le célèbre graveur Abraham Bosse, qui s'est chargé de ces développements, et quoique donnés par lui d'une manière diffuse, ils suffisent pour en faire apprécier le mérite. Nous avons donc cru devoir compléter les œuvres de Desargues, en y ajoutant une analyse de quelques ouvrages de Bosse et principalement de ceux qui portent en tête la reconnaissance de Desargues, de manière à faire ressortir les pensées originales qui, de l'aveu de Bosse lui-même, appartiennent à son maître. C'est ainsi que nous avons pu restituer à Desargues ses méthodes de perspective sur des surfaces courbes, ou irrégulières, ses idées sur la perspective des bas-reliefs, sujet qui n'avait jamais été traité avant lui ; et enfin faire connaître les développements de ses ouvrages sur la coupe des pierres, la gnomonique, la perspective ordinaire. Par cet examen des œuvres de Bosse, nous avons ensuite acquis la certitude que Desargues était architecte ou ingénieur ; nous avons pu même restituer à ce savant deux idées neuves sur l'architecture, l'une sur le tracé des escaliers, et l'autre sur la nécessité de soumettre à l'épreuve de la perspective les plans géométraux tracés pour l'érection d'un édifice. Nous aurons donc, comme on le voit, à considérer Desargues sous ce nouveau point de vue que des renseignements pris aux archives de la ville de Lyon sont ensuite venus confirmer.

Les ouvrages de Desargues présentant beaucoup d'obscurité, due à son style original et surtout aux nombreux néologismes qu'ils renferment, nous avons cru être utile en ajoutant une courte analyse de chacun d'eux; mais nous prévenons cependant que nous sommes loin d'y avoir mis tous les développements dont ils sont susceptibles, car, sans cela, nous aurions bien vite dépassé considérablement l'étendue même de ces ouvrages. Il suffit de savoir en effet que Desargues est, dans ses écrits, d'une grande concision, que ses propositions ne sont presque jamais accompagnées de démonstration, et qu'après plusieurs d'entr'elles, on trouve cette phrase : « *Celui qui voudra débrouiller cette proposition, en* « *pourra facilement composer un volume :* » Ainsi nous reconnaissons que les géomètres y trouveront encore de nombreux sujets d'étude.

Pour compléter le résultat de nos recherches, nous avons cru devoir ajouter aux œuvres de ce savant géomètre les diverses critiques, souvent fort injustes et toujours très-passionnées, dont elles ont été l'objet; critiques faites souvent par des hommes incapables de le comprendre; la seule raison qui nous ait engagé à les reproduire, c'est qu'elles font connaître les démêlés scientifiques de Desargues et de ses détracteurs.

Il existe plusieurs biographies de Desargues, la plus ancienne est celle qui se trouve dans l'histoire littéraire de la ville de Lyon par le P. Colonia, Lyon 1730. On y lit déjà cette phrase : « Desargues peu connu ou oublié dans sa patrie, comme « il arriva à Archimède, mais admiré et exalté par « les étrangers. »

La deuxième se trouve dans l'ouvrage ayant pour titre : « Recherches pour servir à l'histoire de la ville de Lyon ou les Lyonnais dignes de mémoire, par Pernetty, 1757. »

On en voit une troisième, plus moderne, dans la biographie des hommes célèbres de Michaud : l'article est de M. Veiss.

La quatrième est dans la biographie de Didot, article de M. Guyot de Fères.

— Enfin nous avons les notes scientifiques de MM. Poncelet et Chasles.

— Des renseignements nouveaux, que M. Dieu, professeur de mathématiques, a bien voulu prendre dans les archives de la ville de Lyon et qui nous permettent de faire connaître Desargues *architecte*, nous ont engagé à refondre toutes ces biographies en une nouvelle, qui contiendra les résultats de nos recherches.

Nous espérons, par cette réunion, que l'ouvrage que nous présentons fera connaître Desargues sous tous les rapports et servira à le placer dignement à côté des hommes de génie de son temps, tels que Descartes, Pascal, Fermat..., comme étant un des fondateurs de la géométrie moderne.

BIOGRAPHIE DE DESARGUES.

BIOGRAPHIE.

Le célèbre géomètre Desargues (Girard) est né à Lyon en 1593 : il y est mort en 1662. Nous pensons qu'il était fils du notaire Girard Desargues, dont le nom figure sur plusieurs actes déposés aux archives de la ville de Lyon et notamment sur celui en date du 29 avril 1605, relatif à une concession d'eau de fontaine, qui lui est faite par le chapitre métropolitain de la ville de Lyon, pour sa propriété sise au lieu dit la Rivarie, paroisse de Chuyes, près Condrieu. Nous n'avons cependant pour appuyer cette opinion, que cette conformité de nom et prénom, la date de l'acte et le voisinage de Condrieu, où Desargues est dit s'être retiré sur la fin de ses jours.

Il existait encore à Lyon en 1606 un Desargues, désigné comme recteur, docteur-ès-droit, avocat au siége présidial de cette ville, qui était probablement un de ses parents.

Desargues était d'une famille honorable de Lyon, cependant nous ne croyons pas que son nom s'écrivit *des Argues* comme plusieurs de ses biographes l'ont avancé. On voit qu'ils ont pris cette idée dans la vie de Descartes par Baillet, où il est toujours ainsi indiqué. Le nom de Desargues est toujours écrit dans tous les actes mentionnés ci-dessus, ainsi que dans les reconnaissances et priviléges qui sont en tête des ouvrages de Bosse, tel que nous le donnons.

On ne connaît rien sur les premières années de Desargues, on ne sait point où il reçut son éducation et qui lui enseigna la géométrie. A en croire plusieurs de ses détracteurs, Desargues *allait disant partout qu'il ne devait son instruction qu'à ses études particulières, qu'il ne lisait aucun ouvrage* et que tout ce qu'il publiait était tiré de son propre fond. On reconnaît qu'il avait appris la géométrie dans les ouvrages d'Euclide et d'Apollonius ; ce sont les seuls auteurs que l'on trouve cités dans ses ouvrages.

C'est dans cette vie de Descartes par Baillet et dans les lettres mêmes de Descartes, que l'on rencontre le plus de renseignements sur Desargues.

On y voit, qu'en 1626 il était à Paris, où *il se faisait distinguer par son mérite personnel et par ses grandes connaissances en mathématiques et en mécanique, et qu'il employait particulièrement ses soins à soulager les travaux des artistes par la subtilité de ses inventions.*

Descartes était aussi à Paris et *songeait déjà au moyen de perfectionner la mécanique pour abréger et adoucir les travaux des hommes.*

Ces deux hommes de génie, qu'une conformité d'âge et de goût rapprochait, surent noblement s'apprécier et contractèrent alors une amitié fondée sur une estime réciproque et qui ne se démentit jamais.

Le cardinal Richelieu appréciait beaucoup les talents de Desargues qui, selon nous, remplissait auprès de lui les fonctions d'ingénieur et d'architecte.

C'est dans cette qualité d'ingénieur et pour ses grandes connaissances en mécanique, que le cardinal de Richelieu, en 1628, l'employa au siége de La Rochelle. C'est là que le retrouva Descartes qui, curieux de voir les gigantesques travaux entrepris pour construire cette fameuse digue, se rendit au camp de La Rochelle où il s'entretenait souvent de ces travaux avec les *ingénieurs* et surtout avec son ami Desargues *qui avait eu quelque part à tous ces desseins.*

Après la guerre, Desargues revint à Paris, où il se consacra entièrement à la géométrie et surtout aux applications de cette science aux arts et à l'architecture.

Il était du nombre des savants qui se réunissaient tous les samedis chez M. le Pailleur, pour y parler de mathématiques. Cette réunion précéda la fondation de l'Académie des sciences. C'est là que Desargues fit connaissance des hommes alors illustres en cette science, tels que Gassendi, Bouilllaud, Pascal, Roberval, Carcavi et autres. Dans cette réunion on s'occupait beaucoup alors du système de Copernic qui met le soleil au centre de notre monde, et ses *membres maintenaient tous que cette idée est beaucoup plus juste et plus aisée à soutenir que non pas l'ancienne.*

Desargues possédait des connaissances très-variées. On trouve qu'il s'occupait également de géométrie pure, de mécanique, d'architecture, de la coupe des pierres, de gnomonique, de perspective. D'après certains passages des lettres de Descartes, il s'occupait aussi d'algèbre, et Descartes demande que le travail de Desargues sur ce sujet lui soit envoyé, pour qu'il puisse en donner son sentiment. On doit le regarder aussi comme versé dans les sciences philosophiques et métaphysiques, puisque Descartes le faisait juge de ses profondes méditations, *se fiant plus à lui seul, disait-il, qu'à trois théologiens*.

Desargues a composé divers écrits sur la géométrie et ses applications : mais, à l'exception de son ouvrage sur les sections coniques, qui est un peu plus étendu que les autres, ce ne sont que de simples mémoires, exposant des idées profondes et originales sur la science, et imprimés sur une seule feuille in-folio, sans nom d'imprimeur. Il est donc présumable que ces ouvrages n'ont jamais été mis en vente et qu'il les distribuait à ses amis. C'est ainsi qu'on s'expliquerait la rareté de tous ces écrits, qui, jusqu'à ces derniers temps, ont été regardés comme perdus.

Desargues donnait à ses ouvrages le nom bizarre de Brouillon-projet de... etc., entendant, par ce mot de *brouillon*, comme il l'explique ailleurs, *une simple esquisse ou ébauche et encore seulement d'un projet d'un ouvrage qui n'est pas à examiner en détail comme lorsqu'il paraîtra achevé. Duquel les savants n'en doivent considérer que le fond de la pensée.*

Le style des écrits de Desargues est aussi original

que celui des titres ; il est en outre très-concis, et devient souvent obscur par le grand nombre de mots nouveaux qu'il emploie.

Avant de faire connaître les ouvrages de Desargues, il est nécessaire de jeter un coup d'œil sur l'époque où il a vécu. Pour apprécier le mérite et la nouveauté de ses inventions il faut se reporter à l'état où se trouvait alors la géométrie.

Desargues a vécu dans le commencement de ce XVIIe siècle si fertile en hommes célèbres dans les sciences ; tels que Viete, Kepler, Cavalieri, Roberval, Fermat, Descartes, Pascal.

On sait qu'après la destruction de la bibliothèque d'Alexandrie, la géométrie sommeilla pendant près de dix siècles ; ce ne fut que vers le milieu du XVe qu'elle se réveilla d'un si long assoupissement. Les ouvrages des géomètres Grecs avaient presque tous disparu dans l'incendie ; on s'occupa donc d'abord de rechercher chez les Arabes, une partie de ceux qui avaient échappé à la destruction, et c'est ainsi qu'on se procura une partie des ouvrages d'Euclide, d'Archimède, d'Apollonius, de Pappus, etc. Mais bientôt les matériaux furent assez considérables pour faire reconnaître le point où les anciens étaient parvenus dans cette science et d'où il fallait partir pour faire de nouveaux progrès.

Ces ouvrages d'Euclide, d'Apollonius, de Pappus, font voir que la science de la géométrie avait déjà fait de grands progrès, mais les anciens n'avaient rien de général dans leurs conceptions, chaque métho le se bornant à la question particulière qui y avait donné lieu.

C'est alors qu'on se remit à l'étude de la géométrie, et principalement de cette théorie des sections coniques qui avait déjà beaucoup occupé les anciens.

En 1522, on trouve déjà Verner de Nuremberg qui, dans un livre ayant pour titre : « *J. Verneri Libellus super viginti duobus elementis conicis* » avait cherché à démontrer les propriétés des coniques au moyen du cercle ; après lui *Maurolicus de Messine,* ayant traduit plusieurs écrits des anciens, mit au jour, entr'autres nombreux ouvrages de lui-même, un traité des sections coniques, où il suivait cette marche nouvelle : *attribuant à celles qu'avaient suivies les anciens, la prolixité de leurs démonstrations.*

Mais c'est au commencement du XVIe siècle qu'il faut placer la renaissance complète de la géométrie et les progrès immenses qu'elle reçut des hommes de génie qui surgirent à cette époque. Ce fut d'abord Viete qui perfectionna l'algèbre et sut l'appliquer à la représentation géométrique des équations du second et du troisième degré. — Kepler, par l'usage de l'infini dans la géométrie, — Cavalieri, par sa géométrie des indivisibles ; — Roberval, par sa méthode pour mener des tangentes, basée sur la doctrine des mouvements composés ; — Fermat, par sa méthode *de maximis et minimis* et la solution du problème des tangentes, analogie remarquable avec le calcul différentiel ; enfin Descartes, par son application de l'algèbre à la géométrie au moyen des coordonnées, méthode qui fit une révolution dans la science.

Quelques savants, et parmi eux Desargues et Pascal son disciple, restèrent fidèles au culte de la géométrie ancienne et firent faire aussi à cette science des progrès très-importants.

Nous pouvons maintenant passer à l'analyse des travaux de Desargues. Son principal ouvrage est celui qui a pour titre : « *Brouillon project d'une atteinte aux événements des rencontres d'un cône avec un plan, et aux événements des contrariétés d'entre les actions des puissances ou forces. Paris,* 1639.

On y remarque d'abord ces belles idées sur l'infini :

1° Une droite peut être considérée comme prolongée jusqu'à l'infini et alors les deux extrémités opposées sont unies entre elles.

2° Les droites parallèles sont des droites concourantes à l'infini et réciproquement.

3° Une droite et un cercle sont deux espèces d'un même genre, dont le tracé peut s'énoncer en mêmes paroles.

Ces idées si simples, si belles et maintenant si vulgaires, n'en sont pas moins des idées fécondes qui à elles seules suffiraient pour établir une différence tranchée entre la géométrie ancienne et la moderne.

Sans entrer dans le détail de toutes les propositions renfermées dans cet ouvrage, nous appellerons l'attention sur les suivantes :

1° La belle théorie de l'involution. Théorie qui. dans les mains de M. Chasles, est devenue une des bases de la géométrie moderne.

2° La théorie des transversales et surtout cette belle proposition qu'une conique et les quatre côtés d'un quadrilatère inscrit, sont coupés en six points en involution.

3° La théorie des pôles et polaires dans le plan et dans l'espace; théorie attribuée au géomètre De la Hire; on sait tout le parti que M. le général Poncelet en a tiré pour ses polaires réciproques.

4° L'observation que toutes les propriétés de l'involution étant projectives, il s'en suivait qu'à une propriété appartenant à un cercle base d'un cône, il en résultait une propriété correspondante dans les sections du cône par un plan.

5° La détermination de la nature et des propriétés des sections d'un cône ayant pour base une conique quelconque, par un plan ayant aussi une direction arbitraire.

6° La détermination, sur la base de ce cône, du point qui deviendra le centre, des points qui deviendront les foyers, des droites qui deviendront les diamètres et les axes de la courbe résultant de l'intersection de ce cône par un plan : proposition importante dont quelques parties semblent encore nouvelles.

Plusieurs de ces propositions avaient été entrevues par les anciens, mais démontrées seulement pour une figure donnée et sans pouvoir alors en tirer de grandes conséquences. Tandis qu'ici, par ces théories, la géométrie moderne peut rivaliser avec celle fondée sur l'emploi des coordonnées de Descartes.

Nous renvoyons pour le surplus du contenu de l'ouvrage à l'analyse que nous en donnons ci-après.

Tous les hommes célèbres de cette époque surent apprécier le mérite de cet important travail de Desargues. C'est ainsi que l'illustre Pascal, en 1640, dans son Essai pour les coniques, disait : « Nous « démontrons aussi la propriété suivante dont le « premier inventeur est M Desargues, Lyonnais, « un des grands esprits de ce temps, et des plus « versés aux mathématiques, et, entre autre, aux « coniques, dont les écrits sur cette matière, quoi- « qu'en petit nombre, en ont donné un ample té- « moignage à ceux qui auront voulu en recevoir « l'intelligence. Je veux bien avouer que je dois le « peu que j'ai trouvé sur cette matière à ses écrits, « et que j'ai tâché d'imiter, autant qu'il m'a été « possible, sa méthode sur ce sujet qu'il a traité « sans se servir du triangle par l'axe, en traitant « généralement de toutes les section du cône. La « proposition merveilleuse dont est question, est

« telle, etc. » (Suit l'énoncé de la proposition sur la transversale coupant une conique et les quatre côtés d'un quadrilatère inscrit.)

D'après ce passage de Pascal qui alors n'avait que 16 ans, on conçoit que Descartes ait attribué à Desargues, l'essai et le traité des sections coniques de Pascal. — A cette opinion de Descartes, on peut joindre encore celle de Leibnitz qui disait : « Je « crois que M. Descartes a eu raison de dire que le « jeune Pascal, âgé de 16 ans, lorsqu'il fit son « traité des coniques avait profité des pensées de « M. des Argues, il me semble aussi que Pascal l'a « reconnu lui-même. Cependant il faut avouer « qu'il avait poussé les choses plus loin. »

Fermat, dans une lettre au P. Mersenne, s'exprime ainsi : « J'estime beaucoup M. Desargues et « d'autant plus qu'il est lui seul inventeur de ses « coniques. Son livret qui passe, dites-vous, pour « jargon m'a paru très-intelligible et très-ingé- « nieux. » (Œuvres de Fermat, p. 173.)

Après les éloges donnés par de tels hommes on doit être étonné qu'un ouvrage si remarquable soit tombé complètement dans l'oubli, à ce point que le nom de Desargues était de nos jours presque entièrement oublié.

Nous attribuons cet oubli à trois causes : 1° d'abord à celle déjà signalée, que cet ouvrage a été peu répandu ; 2° à ce que la méthode si générale que Descartes introduisit à cette époque, détourna les savants de l'étude de la géométrie suivant la méthode des anciens ; et 3° aux difficultés que comporte la lecture de cet écrit.

Il faut cependant reconnaître qu'il ne resta pas stérile : il donna naissance à ce grand traité des sections coniques que Pascal avait composé et qui malheureusement est perdu. Ensuite aux divers traités sur les sections coniques dus au géomètre De la Hire, qui, évidemment, comme il le dit d'ailleurs lui-même, avait eu connaissance de cet ouvrage, qui en fit la copie sur laquelle nous pouvons aujourd'hui le rétablir, et dont le père avait été un des disciples de Desargues.

Il existe encore trois mémoires de Desargues sur des sujets géométriques ; ils se trouvent à la fin de la perspective de Bosse : ces mémoires contiennent en germe la méthode des figures homologiques de M. Poncelet.

Desargues ne cultivait pas exclusivement la géométrie pure, mais s'occupait aussi de ses applications aux arts. On trouve dans la reconnaissance, qui est en tête de la perspective de Bosse, ce passage « J'avoue franchement que ie n'eus jamois de goust « à l'estude ou recherche, ny de la phisique, ny de « la géométrie, sinon en tant qu'elles peuuent « seruir à l'esprit, d'vn moyen d'arriuer à quelque « sorte de connaissance, des causes prochaines des « effets des choses qui se puissent reduire en acte « effectif, au bien et commodité de la vie qui soit en vsage pour l'entretien de la santé; soit en « leur application pour la pratique de quelque « art, et m'estant aperceu, qu'vne bonne partie « d'entre les pratiques des arts, est fondée en la « géométrie ainsi qu'en vne baze assurée; entre « autre celle de la coupe des pierres en l'architec- « ture, estant pour cela nommées *pratique du trait* « *géometric;* celle des cadrans au soleil. comme il « appert de la chose et du lieu, dont elle a son ori- « gine; celle de la perspectiue en l'art de la pour- « traicture, ainsi qu'il se voit de la manière dont « elle est déduite et du mot *perspectiue.* Desquels « arts ayant considéré l'excellence et la gentillesse, « ie fus touché du désir d'entendre, s'il m'estoit « possible, et les fondemens et les regles de leurs « pratiques, telles qu'on les trouuois et voyoit lors

« en vsage; où je m'aperceut que ceux qui s'y
« adonnent, auoient à se charger la mémoire d'vn
« grand nombre de leçons diuerses, pour chacune
« d'elles; et qui par leur nature et condition pro-
« duisoient vn embarras incroyable en leur enten-
« dement, et loin de leur faire auoir de la dili-
« gence à l'exécution de l'ouurage, leur y faisoit
« perdre du temps, surtout en celle de la pourtraic-
« ture, si belle et si estimable entre les inuentions
« de l'esprit humain, où la plus part des peintres et
« autres ouuriers trauailloient, comme à l'aduen-
« ture et en tastonnant: sans guide ou conduite
« assurée, et par conséquent auec vne incertitude
« et fatigue inimaginable. Le désir et l'affection de
« les soulager si ie pouuois aucunement de cette
« peine, si laborieuse et souuent ingrate, me fit
« chercher et publier des regles abregées de chacun
« de ces arts; desquelles il aparoistra, comme
« j'espere de la vérité qu'elles sont purement de
« ma pensée, nouuelles, demonstratiues, plus fa-
« ciles à comprendre, aprendre, et effectuer, et
« plus expeditiues qu'aucune de celles d'aupara-
« uant; quoy qu'en ayent voulu jargonner les
« Enuieux, Plagiaires et gens qui n'estant capables
« que de prendre les conceptions des autres, et

« non de rien aprofondir ou produire d'eux mes-
« mes ; et qui voulans estre estimez capables de
« tout, ne peuuent souffrir de voir une inuention
« nouvelle d'aucun autre, etc. »

Tels sont les motifs qui ont engagés Desargues à écrire sur ces diverses sciences d'application.

Son premier ouvrage avait pour titre : *Méthode vniuerselle de mettre en perspective les objets donnés réellement, ou en devis, avec leurs proportions, mesures, éloignements, sans employer aucun point qui soit hors du champ de l'ouvrage*, *par G. D. L. Paris* 1636, *avec privilége* (*qui etoit dit-on de* 1630).

Il était imprimé in folio et probablement en caractères microscopiques ; il ne devait être composé que d'une seule feuille, avec une planche de gravure. Cette édition est perdue et l'ouvrage le serait aussi lui-même, si Bosse dans sa perspective publiée en 1647, ne l'eût reproduit à la suite de son ouvrage.

Dans cet écrit, Desargues a pour but de donner aux artistes l'intelligence des principes de perspective, en faisant voir la conformité qui existe entre les constructions à faire pour tracer les divers plans d'un sujet, en se servant d'une échelle de parties égales, appelés alors petits-pieds et celles indiquées par lui pour obtenir le même sujet en perspective, en se servant de deux autres échelles qui ne sont plus alors formées de parties égales. — Il leur enseigne, en outre, pour la construction de ces échelles, l'emploi d'un point rapproché qui remplace le point de distance, toujours placé très-loin en dehors du tableau.

Outre cet écrit sur la perspective, Desargues a composé encore quelques mémoires sur le même sujet et destinés à l'éclaircir : 1° Une proposition fondamentale de la pratique de la perspective qui peut être regardée plutôt comme une proposition très-générale de géométrie, dont les règles de la perspective sont une application ; — 2° une autre proposition sur le même sujet à laquelle il a joint ses idées et les règles nouvelles qu'il en déduit pour le *fort et le faible de touches ou couleurs dans une perspective;* — 3° un mémoire sur le fondement du compas dit d'optique ou de perspective.

On peut regarder encore comme de lui un petit mémoire de perspective adressé aux théoriciens, qui se trouve aussi à la fin de l'ouvrage cité de Bosse et qui a pour objet de répondre à un traité de perspective d'Aleaume et de Migon qui parut alors.

Le troisième ouvrage de Desargues a pour titre :

Brouillon project d'exemple d'une manière vniuerselle du sieur G. D. L. touchant la pratique du trait à preuue pour la coupe des pierres en l'architecture et l'éclaircissement d'une manière de réduire au petit pied en perspective comme au géométral et de tracer tous cadrans plats d'heures égales au soleil. Cet ouvrage est imprimé sur une seule feuille en caractères microscopiques sans nom d'imprimeur. Il devait y avoir quatre planches contenant sept figures. Ces gravures manquent dans l'exemplaire qui se trouve à la bibliothèque de l'Institut : on a donc été obligé de les recomposer d'après le texte.

Cet ouvrage se divise en trois parties : la première sur la perspective est une réponse à *deux sortes de personnes, les unes qui rejettent sa méthode de perspective faute de l'entendre, et les autres qui l'entendent mais qui assurent qu'elle ne contient aucune chose nouvelle, qui ne fut déjà tout imprimée et en usage.*

La seconde contient sa méthode de coupe des pierres; Desargues, comme architecte, avait remarqué que les ouvriers tailleurs de pierres n'agissaient que par des méthodes totalement routinières dont ils ne comprenaient pas la raison ; il a cherché dans cet ouvrage à leur faire connaître une méthode uniforme et raisonnée qui puisse les guider dans leurs travaux. On y reconnaît avec quelle habileté Desargues se sert de toutes les ressources de la géométrie descriptive qui lui ét it familière et dont l'invention est aussi ancienne que la géométrie.

Dans la troisième partie, il fait voir que la même méthode qu'il a employée pour la coupe des pierres peut lui servir à tracer un cadran solaire.

A la fin de cet écrit se trouvent diverses réflexions de Desargues. Il y cite Fermat pour sa manière de mener les tangentes et pour sa théorie des *maxima et minima*, et ensuite Roberval comme ayant le premier découvert la courbe qu'engendre un point en la diamétrale d'un cercle roulant sur une droite.

C'est dans cet ouvrage, à la suite des réflexions sur la perspective, qu'il cite, comme ses élèves, Bosse graveur, De la Hire peintre, Hureau maître maçon, qui ont, dit-il, entendu sa méthode de perspective en moins de deux heures.

En 1640, il fit paraître une autre brochure sur la gnomonique, ayant pour titre : « *Manière uni-*

verselle de poser le style aux rayons du soleil en quelque endroit possible, avec la règle, l'équerre et le plomb. » Nous avons pu rétablir cet écrit, que l'on croyait perdu, en l'extrayant, phrase par phrase, d'une critique qui en est faite par un inconnu, critique qui se trouve dans un recueil de pièces contre Desargues, édité par Melchior Tavernier, ayant pour titre : « *Avis charitables sur les diverses œuvres et feuilles volantes du sieur Desargues.* »

Nous avons déjà indiqué, d'après Baillet, que Desargues se faisait distinguer par ses grandes connaissances en mécanique. Il avait écrit un mémoire sur ce sujet qu'il avait joint à son ouvrage sur les sections coniques; son titre, comme on l'a vu, était *sur les événements des contrariétés d'entre les actions des puissances ou forces ;* il est à regretter que De la Hire, qui nous a laissé une copie du traité des sections coniques, n'y ait point ajouté ce mémoire qui est ainsi perdu. Il est cité dans une lettre critique de Beaugrand, qui en donne quelques phrases.

De la Hire, dans la préface de son *Traité des Epicycloïdes*, dit : qu'il a fait au château de Beaulieu, près Paris, *une roue à dents Epicycloïdales, à la place d'une autre semblable, qui y avoit été autrefois construite par Desargues.* De plus, De la Hire répète dans la préface de son traité de mécanique, publié en 1695, qu'il donne la construction d'une roue où le frottement n'est pas sensible, et *dont la première invention étoit due à Desargues, un des plus excellents géomètres du siècle.* Il en résulte donc que l'invention des epicycloïdes et leur usage en mécanique est due à Desargues, quoique Leibnitz ait revendiqué cet honneur pour le célèbre astronome Roemer qui est né seulement en 1644.

En 1642 parut un traité de perspective, sous le titre de *Perspective pratique, par un parisien religieux de la compagnie de Jésus,* imprimé chez Melchoir Tavernier et se vendant chez l'Anglois dit Chartres Cet ouvrage renfermait des erreurs graves. Desargues le critiqua vivement dans des écrits affichés sur les murs de Paris et dans un petit livret; reprochant à l'auteur d'avoir copié maladroitement sa méthode. Nous n'avons point retrouvé ces écrits, mais il paraît que la critique était violente, car elle excita, chez les auteurs et imprimeurs, qui étaient intéressés à la vente de leur ouvrage, une telle animosité contre Desargues, qu'ils firent imprimer plusieurs libelles très-virulents contre lui. Ils sortent tous des mêmes presses; de sorte qu'il est présumable que Melchior Tavernier en est un des principaux auteurs; ils réunirent tous ces libelles, avec les diverses critiques qui existaient déjà des ouvrages de Desargues, et donnèrent à ce recueil le titre ironique de : « ***Avis charitable sur les divers œuvres et feuilles volantes du sieur Girard Desargues, Lyonnois. Paris*** 1642. » Ce recueil de 1642 contient des pièces imprimées antérieurement en 1640-1641. Il existe plusieurs exemplaires de ce recueil, ils ne contiennent pas toujours les mêmes pièces, il semble qu'il s'est augmenté successivement des critiques que l'on parvenait à découvrir. C'est dans un de ces recueils, placé à la suite de la 1re édition de la Perspective pratique, que se trouve une lettre de Beaugrand, secrétaire du Roi, qui critique l'ouvrage de Desargues sur les sections coniques.

Desargues fut profondément affecté des critiques injustes auxquelles ses ouvrages étaient en butte, on en peut juger par la lecture de trois lettres signées de lui, et qui sont en tête des ouvrages de

Bosse dont nous allons parler. Nous sommes porté à penser que ces critiques engagèrent Desargues à ne plus rien écrire sous son nom.

Desargues exposait à des élèves ses idées sur la géométrie et ses applications. Ses leçons étaient probablement recueillies par quelques auditeurs. C'est ainsi qu'on peut, je crois, expliquer le titre bisarre de *Leçons de ténèbres* que nous trouvons cité dans divers auteurs, sans savoir à quoi appliquer ces leçons de ténèbres.

Parmi ses élèves, il avait rencontré un homme habile comme graveur, qui avait, en géométrie, des connaissances suffisantes pour en comprendre les applications aux arts, telles qu'à la coupe des pierres, à la gnomonique, à la perspective, à l'architecture; il lui inculqua ses idées sur ces sciences et en fit avec lui de nombreuses applications. Desargues était trop habitué à généraliser ses idées pour pouvoir écrire des ouvrages détaillés, sur chacune de ces parties : il en confia donc l'exécution à ce disciple nommé Abraham Bosse, qui entreprit avec un zèle très-grand le travail considérable de réunir toutes les pensées de son maître il se dévoua entièrement et pendant toute sa vie à la défense de ces idées, et un jour il eut le courage d'abandonner sa place de professeur de perspective à l'École des beaux-arts plutôt que de renier les principes qu'il avait reçus de son maître.

Bosse composa d'abord un ouvrage divisé en trois parties ; la première, publiée en 1643, était sur la coupe des pierres. La seconde, la même année, était sur la gnomonique, et la troisième, sur la perspective, retardée par la gravure des planches, ne parut qu'en l'année 1648. Cependant en l'année 1643 parut un petit livret de perspective adressé aux théoriciens, attribué à Desargues, et que Bosse a réuni à son ouvrage.

Ces trois premiers ouvrages de Bosse portent chacun en tête un écrit ayant pour titre : ***reconnoissance de Monsieur Desargues,*** et signé de lui, ***reconnoissant que tout ce qui est dans le livre est conforme à ce que Bosse a voulu prendre la patience d'en ouïr et concevoir de ses pensées.*** De plus, le privilége est pris à la réquisition de ***Girard Desargues,*** pour permettre à A. Bosse d'imprimer et vendre toutes lesdites manières dudit Desargues. Ainsi on voit la part très-grande que prit Desargues dans la composition de ces trois ouvrages, qu'il faut regarder comme de lui pour les idées et de Bosse pour la gravure et le style. Ces trois ouvrages contiennent les développements des sujets traités par Desargues. On y remarquera que si Desargues était trop concis, Bosse est trop diffus, de sorte qu'il est arrivé, par un défaut contraire, à être aussi obscur et surtout fatigant à lire ; les savants préféreront encore les ouvrages de Desargues.

Bosse fit ensuite plusieurs autres ouvrages sur la perspective et sur l'architecture, mais ceux-là ne portent pas la reconnaissance de Desargues, ils contiennent cependant beaucoup d'idées que Bosse reconnaît appartenir à celui qui avait été son maître. Il promet même d'en donner beaucoup d'autres qu'il a conservés en portefeuille. Malheureusement il est à croire qu'il n'a pas tout donné. On y remarquera cependant sa méthode de perspective sur les surfaces irrégulières et sa perspective pour les bas-reliefs. C'est donc à Desargues qu'il faut remonter aussi pour trouver l'origine de la science nouvelle appelée Perspective-relief.

Les trois ouvrages de Bosse, cités ci-dessus, qui portent la reconnaissance de Desargues, ont été, de son temps, critiqués comme étant de Desargues lui-même. Il faut reconnaître aussi que ce dernier en défendit les idées, comme il défendait celles renfermées dans ses écrits.

En 1644, il sortit de la même officine, établie contre Desargues, chez François L'Anglois dit Chartres, un ouvrage ayant pour titre : « Examen des œuvres du sieur Desargues par A. Curabelle. » C'est une critique violente et injuste des œuvres de Desargues et de Bosse réunis ; il s'attaque principalement à la coupe des pierres de Bosse, en attribuant cet ouvrage à Desargues. On voit, dans cet écrit, que Curabelle prend le parti de la pratique contre la nouvelle théorie et les nouveaux procédés de construction que Desargues voulait introduire.

Cet Examen de ses œuvres surprit fort Desargues, il ne fit d'abord qu'en rire, disant à ceux qui lui en parlaient *que c'estoit d'un fou, qui n'avoit aucune science, un simple ouvrier tailleur de pierre que l'on ne connaissoit même pas et qui s'étoit avisé de faire cet impertinent écrit qui ne méritoit pas d'être lu ni considéré.* Curabelle se fit connaître à Desargues et soutint son opinion, la querelle s'envenima ; Desargues qui n'étoit pas patient se fâcha et il offrit alors de gager cent mille livres s'il ne démontrait pas que ce qui était dans le dit examen était faux et calomnieux. Curabelle qui, de son côté, était persuadé de la vérité de ses assertions, accepta cette gageure pour cent pistoles seulement, offrant de prouver « *que tous articles du dit examen sont et seront soutenus précis et véritables.* » Il en résulta un procès qui devait se terminer devant le parlement. Curabelle en réunit toutes les pièces dans un écrit ayant pour titre : « *Faiblesse pitoyable du sieur G. Desargue employée contre l'examen fait de ses œuvres.* » Nous renvoyons à cette pièce curieuse, ceux qui désirent connaître la suite de cette affaire, en faisant observer que faite par Curabelle, elle est toute à son avantage; il faut donc lire en même temps les réflexions de Desargues qui sont dans sa reconnaissance de 1647 mise en tête de la Perspective de Bosse.

Nous avons annoncé, au commencement de cette biographie, que Desargues était architecte, cette assertion étant nouvelle, nous croyons nécessaire d'apporter des preuves à l'appui de cette opinion.

Dans l'Architecture de Bosse de 1664, on trouve les indications suivantes de plusieurs travaux d'architecture de Desargues.

1° *L'art de construire les escaliers avec orne-*

ments, sans interruption du parallélisme et sans irrégularité, de l'invention de Desargues.

2° *Manière d'arrêter géométralement sur le papier les dessins des bâtiments, en sorte qu'étant construits en grand, ils fassent l'effet qu'on s'est proposé.* Cette manière de Desargues est fondée sur l'emploi de la perspective.

3° Un plan d'escalier construit dans une maison sise rue de Clery.

4° A propos d'une lettre que Desargues lui écrivait de Lyon, il ajoute : « et sur ce, je dis que ce n'était pas manque de place ni d'homme tenu pour expert en l'art de bâtir, puisque c'étoit pour lors *un* (Desargues) *des fameux architectes* de France ; car au palais Cardinal *qui est de lui*, etc.

5° Le plan et l'élévation d'un perron fait en l'année 1653 dans la grande tour du château de Vizile en Dauphiné, près Grenoble, appartenant à monseigneur le duc de Lesdiguières.

6° Le plan d'un portail d'église d'un ordre corinthien.

Dans le traité des pratiques géométrales et perspective de Bosse, on trouve (p. 126) que l'on doit à Desargues en ouvrage d'architecture:

7° Les degrés ou escaliers de l'hôtel de l'Hospital,

celui de Turenne en sa *sujettion*, ceux des Maisons de M. Vedeau de Grammont et plusieurs autres *qui sont tous des chefs-d'œuvre en cet art.*

Enfin il termine en disant : « *sans compter ce que, Dieu aidant, j'espère mettre de lui en lumière et que j'ai encore par manuscrit.*

8° On trouve encore dans une des biographies indiquées, que Desargues, à son retour à Lyon *y fit construire sur le pont de pierres de la Saône, sur le quai Villeroy, un rare monument de la bonté de sa méthode pour la coupe des pierres. C'est une trompe qui soutient en l'air une grande maison presqu'entière, et cette trompe est la pièce la plus hardie qui ait été faite en ce genre.*

Les correspondances consulaires, conservées aux archives communales de la ville de Lyon, vont nous fournir des détails intéressants sur Desargues considéré comme architecte.

En 1646, la ville de Lyon voulut faire construire un hôtel de ville. Elle chargea Simon Maupin, alors son architecte-voyer, d'en faire les plans, mais, avant de passer à l'exécution, les prévôts de la ville écrivirent au célèbre architecte Desargues qui était un enfant de la ville, pour le prier de vouloir corriger ces plans de Maupin. —

On voit en effet que ce Maupin fut envoyé à Paris auprès des architectes *Desargues* et *Mercier* et en rapporta ses plans revus et corrigés. Cette lettre est du 12 mars 1646. Il en existe une seconde, contenant les remercîments des prévôts de la ville, adressée à Desargues. Cette lettre est du 13 mai 1646. Nous les rapportons textuellement toutes les deux : elles font connaître l'estime dans laquelle l'habile architecte était auprès des autorités de sa ville natale.

On trouve encore à ce sujet dans le registre des minutes des mandements, les renseignements suivants :

1° S. Maupin fut envoyé en mission à Paris, par acte du 6 mars 1646, et après retour 300 livres lui furent allouées comme indemnité, c'est-à-dire une somme égale à son gage d'une année ;

2° Un mandement des consuls, en date du 19 avril, à Chanu, chargé d'affaires de la communauté de Lyon à Paris, alloue 106 livres à Desargues et à Mercier *pour les avis et rectifications qu'ils ont donnés et faites.*

Enfin plusieurs autres pièces relatives à ce sujet.

Ainsi, d'après tous ces renseignements, il me

semble impossible de ne pas regarder Desargues comme un grand architecte de l'époque.

L'amitié que Descartes et Desargues s'étaient voué ne fut point altérée par leur éloignement. On sait que Descartes s'était retiré en Hollande afin de pouvoir retrouver la tranquillité dont il avait besoin pour se livrer à ses profondes méditations ; ils restèrent en correspondance fréquente cherchant à se rendre mutuellement tous les services possibles. C'est ainsi qu'on voit Desargues employer sa faveur auprès du cardinal Richelieu pour engager Descartes, par l'offre d'une pension, à venir se fixer en France. Descartes refusa, mais en conserva à Desargues une profonde reconnaissance. — Desargues prit la défense de Descartes dans sa querelle avec le père Bourdin et dans sa discussion avec Fermat. Il lui envoyait, par l'entremise du père Mersenne, tous les écrits qu'il publiait. Descartes, de son côté, prit le parti de Desargues contre les attaques de Beaugrand *qui avoit contribué de son côté à diminuer l'estime que Descartes pouvoit avoir de son cœur et de son esprit lorsqu'il s'etoit laissé allé à la jalousie contre Desargues*. On trouve dans Baillet ce passage : « *Descartes avoit le goût assez difficile ; mais, soit que l'amitié l'aveuglât, soit que M. des Argues fût un* très-habile *homme, il avoit coutume de louer tout ce qu'il voyoit de lui et il l'estimoit avec d'autant plus de raison, qu'il voyoit que M. des Argues faisoit servir ses connaissances à l'utilité publique de la vie plutôt qu'à la vaine satisfaction de notre curiosité. Son génie lui fit encore produire d'autres ouvrages dans la suite des temps et M. Descartes en fut toujours partagé des premiers.* « On y voit encore que Descartes fit un écrit pour l'intelligence de sa géométrie, à l'occasion des observations de M. des Argues (voir l'Extrait des lettres de Descartes).

Il faut reconnaître entre ces deux grands hommes plusieurs points de ressemblance. D'abord, ils avaient une même manière d'envisager les sciences, tous les deux possédaient une grande variété de connaissances, ils étaient d'une susceptibilité très-grande à la critique. Avec cet orgueil du génie, qui sait la valeur de ses conceptions, ils ne pouvaient supporter la moindre contradiction, estimant peu les ouvrages des autres, refusant de les lire et ne louant jamais personne. Enfin, tous les deux, partant des mêmes connaissances laissées par les anciens sur la géométrie, portèrent cette science à un haut degré de perfectionnement, par deux routes différentes. — Descartes, par l'application de l'algèbre à la géométrie par sa féconde méthode des coordonnées, fit faire une révolution à cette science. — Desargues, au contraire, inventa une géométrie nouvelle, où sans l'emploi des coordonnées, par les seules considérations de rapports segmentaires il sut arriver à plusieurs des belles propriétés démontrées par l'analyse de Descartes ; mais il faut ici reconnaître que l'invention de Descartes, absorbant alors l'attention des savants, fit négliger la méthode de Desargues, qui fut cependant cultivée encore pendant quelque temps par Pascal, par de la Hire et quelques autres, et qui vient de renaître dans les travaux remarquables de M. Poncelet et de M. Chasles.

Descartes mourut en Suède en 1650 ; cette perte affligea vivement Desargues ; on voit qu'il ne fit plus rien après la mort de Descartes, auquel il survécut de plus de onze ans.

Desargues, que les tracasseries de ses détracteurs avaient profondément affecté, préféra, comme Descartes, la vie retirée à celle de la cour, il revint à Lyon du vivant de son ami. On peut fixer à l'année 1650 ce retour de Desargues ; on trouve, en effet, dans un ouvrage de Bosse de 1653 ce passage :

« ayant écrit à M. Desargues à Lyon, où il est à présent *depuis quelques années.* » Il ne revint depuis lors à Paris qu'une seule fois et pour très-peu de temps en 1658, à l'occasion du mariage d'un neveu qu'il institua son héritier (1).

Desargues passa le reste de ses jours à méditer sur les mathématiques et à enseigner aux nombreux ouvriers dont il étoit entouré, sa méthode de la coupe des pierres; c'est sans doute à cette époque que doit remonter la construction de cette trompe si hardie, exécutée sur le pont de pierres de Lyon, comme un exemple de l'excellence de sa méthode; construction qui a disparu en 1844.

Il était propriétaire d'une maison de campagne à Condrieu, où il allait souvent cultiver lui-même son jardin.

Nous savons qu'il mourut en l'année 1661, nous n'avons aucun détail sur les dernières années de sa vie.

Dans les dispositions testamentaires de Desargues, en date du 5 novembre 1658, se trouve le paragraphe suivant :

(1) Comptes-rendus des séances de l'Académie des sciences, éance du 23 mars 1863. Article de M. le général Piobert.

« Ledit sieur Desargues donne et lègue au sieur Abraham Bosse, graveur en eau forte, demeurant en l'isle du Palais, son obligeant et bon ami, et à son défaut aux siens, la somme de deux mille livres payables en quatre payements, etc., (1).

(1) *Ibid.*

RENSEIGNEMENTS PRIS AUX ARCHIVES DU DÉPARTEMENT DU RHÔNE, PAR M. DIEU, DOCTEUR ÈS-SCIENCES, PROFESSEUR DE MATHÉMATIQUES A LA FACULTÉ DES SCIENCES DE LYON.

Aux archives du département du Rhône. — Dans l'inventaire des archives du chapitre métropolitain (vol. XIII, page 115, n° 21 *bis*), on trouve à la date du 29 avril 1605, un extrait d'acte des prises des eaux fontaines, passé au profit de M. Girard Desargues, notaire, au lieu de la Rivarie, paroisse de Chuyes. L'archiviste pense que ce M. Girard Desargues est le père du math. ing. Desargues, et que Rivarie pourrait bien être le nom de la propriété où ce dernier s'est retiré à la fin de ses jours.

L'archiviste a dit se rappeler très-bien, qu'il a vu sur divers actes, la signature du notaire Girard Desargues. Il était sans doute notaire à Condrieu, ou ailleurs, mais non pas à Lyon, parce que ceux-ci prenaient la qualification de *conseiller du Roy*, laquelle appartenait aux notaires de Lyon assimilés pour cela aux notaires de Paris.

L'attention de MM. les archivistes a été attirée sur Desargues parce qu'un académicien de Lyon a voulu, il y a quelques années, contester à Simon Maupin, dans un journal de la localité, l'honneur d'avoir construit l'hôtel de ville. Les recherches entreprises à ce sujet, ont fait découvrir :

1° Dans un registre des mandements (pour mandats), que Simon Maupin fut envoyé en mission à Paris, par acte du 8 mars 1646, pour soumettre aux architectes Desargues et Le Mercier, les plans qu'il avait faits pour l'hôtel de ville de Lyon, et après son retour, 300 liv. lui furent allouées comme indemnité, c'est-à-dire une somme égale à son gage d'une année.

2° Un mandement des consuls en date du 19 avril, à Chanu, chargé d'affaires de la communauté de Lyon à Paris, alloue 106 fr. à Desargues et Le Mercier pour les avis et rectifications qu'ils ont donnés et faites.

Dans la correspondance consulaire (archives communales de Lyon, BB, 979), on trouve des lettres sur ce sujet.

Nous croyons, vu leur intérêt, rapporter en entier les deux suivantes :

Première lettre.

A MONSIEUR DESARGUES,

A Paris.

MONSIEUR,

Ayant résolu icy de construire un nouveau hostel de ville, jouxt la place des Terreaux en un lieu qui appartient à cette communauté et est scis dans sa direct, nous en avons fait dresser quelques dessings. Mais comme en ouvrage publicqs il est bien à propos de consulter les intelligens au fait de l'architecture, vous estant de ce nombre et des plus capables nous avons estimé devoir vous les communiquer et de tant plus qu'estant enfant de cette ville et nostable bon patriote, nous nous sommes promis que ne nous desnierez la faveur que nous vous demandons de vouloir considerer les dits dessings et ce que le sieur Maupin voyer de cette ville que nous envoyons expressement par delà vous fera entendre tant touchant la cituation du lieu où nous desirons faire faire la susdite construction que des logemens et commodités convenables à l'effect auquel le dit hostel de ville sera destiné.

Et s'il y avoit à dire quelque chose aux dits dessings, de les refformer, mesme en dresser un nouveau. Ce sera une très signalée obligation que vous vous acquerrée sur le général de ceste ville dont nous essayerons de nous acquitter en toutes occasions ès-quelles nous pourrons par de çà vous servir et les vostres, vous priant d'en faire estat assuré et que nous sommes véritablement,

Monsieur,

Vos humbles et très affectionnez serviteurs

LES PREVOSTS etc.

A Lyon, ce 12 mars 1646.

Deuxième Lettre.

A MONSIEUR DESARGUES,

A Paris.

MONSIEUR,

Nous avons receu le dessein qu'il vous a pleu prendre la peine de trasser pour l'hostel commun de cette ville que nous avons déliberé de faire construire jouxt la place des Terreaux, avec vostre lettre qui explique disertement ce que vous en avez conceu et vous rendons grace très affectionnée du soin particulier que vous y avez aporté et de tant plus que nous y avons trouvé les productions ordinaires de votre bon esprit et des lumières pour rendre cet ouvrage plausible et selon qu'il est à souhaiter pour l'ornement de cette ville et la commodité de l'usage auquel il est destiné. Nous voudrions qu'il se présentât occasion en laquelle nous peussions vous témoigner notre ressentiment de l'obligation que nous vous en avons. Nous n'espargnerions rien qui dependît de nous à cet effect. Vous priant d'en avoir créance comme nous essayerons tousjours de vous la confirmer par tous les offices que nous aurons moyen de vous despartir et aux vostres et ce autant que cordiallement que véritablement nous sommes,

Monsieur,

Vos bien humbles et très affectionnez serviteurs

LES PREVOSTS etc.

A Lyon, ce 18 may 1646.

On trouve encore dans le même registre : 1° six lettres à Chanu, chargé d'affaires à Paris, témoignant toute l'impatience avec laquelle on attendait les avis de Mercier et de Desargues, et le cas qu'on en voulait faire. Elles sont datées du 13 avril au 8 mai 1646. — 2° Une lettre des consuls à l'abbé d'Ainay, Camille de Neufville, depuis archevêque de Lyon, commandant alors de la province en l'absence de son frère, le marquis de Villeroy. Elle est postérieure aux précédentes et traite brièvement de l'adoption d'un des plans de Simon Maupin, revisé par Mercier, revisé et refait par Desargues. (Le marquis de Villeroy donnait, à ce qu'il paraît, la préférence au plan de Mercier.) — 3° Enfin, il y a deux lettres au gouververneur Mis de Villeroy pour l'approbation à donner par lui aux plans du sieur Maupin. Elles sont du 9 février et du 16 mars 1646. (Elles sont par conséquent antérieures aux lettres adressées à Desargues.)

On a aussi trouvé dans les archives, une demande de l'acte de naissance de G. Desargues. Elle est d'un nommé Huphrey ou Humphrey Desargues (probablement un parent de G. Desargues). Cette demande porte la date de 1668, par conséquent six ans après sa mort.

Dans le Catalogue des Lyonnais dignes de mémoire (Breghot du Lut et Pericaud aîné) 1839, Lyon, Giberton et Brun, on lit qu'en 1606, Antoine Pialous dédia à M. le recteur Desargues, docteur ès-droits, avocat au siége présidial de Lyon, *La practique du ray visuel, in* 4°, *imprimé à Lyon en* 1606.

On se rappelle à Lyon la *trompe* qui existait encore en 1843, au pont du Change ou pont de pierre, du côté du quai de Villeroy; il en existe une eau-forte très-insignifiante, mais il y en a une gravure grand in-4° de Fontaine, 1837.

Les recherches faites à Condrieu, petite ville dans les environs de Lyon, où on pouvait supposer que le père de Desargues était notaire, n'ont rien fait découvrir sur ce sujet ni sur la propriété de la Rivarie, commune de Chuyer, près Condrieu. On n'a pas retrouvé le lieu où Desargues, à la fin de sa carrière, s'amusait à cultiver son jardin.

OEUVRES DE DESARGUES.

PERSPECTIVE

ayant pour titre :

MÉTHODE UNIVERSELLE DE METTRE
EN PERSPECTIVE LES OBJETS DONNÉS RÉELLEMENT
OU EN DEVIS, AVEC LEURS PROPORTIONS, MESURES, ÉLOI-
GNEMENS, SANS EMPLOYER AUCUN POINT QUI
SOIT HORS DU CHAMP DE L'OUVRAGE,

Par G. D. L.

(Girard, Desargues, Lyonnais), à Paris, 1636.

Le privilége était de 1530. —(Extrait de la perspective de Bosse de 1648.)

MÉTHODE UNIVERSELLE

DE METTRE EN PERSPECTIVE LES OBJETS DONNÉS RÉELLEMENT OU EN DEVIS, AVEC LEURS PROPORTIONS, MESURES, ÉLOIGNEMENS, SANS EMPLOYER AUCUN POINT QUI SOIT HORS DU CHAMP DE L'OUVRAGE,

Par G. D. L.

(Girard, Desargues, Lyonnais), à Paris, 1636 (Le privilége étoit de 1630).

Comme cet exemple d'vne manière vniuerselle de pratiquer la perspectiue sans employer aucun tiers point, de distance ou d'autre nature, qui soit hors du champ de l'ouvrage, se manifeste en langue Françoise, aussi les mesures y sont de l'vsage de la France.

Les mots : *perspective*, *apparence*, *représentation et povrtrait*, y sont chacun le nom d'vne mesme chose.

Les mots : *extremitez, bords*, *costez* et *contovr* d'une figure y sont aussi chacun le nom d'une mesme chose.

Et les mots : *représenter, povrtraire, trovver l'apparence, faire* ou *mettre* en *perspective* y sont employez en mesme signification l'vn que l'autre.

Les mots, à *niveau*, de *niveau paralel à l'horison*, y signifient aussi chacun vne mesme chose.

Les mots : à *plomb*, *perpendicvlaire à l'horison*, et *qvarrement, à l'horison*, y signifient aussi chacun une mesme chose.

Et les mots : *quarrement*, à l'*éqviere*, à *droits angles*, et *perpendicvlairement*, y signifient encore en général vne mesme chose l'vn que l'autre.

— Ce qu'on se propose à povrtraire y a nom svjet. — Ce qu'aucuns nomment *plan géométral*, autres *plan de terre*, autres la *plante du svjet*, y a nom *assiete du svjet*.

Ce qu'aucuns nomment *la transparence*, autres *la section*, autres d'vn autre nom, à sçauoir la surface de la chose en laquelle on fait une perspectiue s'y nomme *tableav*, deuant comme après l'ouvrage achevé.

L'assiete du sujet et le tableau dont il est icy parlé sont en des surfaces plates, c'est à dire qu'il n'est icy parlé que de tableaux plats et des assietes de sujets plates, lesquelles assietes et tableaux sont considérez comme ayant deux faces chacun.

La face du tableau qui se trouue exposée à l'œil s'y nomme le *devant du tableav*, comme son autre face laqu'elle n'est pas exposée à l'œil, s'y nomme le *derrière du tableav*.

Quand l'assiete du sujet est étendue à niueau, celle de ses faces qui se trouve tournée du costé du ciel, y a nom, le *dessus de l'assiete* du *sviet* comme l'autre face de la mesme assiete qui se trouve tournée du costé de la terre y a nom le *dessovs de l'assiete* du *sviet.*

L'étendue ou la surface plate et indéterminée, en laquelle est figurée l'assiete du sviet s'y nomme *plan de l'assiete du sviet.*

L'étendue plate et indéterminée aussi, dans laqu'elle est le tableau, s'y nomme *le plan du tableav*.

Toutes les lignes y sont entendues drétes.

En une seule et mesme stampe, et pour ce mesme et seul exemple, il y a trois figures séparées et cotées de caractères d'vn mesme nom, mais de forme diférente en chacune de ces figures.

Les caractères de renuoy y sont de la mesme forme en l'impression, qu'en celle de ces trois figures à laqu'elle se raporte le discours en chaque endroit.

Quand en l'impression il y a pour renuoy plus d'vne fois en suite des caractères de mesme nom, mais de forme diférente entr'eux, cela signifie que le discours en cet endrét-là, s'adresse également à chacune des figures où les semblables caractères sont estampez.

Quand les deux bouts d'une ligne en l'vne de ces figures sont cotez de caractères de mesme nom que les deux bouts aussi d'une ligne en vue autre de ces figures, ces deux lignes ainsi cotées ont de de la correspondance entre elles, et sont l'vnc en sa figure et en son espèce, la mesme chose que l'autre en sa figure et en son espèce.

En cet art il est suposé qv'vn seul œil voit d'vne mesme œillade le sujet auec son assiete et le tableau, disposez l'vn au drèt de l'autre, comme que ce soit : il n'importe si c'est par émission de rayons visuels, ou par la réception des espèces emanées du sujet, n'y de quel endrèt, ou lequel des deux il voit deuant ou derrière l'autre, moyennant qu'il les voye tous deux facilement d'une même œillade.

Il est encore suposé que celuy qui pratique cet art, entend la façon et l'vsage de l'échelle à faire une assiete du sujet auec son éléuation; et dans cet exemple il est suposé qu'il entend quelle chose c'est qu'on nomme communément la perspectiue.

Et par cette manière icy de la pratiquer ayant l'assiete et les éléuations nécessaires d'vn sujet avec les interuales conuenables tracés en telle grandeur que ce soit, ou seulement leur route et leurs me sures écrites en un deuis, et la disposition des plans de l'assiete du sujet et du tableau cogneuë, auec la règle et le compas communs, on trouue et fait au premier coup facilement le trait de la perspectiue d'vn tel sujet, en ce tableau de telle grandeur qu'il puisse estre, sans ayde aucune de point qui soit hors de son étendue en telle distance et de telle façon, que le sujet son assiete et le tableau soient disposéz entr'eux et devant l'œil.

Dont les règles générales s'expriment en un autre langage, enuelopent diuerses manières vniuerselles de pratique, s'apliquent à nombre de cas et de figures dissemblables et se démonstrent auec deux seules propositions manifestes et familières à ceux qui sont disposez à les conceuoir.

Mais quant à présent, et pour ceux qui sçauent seulement exécuter les anciennes règles de la pratique de l'art, cet exemple simple en langage et de sujet commun à ces règles anciennes, est de pure pratique.

Ou pour circonstances de remarque on commence par trois espèces de préparations.

L'vne qui regarde le sujet et se fait au plan de son assiete, ou bien autre part.

Les deux autres concernent l'aparence du sujet et sont faites communément au tableau mesme.

Le sujet en cet exemple est une cage bastie simplement de lignes quarrées et d'égale grosseur, iusqu'à certain endrèt depuis lequel elle aboutit en pointe massiue, à la manière d'un bastiment couuert en pauillon, assiz en raze campagne, éleué sur terre à plomb iusqu'au toit, creuzé dans œuure plus bas que le niueau du terrain d'alentour, auec les mesures de quelques lignes de bout et penchantes en diuers endrèts hors et dans cette cage dans terre, sus terre, et suspenduës hors terre, chacune paralelle au tableau qui pend à plomb.

Au haut de la stampe à main droite.

La figure quarrée *m*, *l*, *i*, *k*, de telle étendue qu'elle se rencontre, est l'assiete de cette cage laqu'elle assiete est icy posée de niueau.

La ligne *x*, est la hauteur des éléuations, pieds drèts, ou montans de la mesme cage, entendus posez à plomb à son assiete vn à chacun des quatre coins du quarré *m*, *l*, *i*, *k*,.

La ligne *d*, est la longueur de trois toises de l'échelle, à laqu'elle ont esté mesurez les bords de l'assiete de cette cage, et ses élévations, icy nommée *eschelle du suiet*.

La ligne *t s*, est la mesure de la hauteur perpendiculaire de l'œil au-dessus du plan de l'assiete du sujet, laqu'elle hauteur d'œil rencontre ce plan au point *t*.

Par le mesme plan de cette assiete du sujet, à sçavoir à l'endrèt auquel est entendu que le plan du tableau le rencontre est menée une ligne *a b*, nommée *ligne* du *plan* du *tableau*, de façon qu'icy l'œil voit le tableau deuant le sujet, ou bien l'œil voit le sujet derrière le tableau.

La ligne *tc*, est la distance perpendiculaire du pied de l'œil au tableau, c'est à dire, la distance perpendiculaire de l'œil au mesme tableau.

Par vn des poincts *a* ou *b*, de cette ligne *a b*, comme ici par le poinct *a*, dans le mesme plan et de la part de l'assiete du sujet est menée une ligne indéterminée *ag*, paralelle à la ligne *t c*.

Puis de chacun des points remarquables en l'assiete du sujet icy, des quatre coins, et du milieu de l'un des costez du quarré *m*, *l*, *i*, *k*, sont menées iusqu'à cette ligne *ag*, des lignes paralelles à la ligne *a b*, comme les lignes *m r*, *l h*, *kn*, *e*. 15 et *ig*.

Par l'autre poinct *b*, de la mesme ligne *a b*, est menée la ligne encore indéterminée *b q*, paralelle aux lignes *a g*, *tc*.

La longueur de chacune de ces lignes ou pièce remarquable d'icelles, est mesurée auec l'échelle du sujet *d* et leur mesure est retenuë en mémoire, ou pour mémorial est écrite sur elle, ou en vn deuis.

Ainsi les nombres 15, écrits auprès des bords du quarré *m l i k*, dénotent que chacun des costez de cette figure a quinze pieds de long.

Et les nombres 1, 17, écrits auprès de la ligne des élévations *x*, dénotent que chacune des éléuations du sujet a dix-huit pieds de long, à sçauoir, dix-sept pieds hors terre et vn pied dans terre.

Aussi le nombre 12 écrit auprès de la ligne *a b*, dénote qu'en cet exemple, cette ligne a douze pieds de long.

Ainsi le nombre 17 dénote que la pièce de la ligne *ag*, contenuë entre les lignes *rm* et *ab*, se rencontre auoir dix-sept pieds de longueur et par ce moyen, ou selon cette façon de mesurer, ici d'auanture le sujet est derrière le tableau à dix-sept pieds loin de luy, ce qui veut dire encore qu'icy d'auanture le tableau se rencontre deuant le sujet à dix-sept pieds loin de luy.

Semblablement le nombre 4 1/2 de la ligne *st* monstre qu'icy l'œil est élevé quatre pieds et demi de hauteur perpendiculaire audessus du plan de l'assiète du sujet.

De mesme le nombre 24 signifie qu'icy le pied de l'œil ou l'œil mesme, est éloigné quarrement à vingt-quatre pieds loin du tableau deuant luy.

De mesme le nombre 13 1/2 denote que la ligne *lh*, a treize pieds et demi de long.

De mesme l'vn des nombre 9 denote que la pièce de la ligne *ag* contenuë entre les lignes *rm*, *lh* a neuf pieds de long.

Tout de mesme des nombres 3 comme encore de chacun des autres semblables.

Et voila celle des trois préparations qui regarde le sujet, acheuée.

Maintenant, la stampe entière est comme vne

planche de bois, vne muraille, ou semblable chose accomodée et préparée à faire vn tableau de telle etenduë qu'il puisse estre, entendu pendant à plomb sur le plan de l'assiète du sujet, auquel plan il touche comme en la ligne *ab*, dans lequel tableau suposé que l'on se propose à représenter cette cage par une figure en perspectiue, de grandeur proportionnée à celle du tableau, sans aide pour cela d'aucun point qui soit hors de luy, ny faire premièrement ailleurs vne autre perspectiue de largeur égale à la ligne *ab*, pour après la contrétirer dans ce tableau proportionnellement au moyen du treillis ou du petit-pied.

Au bas de la stampe.

A cette fin est menée la ligne AB, de niveau si longue qu'il est possible au bas du tableau correspondante à la ligne *ab*.

De suite aux bouts A et B d'une mesme part de cette ligne AB, sont menées deux autres lignes AF BE paralelles entr'elles et communement comme icy perpendiculaires à cette ligne AB.

Puis cette ligne AB est divisée en autant de parties égales que la ligne *ab* contient de pieds.

Icy la ligne *ab* contient douze pieds de long, partant la ligne AB est diuisée en douze parties égales marquées audessus d'elle, qui sont vne échelle d'autant de pieds, l'vn desquels icy le huictième, sa moitié ou son quart est sousdiuisé en ces pouces et lignes s'il en est besoin.

D'abondant est considérée la hauteur de l'œil audessus du plan de l'assiete du sujet, laquelle hauteur de l'œil est icy de quatre pieds et demi et cette mesure de quatre pieds et demy, est lors prise des pieds de l'échelle ainsi faite en la ligne AB et portée sur chacune des deux lignes AF et BE, sçauoir d'A en F et de B en E, puis est menéc la ligne FE paralelle par ce moyen à la ligne AB.

Dauantage en cette ligne, FE est marqué le poinct au dret duquel on entend que l'œil est au bout de sa distance, pointé deuant le tableau comme icy le poinct G, au dret duquel en entend que l'œil est vingt-quatre pieds loin à l'equière deuant le tableau.

Par ce poinct G d'vne suite est menée la ligne GC paralelle à chacune des lignes AF et BE, sçauoir icy quarrement à la ligne AB de façon que l'espace AFEB se trouue diuisé d'auenture en deux autres espaces, dont les bords oposez sont en chacun, des lignes paralelles entr'elles, scauoir icy les espaces GCAF et GCBE.

Lors, ou dans tout l'espace ABEF, ou bien dans l'vn ou dans l'autre des deux moindres espaces GCAF et GCBE, comme icy dans l'espace GCAF sont menées les deux lignes AG et CF.

Par le poinct auquel ces deux lignes AG et CF se rencontrent, est menée la ligne HD paralelle à la ligne AB, laquelle ligne HD rencontre la ligne BE au point D, la ligne GC au point T et la ligne AF au poinct H.

Puis de l'vn ou de l'autre des poincts H ou T, est menée vne ligne dans le mesme espace GCAF à celuy des poincts G ou F qui luy est oposé diagonalement.

Si cette ligne est menée comme au bas de la stampe du poinct G tendant au poinct H, c'est la ligne GH.

Que si cette ligne est menée, comme au haut de la stampe à main gauche, du poinct f tendant au poinct t, c'est la ligne ft.

Et suposé que par les poincts f et t l'on ait mené la ligne ft, lors par le poinct auquel cette ligne ft rencontre la ligne ag est menée la ligne nq paralelle à la ligne ab.

Puis par le poinct auquel cette ligne nq rencontre la ligne cg, icy le point o, et par le poinct f est menée la ligne fo.

Puis par le poinct auquel cette ligne fo rencontre la ligne ag est menée la ligne su paralelle à la ligne ab.

Et semblable opération est continuée autant de fois qu'il en est besoin.

Suposé maintenant qu'on ait pratiqué cette opération au moyen des lignes CF et AF, les lignes NQ et SV sont toujours au mesme endret du tableau qu'elles seraient ayant esté menées au moyen des lignes AG et CG.

Finalement la pièce de la ligne ab, AB laquelle se rencontre du costé de l'espace auquel on a fait vne semblable opération, comme icy la pièce ac, AC, est diuisée en autant de parties égales qu'en contient la distance de l'œil au tableau.

Icy la distance de l'œil au tableau contient vingt-quatre pieds de longueur, partant cette pièce ac, AC de la ligne ab,AB est diuisée en vingt-quatre parties égales marquées sous elle qui sont comme autant de pieds, l'vn desquels sa moitié ou son quart peut au besoin être encore sous-diuisé en ces pouces et lignes.

Lors est acheuée l'vne des deux préparations qui concernent la perspectiue entreprise, laqu'elle préparation forme une figure icy nommée ***Eschelle des eloignemens***, dira qui voudra d'optique ou autrement.

D'auantage de tel poinct que ce soit commode pour l'ouurage en la ligne FGE,fge, comme icy du poinct G,g sont menées des lignes aux poincts de la première diuision en douze pieds égaux de la ligne entière AB,ab.

Dans cet exemple ces lignes sont menées du poinct G,g seulement aux poincts de cette diuision, qui sont en la pièce de cette ligne AB,ab qui se rencontre du costé de l'espace GCBE,gcbe, laqu'elle est icy la pièce BC,bc d'autant qu'il sufit de cela, voire de moindre nombre : Et de mesme du poinct G,g sont menées des lignes aux poincts de la sous-diuision de l'vn de ces douze pieds, icy le huictième, sa moitié ou son quart en ses pouces.

Lors est acheuée l'autre des deux préparations qui concernent la perspectiue entreprise, laqu'elle préparation forme vne figure en triangle GCB,gcb icy nommée ***Eschelle des mesvres***, dira qui voudra géometrique ou autrement et qui dans cette manière de pratiquer la perspectiue, est à l'ouurier vn outil de mesme vsage que le compas de proportion.

Ces deux échelles des éloignemens et des mesures pour la perspectiue peuuent au besoin estre faites ailleurs et disposées autrement au tableau mesme en nombre comme innombrable, de manières diférentes qui reuiennent toutes à mesme chose.

Et au moyen du raport ou de la corespondance qu'il y a de l'vne de ces deux échelles à l'autre, on fait ce que l'on désire en perspectiue.

Car auec l'échelle des éloignemens on trouue les places au tableau des aparences de chaque poinct remarquable du plan de l'assiete du suiet et du suiet mesme.

Et avec l'echelle des mesures on trouue les diuerses mesures de chacune des lignes du suiet qui sont paralelles au tableau, suiuant leurs diuers éloignements au regard du tableau mesme et l'angle sous lequel elles sont veuës.

Maintenant, les lignes AB,ab et *ab* considérées comme vne seule et mesme ligne, il aduient de ces préparations que l'aparence de la ligne *ag* est en la ligne AG,ag et que l'aparence de la ligne *bq* est en la ligne BG,bg.

D'auantage, il aduient que la ligne AG,ag se trouue retranchée du costé du bout G,g premièrement en sa moitié, puis en sa troisième, puis en sa quatrième partie et ainsi de suite en autant de parties que l'on continuë de fois l'operation qui fait l'échelle des éloignemens.

De plus, il aduient que le poinct du premier de ces retranchemens de la ligne AG,ag qui est le poinct auquel la ligne HD,hd la rencontre, est l'aparence d'un poinct en la ligne *ag*, reculé de 24 pieds derrière le tableau, sçauoir aussi loin du tableau derrière luy, que l'œil est éloigné du mesme tableau devant luy.

Et que le poinct du deuxième de ces retranchemens de la ligne AG,ag qui est celuy auquel la ligne NQ,nq la rencontre, est l'aparence d'vn autre poinct en la ligne *ag* reculé 48 pieds derrière le tableau, sçauoir deux fois aussi loin du tableau derrière luy, que l'œil est éloigné du mesme tableau deuant luy.

Et que le poinct du troisième de ces retranchemens de la ligne AG,ag, qui est celuy auquel la ligne SV,su la rencontre est l'aparence d'vn autre poinct de la ligne *ag*, reculé de 72 pieds derrière le tableau, sçauoir trois fois aussi loin du tableau derrière luy, que l'œil est éloigné du mesme tableau deuant luy.

Et semblablement des autres semblables lignes quand on continuë plus de fois l'opération qui fait l'echelle des eloignemens.

D'abondant, il aduient que les mesmes lignes de l'echelle des mesures qui venant du poinct G, g aux poincts de la première diuision en 12 pieds de la ligne AB, ab marquent et diuisent cinq de ces 12 pieds en la pièce BC, bc de cette ligne AB, ab les mesmes lignes marquent et diuisent les pieces qu'elles rencontrent des lignes HD,hd — NQ,nq — SV,su et de leurs paralelles chacune de mesme en cinq pieds égaux ent'reux, qui sont autant d'echelles diférentes pour les diuerses mesures des aparences des lignes du sujet, paralelles au tableau et situées à diuers eloignemens au regard du tableau mesme.

Il aduient finalement de ces préparations, que la ligne AB,ab contenant 12 pieds de long, la ligne HD,hd en contient 24, la ligne NQ,nq, 36 et la ligne SV,su, 48, c'est à sçauoir chacune de ceux que l'echelle des mesures marque en la pièce qu'elle rencontre.

Des quelles choses il est euident que la ligne HD est l'aparence d'vne ligne du plan de l'assiete du sujet, paralelle à la ligne *ab* et reculée 24 pieds derrière le tableau. Mais le poinct *m* n'est reculé que 17 pieds derrière le tableau mesme, donc ce poinct *m* est en vne ligne comme *rm* paralelle à la ligne *ab* et reculée 7 pieds moins du tableau derrière luy que n'en est reculée celle que la ligne HD représente.

L'aparence de ce poinct *m* est donc trouuée en cette façon.

Premièrement, auec l'echelle des éloignemens est trouué vn poinct en la ligne AG qui soit l'aprence d'vn poinct en la ligne *ag* reculé 17 pieds loin du tableau, c'est-à-dire, est premièrement trouuée l'aparence du poinct *r* et pour ce faire, du poinct F est menée vne ligne au poinct qui marque la 17 et la sépare d'avec la 18 des 24 parties égales de la ligne AC et le poinct auquel cette ligne ainsi menée rencontre la ligne AG icy le poinct R est l'aparence d'vn poinct en la ligne *ag* reculé 17 pieds loin du tableau, c'est-à-dire que le poinct R est l'aparence du poinct *r*, puis par le poinct R est menée la ligne RM paralelle à la ligne AB, laquelle ligne RM est l'aparence de la ligne *rm* en laquelle est le poinct *m*, partant l'aparence du poinct *m* est en cette ligne RM.

Et d'autant que le poinct *m* est en la ligne *rm*, à drète de la ligne *ag* vn pied et demi loin du poinct *r*, la ligne RM alongée qu'elle trauerse l'echelle des mesures, lors auec vn compas commun est prise la longueur d'vn pied et demi de ceux que l'echelle des mesures marque en cette ligne RM et le compas ouuert de cette mesure, vne de ses iambes est aiustée au point R et son autre iambe est tournée à drète de la ligne AG et arrestée sur la mesme ligne RM et comme au poinct M lequel est l'aparence du poinct *m*.

L'aparence du poinct *k* est trouuée en la façon qui suit :

Consideré que la ligne *ar* a 17 pieds de long, la ligne *rh* en a 9 et la ligne *hn* en a 3, ayant ajousté ces trois nombre 17, 9 et 3, leur somme est 29, de façon que ce poinct *k* se rencontre en une ligne *nk* paralelle à la ligne *ab* et reculée 29 pieds loin du tableau derrière luy, sçauoir est cinq pieds d'auantage loin que n'en est reculée celle que la ligne HD représente.

En ce cas premierement avec l'echelle des éloignemens est trouuée en la ligne AG l'aparence d'vn poinct *n* en la ligne *ag* reculé 29 pieds loin du tableau, c'est-à-dire, cinq pieds d'auantage loin que n'en est reculée la ligne que la ligne HD représente et pour ce faire du poinct G est menée vne ligne au poinct qui marque la 5 et la sépare d'auec la 6 des 24 parties égales de la ligne AC. Par le poinct auquel la ligne ainsi menée rencontre la ligne HD est menée vne autre ligne au poinct F et le poinct auquel cette dernière ligne rencontre la ligne AG est l'aparence du poinct *n*, puis par cette aparence du poinct *n* est menée vne ligne paralelle à la ligne AB, laquelle est l'aparence de la ligne *nk* en laquelle est le poinct *k*, partant l'aparence du poinct *k* est en cette dernière ligne.

Et d'autant que le poinct *k* est en la ligne *nk*, à gauche de la ligne *ag* sept pieds et demi loin du poinct *n*, ayant alongé la ligne dernière menée du tableau paralelle à la ligne AB, c'est-à-dire celle qui est l'aparence de la ligne *kn*, afin qu'elle trauerse l'eschelle des mesures ; lors auec un compas commun sont pris 7 pieds et demi de ceux que l'eschelle des mesures y marque, et le compas ouuert de cette mesure, vne de ses iambes est aiustée à l'aparence du poinct *n* et son autre iambe tournée à gauche de la ligne AG et arrestée sur la mesme ligne ainsi dernière menée et comme au poinct *K* lequel par ce moyen est l'aparence du poinct *k*.

Si l'on vouloit auoir en la ligne AG l'aparence d'vn poinct en la ligne *ag* reculé 53 pieds loin derrière le tableau, sçauoir 5 pieds d'auantage loin que n'en est reculée la ligne qui représente la ligne NQ. En ce cas ayant mené la ligne du poinct G au poinct qui marque la 5 et la sépare d'auec la 6 des 24 parties égales de la ligne AC, lors du poinct auquel cette ligne ainsi menée rencontre la ligne NQ, l'on menerait vne ligne au point F laquelle rencontrerait la ligne AG en vn poinct lequel est l'aparence d'un poinct en la ligne *ag* reculé 5 pieds d'auantage loin du tableau que n'en est reculée la ligne que la ligne NQ représente et ainsi des semblables.

Les poincts I et L aparences des poincts *i* et *l* sont trouuez en la mesme façon.

Après sont menées conuenablement de poinct en poinct, les lignes ML, MK, KI, et LI qui sont les aparences chacune de sa corespondante des costez *ml*, *mk*, *ki* et *li* du carré *mlik*.

Maintenant pour trouuer l'aparence d'vn poinct éleué 17 pieds à plomb au dessus du poinct *m*. Par le poinct M est menée de la part de la ligne FE, vne ligne M*st* perpendiculaire à la ligne AB et cette ligne M*st* est faite égale à 17 des pieds que l'échelle des mesures marque en la ligne MR, ainsi la ligne M*st* est l'aparence de l'éleuation du sujet, haute de 17 pieds à plomb sur le poinct *m*.

Les lignes L*ff*, Kfr et Ifp aparences des éléuations du sujet sur les autres poincts *l*, *k*, *i* de son assiete quarrée *mlik* et longues aussi chacune de 17 pieds, sont trouuées de mesme façon que l'aparence M*st*, bien entendu que les 17 pieds dont chacune de ces aparences est longue, sont de ceux que l'échelle des mesures marque en la ligne menée par son bout d'en bas paralelle à la ligne AB.

Pour avoir les aparences des abaissemens du sujet vn pied sous les mesmes poincts *m*, *l*, *i*, *k* et par les mesmes ligne, des éléuations, on alonge par en bas les aparences de ces éléuations chacune vn pied de long de sa mesure propre et particulière; et par les poincts bas du pied dont ces aparences là sont alongées, on mene des lignes conuenables desqu'elles on marque ce que le dehors œuure en l'assiete du sujet, n'empesche pas d'estre veu comme le montre la figure du bas de la stampe.

D'abondant la ligne *z* longue de 13 pieds vn quart, estant la mesure à plomb de *ce*, dont le poinct auquel aboutissent les aretiers du couuert est éleué dessus le poinct milieu de l'assiete du sujet plus haut que chacune de ses encoigneures, les aparences de ses aretiers sont trouuées en la mesme façon.

Car ayant au moyen cy-dessus trouué le point Æ, aparence du poinct auquel aboutissent les aretiers au feste du sujet, lors de chacun des poincts hauts des aparences des éléuations des encoigneures ici des poincts *st*, *ff*, *fr* et *fp* sont menées à ce poinct Æ les lignes *st*Æ, *ff*Æ, *fr*Æ et *sp*Æ lesquelles sont les aparences chacune de sa correspondante des lignes, de ces aretiers.

Les lignes V, Z, W et R, sont les mesures des hauteurs de quelques personnes debout en diuers endroits du plan de l'assiete du sujet.

La ligne X est la mesure de la hauteur d'vne personne debout sur le fonds du creux de la cage, lequel fonds est supposé de niueau comme celuy d'vn bassin de fontaine.

La ligne *fs* est l'aparence d'vne ligne de 12 pieds de long qui pose d'vn bout sur le plan de l'assiete du sujet en la ligne alongée *hl*, 4 pieds 9 pouces loin du poinct *l* et apuïe de l'autre bout au montant que la ligne L*ff* représente.

La ligne * est l'aparence d'vne ligne de 5 pieds de long, suspendue ou pendante à plomb du milieu de la cime de l'vn des flancs du sujet.

Ces aparences là, celle de chacun des membres des ornements de l'architecture, celle de la cheute des ombres et généralement les aparences de toute chose telle quelle puisse estre de nature à représenter en portraiture, moiennant les interuales conuenables conçus sont ainsi trouuez en vn tableau plat de quelque façon et biais qu'il soit disposé, pendant à plomb en plat fonds, ou penchant d'vn ou d'autre costé deuant l'œil, soit que le poinct qu'on nomme à l'ordinaire poinct de veuë se rencontre dans ce tableau, soit qu'il en soit hors; mais en chacune de ces diférentes circonstances il y a matière de nombre d'exemples diferents comme de plusieurs figures; outre que l'intelligence de cette manière de faire les tableaux plats, conduit aisement au moyen de faire les tableaux en toute autre espèce de surface et des filets atachez aux poincts F et G releuent l'ouurier de beaucoup de lignes fausses.

Il y a règle aussi de la place du fort et du faible coulory, dont la démonstration est meslée en partie de géometrie, en partie de phisique et ne se trouve en France encore expliquée en aucun liure public.

Pour les diuers rencontres en cet art, il y a des moyens particuliers de les expédier chacun aisément à la façon de cet exemple et autrement, ou bien avec des instrumens fondez en démonstration géometrique, desquels il y a divers façons.

Les vns pour copier diligemment tout sujet plat en plus petit, égal, ou plus grand, et le metre de mesure en perspectiue auec ces éléuations, de quelque façon, biais et distance que ce soit, aussi promptement qu'on l'aurait copié.

Les autres pour dessiner exactement le sujet en le voyant par vne figure plus petite, égale, ou plus grande et semblablement posée que celle qui viendrait au plan mesme auquel l'instrument est appliqué, desquels instrumens, ou de l'vn d'eux a été fait à Rome vn traité deux ans enuiron après le priuilege des présentes scelé en France, lequel traité de Rome ne contient pas le moyen d'avoir la figure d'aparence, égale et disposée comme celle qui se fait au mesme plan auquel l'instrument est apliqué.

Il y a de mesme des manières vniuerselles et démonstrées, touchant la pratique du trait pour la coupe des pierres en l'architecture, auec les preuues pour connaistre si l'on a procédé bien exactement à l'exécution.

Il y a de suite des manières uniuerselles aussi démonstrées pour tracer les qadrans solaires auec la règle, le compas, le plomb et l'équiere communs en toutes les surfaces plates généralement, ou l'essieu du monde est conuenablement apliqué, de quelque sens ou biais qu'elles soient estenduës.

En ce reste de place les contemplatifs auront quelques propositions, lesquelles peuuent êstre énoncées autrement pour diuerses matières, mais elles sont accommodées ici pour la perspectiue, et la démonstration en est assez intelligible sans figure, puis que toutes les lignes y sont encore entenduës droites et les tableaux toujours plats. Il est vray qu'en fin c'est une fourmilière de grandes propositions abondantes en lieux.

Ayant imaginé qu'au centre immobile de l'œil passe vne ligne indéterminée et mobile ailleurs de son long en tous sens, vne telle ligne est icy nommée *Ligné de l'œil*, laquelle au besoin est menée paralelle à telle autre ligne que ce soit.

Quand le sujet est un poinct et que des poincts de sujet et de l'œil sont menées jusqu'au tableau des lignes paralelles entre elles, l'aparence du sujet est en la ligne menée par les poincts ausquels ces paralelles rencontrent le tableau, d'autant que ces paralelles et cette ligne ainsi menée au tableau, sont en vn mesme plan entr'elles.

Quand le sujet est des lignes, elles sont, ou bien paralelles, ou bien inclinées entr'elles.

Quand des lignes sujet sont paralelles entr'elles, la ligne de l'œil menée paralelle à icelle, est ou bien paralelle ou bien non paralelle au tableau, mais toujours chacune de ces lignes sujet, est en vn mesme plan auec cette ligne de l'œil, en laquelle tous ces plans s'entrecoupent ainsi qu'en leur commun essieu.

Quand des lignes sujet sont paralelles entr'elles, et que la ligne de l'œil menée paralelle à icelles est paralelle au tableau, les aparences de ces lignes sujet sont des lignes paralelles entr'elles, aux lignes sujet, et à la ligne de l'œil, à cause que chacune de ces lignes sujet est en vn mesme plan auec cette ligne de l'œil, en laquelle tous ces plans s'entrecoupent ainsi qu'en leur commun essieu, et que tous ces plans sont coupez d'vn autre mesme plan le tableau.

Quand des lignes suiet sont paralelles entr'elles et que la ligne de l'œil menée paralelle à icelles, n'est pas paralelle au tableau ; les aparences de ces lignes suiet sont des lignes qui tendent toutes au poinct auquel cette ligne de l'œil rencontre le tableau, d'autant que chacune de ces lignes suiet est en vn mesme plan auec cette ligne de l'œil en laquelle tous ces plans s'entrecoupent ainsi qu'en leur commun essieu, et que tous ces plans sont coupez d'vn autre mesme plan le tableau.

Quand les lignes suiet inclinées entr'elles tendent toutes à vn poinct, la ligne de l'œil menée à ce poinct est, ou bien paralelle, ou bien non paralelle au tableau, mais toujours chacune de ces lignes sujet est en vn mesme plan auec cette ligne de l'œil, en laquelle tous ces plans, s'entrecoupent ainsi qu'en leur commun essieu.

Quand des lignes sujet inclinées entre elles tendent toutes à vn poinct auquel ayant mené la ligne de l'œil elle est paralelle au tableau, les aparences de ces lignes sujet sont des lignes paralelles, entr'elles, et à la ligne de l'œil à cause que chacune de ces lignes sujet est en vn mesme plan auec cette ligne de l'œil, en laquelle tous ces plans s'entrecoupent ainsi qu'en leur commun essieu, et que et que tous ces plans sont coupez d'vn autre mesme plan le tableau.

Quand des lignes suiet inclinées entr'elles tendent toutes à vn poinct auquel ayant mené la ligne de l'œil elle n'est pas paralelle au tableau, les aparences de ces lignes sujet sont des lignes qui tendent toutes au poinct auquel cette ligne de l'œil rencontre le tableau, d'autant que chacune de ces lignes suiet est en vn mesme plan auec cette ligne de l'œil, en laquelle tous ces plans s'entre-coupent ainsi qu'en leur commun essieu et que tous ces plans sont coupéz d'un autre mesme plan le tableau.

La proposition qui suit ne se déuide pas si brièuement que celles qui précèdent.

Ayant à pourtraire une coupe de cone plate, y mener deux lignes dont les aparences soient les essieux de la figure qui la représentera.

A Paris en may 1636, avec priuilege.

ANALYSE

DU TRAITÉ DE PERSPECTIVE

de DESARGUES de 1636,

PAR M. POUDRA.

ANALYSE

DU TRAITÉ DE PERSPECTIVE

de **DESARGUES** de 1636.

L'auteur commence par donner les définitions et les synonymes des noms nouveaux et anciens dont il va se servir. On y remarque qu'il donne le nom d'*assiète*, au plan d'un sujet, réservant ainsi le mot de plan pour désigner une surface plane indéfinie.

« Dans cet art de la perspective, dit-il, il est supposé qu'un seul œil voit d'une même œillade le sujet et le tableau, disposés l'un au droit de l'autre. »

« Il suppose que celui qui pratique cet art de la perspective entend la facon et l'usage de l'échelle servant à construire les divers plans d'un sujet donné et en outre qu'il comprend ce qu'on nomme communément perspective. »

La méthode de Desargues, qu'il expose sur une seule figure, repose essentiellement et uniquement sur une conformité de construction, avec celle employée pour faire les plans géométraux d'une figure quelconque donnée.

Pour mieux faire comprendre cette méthode, nous nous servirons des expressions actuellement en usage.

Une figure quelconque est déterminée de position, relativement à trois plans fixes, lorsqu'on connaît les distances des divers points de cette figure à ces trois plans. Ces distances sont ce qu'on appelle actuellement les coordonnées de chaque point. Il en résulte que dans un plan, une figure est déterminée de position par rapport à deux droites fixes de ce plan, lorsqu'on connaît les distances de chacun de ses points à ces deux droites, c'est-à-dire leurs coordonnées. Ces droites auxquelles on rapporte ces points sont ce qu'on nomme les axes des coordonnées.

Lorsque les trois coordonnées d'un point sont données par rapport à trois plans, on détermine ce point lui-même, en portant : 1° sur l'axe des y, par exemple, l'une des coordonnées; 2° en menant par l'extrémité, une parallèle à l'axe des x égale en longueur à la seconde coordonnée; puis 3° par cette nouvelle extrémité en élevant une parallèle à l'axe des z égale en longueur à la troisième, et cette extrémité est le point cherché. C'est cette même construction qui va servir pour obtenir la position perspective de ce point, sur un tableau.

Considérons le plan du sujet dont on veut avoir la perspective, comme plans de $x\,y$. Prenons sur ce plan pour axe des x, la trace même du tableau et pour axe des y, une perpendiculaire quelconque à cette droite.

Supposons que ces axes soient divisés en parties égales à l'unité de l'échelle du plan, unité qui peut avoir, avec celle de la nature, un rapport quelconque donné; il est évident alors qu'en menant par chaque point du plan des parallèles à ces axes, on pourra exprimer en nombres les coordonnées de chaque point. Cela étant fait, considérons le tableau, son point de vue, la distance de ce point au tableau et sa hauteur au-dessus du plan horizontal : avec ces données on peut tracer sur le tableau ce qu'on appelle la ligne d'horizon. D'après cela, il est évident que l'axe des y du plan deviendra en perspective, une droite comprise entre la ligne de terre ou trace du tableau, et la ligne d'horizon, et se terminant à cette dernière ligne au pied de la perpendiculaire abaissée du point de vue sur le tableau. Les divisions en parties égales de cet axe des y, deviendront des divisions inégales allant en diminuant à mesure qu'on s'éloigne de cette ligne de terre, suivant une loi régulière et facile à déterminer. Admettons que chaque division de cette ligne porte le même numéro que la division correspondante de l'axe.

Par les points de division de l'axe des x, menons des droites concourantes à ce même point de la ligne d'horizon auquel aboutit la perspective de l'axe des y; il est évident que toutes les droites ainsi menées, seront les perspectives de droites parallèles à l'axe des y.

Maintenant étant données les coordonnées, en nombre, d'un point, il sera tout aussi facile d'avoir sa perspective sur le plan du tableau que sa position géométrale; il faudra prendre sur la division perspective de l'axe des y, le nombre représentant la distance du point cherché à l'axe des x; par ce point mener une parallèle à l'axe des x et l'arrêter à la droite qui représente la parallèle à l'axe des y, menée à une distance de cet axe égale à la seconde coordonnée de ce point, et on aura la représentation de la projection du point cherché.

Dans la construction géométrale, on se sert d'une seule et même division de parties égales qu'on appelait alors échelle de petits-pieds; — dans la perspective on se servira de deux divisions appelées aussi ***échelles;*** l'une dite ***échelle fuyante*** ou suivant l'auteur ***échelle des éloignements*** et qui sert à déterminer la distance à la ligne de terre, de la perspective d'un point dont on connaît sur le plan sa distance à cette ligne, — et deuxièmement, d'une seconde division qui donne la diminution qu'éprouve une parallèle à l'axe des x, suivant l'éloignement de cette droite du tableau : c'est ce que l'auteur appelle une échelle des mesures et qui servira non-seulement à déterminer ce que devient la longueur d'une horizontale parallèle au tableau, mais aussi celle d'une droite parallèle au tableau située à la même profondeur et quelle que soit d'ailleurs sa direction. Il en résulte qu'ayant la troisième coordonnée du point du sujet, c'est-à-dire la hauteur de ce point au-dessus du plan du sujet, on prendra, pour perspective de cette hauteur la même grandeur que si cette verticale était une horizontale située dans le même plan vertical.

Cette méthode est, comme on le voit, très-générale, universelle, et n'exige d'autres connaissances que de savoir faire un plan et de connaître l'emploi de ces deux échelles de perspective.

Il nous reste encore à expliquer la construction de ces échelles ; celle des mesures ou parallèles au tableau est déjà indiquée et n'offre point de difficultés; il s'agit donc seulement d'exposer celle donnée par Desargues pour l'échelle des profondeurs. On arriverait à diviser cette droite AG représentant l'axe des y, en portant : 1° sur la ligne horizon à partir du point central G, une distance égale à celle qui sépare le point de vue de ce point G ; puis, 2° en joignant toutes les divisions de la ligne AB avec ce point, qu'on nomme le point de distance ; ces droites couperaient la droite AG aux points de la division cherchée ; mais ce procédé est difficile et souvent impossible parce que le point de distance est toujours en dehors du tableau et souvent même très-éloigné. Desargues, par un procédé fort ingénieux, supprime cet embarras. Il prend pour point de distance, un point quelconque de la ligne d'horizon situé dans le champ de l'ouvrage;

ainsi, il prend dans la figure le point F d'intersection de la ligne d'horizon et du côté vertical du cadre. Des points F et G il abaisse les deux verticales FA, GC, de sorte que sur la ligne de terre AB, il a AC = FG, c'est-à-dire que AC représente alors la distance de l'œil au tableau, mais à une autre échelle. Cette longueur étant connue, il divise AC en autant de parties égales qu'il y a d'unités contenues dans cette longueur : elle est divisée dans la figure en 24 parties égales, parce que l'œil était à 24 unités du tableau. Alors joignant tous ces points de division au point F, il obtient la même division de la ligne AG que par l'autre procédé.

Desargues n'explique point les motifs de sa construction, maisil est facile de les trouver, ils sont fort simples. Dans un autre mémoire, il donne quelques explications sur ce sujet.

Par cette méthode, dit Desargues, on peut construire tout tableau plat, et l'intelligence de cette manière conduit aisément à faire ceux sur toute autre surface.

Il ajoute, sans explication, « qu'il y a règle pour la place du fort et faible colori dont la démonstration est mêlée de géométrie et en partie de physique, et ne se trouve pas expliquée, en France, en aucun livre public. »

Il y a, dit-il, « des moyens particuliers en cet art de perspective de les expédier chacun aisément à la façon de cet exemple ou autrement, ou bien avec des instruments, etc. Sur l'un d'eux a été fait à Rome un traité, deux ans environ après le privilége des présentes. »

On remarquera que dans cette méthode de Desargues, il n'est point parlé de la théorie des points de concours, théorie sur laquelle sont fondés plusieurs des procédés usuels de perspective. Desargues, pour y suppléer, ajoute comme annexe à son traité, un petit chapitre adressé aux *contemplatifs* et où il expose brièvement, mais complètement, les bases de cette théorie des points de concours; ainsi il fait voir ce que devient en perspective une suite de droites parallèles et divers faisceaux de droites; on y voit indiquée cette belle proposition, qu'un faisceau de droites concourantes en un point, devient en perspective un faisceau de droites parallèles, lorsque la droite qui joint le point de vue à ce sommet du faisceau est parallèle au tableau.

On trouve dans le commencement de ce chapitre, cette idée sur la perspective : « *Il est vrai qu'enfin c'est une fourmillière de grandes propositions, abondantes en lieu.* » Ce qui fait voir qu'il avait déjà conçu le secours que la géométrie pouvait trouver dans la perspective.

Il termine par cette proposition qu'il propose comme problème et dont nécessairement il devait avoir la solution.

« *Etant donnée une section conique à mettre en perspective, y mener deux lignes dont les apparences soient les axes de la figure qui la représentera.*

OEUVRES DE DESARGUES.

TRAITÉ DES CONIQUES AYANT POUR TITRE :

BROUILLON PROIECT

D'UNE ATTEINTE AUX ÉUÉNEMENS DES RENCONTRES D'UN CONE AUEC UN PLAN,

par le Sieur G. DESARGUES LIONAIS,

Paris 1639.

Cette copie est faite sur le manuscrit qu'a laissé le géomètre De la Hire, et qui est déposé à la bibliothèque de l'Institut.

On y a joint une table, et un vocabulaire explicatif des mots employés par Desargues.

On a fait suivre cet ouvrage d'un fragment d'un annexe qui se trouvait à sa suite et qui avait pour titre :

Atteinte aux euenemens des contrariétés d'entre les actions des puissances ou forces.

On y trouvera aussi la lettre de De la Hire qui prouve l'authenticité de sa copie, et le petit commentaire qu'il avait fait de ce traité des coniques.

VOCABULAIRE

DES TERMES EMPLOYÉS PAR DESARGUES,

DANS CET OUVRAGE.

Une ordonnance de lignes droites pour Faisceau de droites.

But d'une ordonnance.	—	Sommet du Faisceau.
Ordonnance de plans.	—	Faisceau de plans.
Essieu de l'ordonnance de plans	—	Axe du faisceau de plans.
Tronc.	—	Droite sur laquelle sont des points.
Nœuds.	—	Points sur une droite, auxquels passent d'autres droites.
Rameau	—	Chacune des droites ci-dessus.
Rameaux, droits ou parallèles.	—	Deux de ces droites, lorsqu'elles sont parallèles.
id. déployés ou pliés au tronc	—	*id.* suivant qu'elles sont en demors ou sur la ligne droite nommée *tronc*.
Brin de rameau	—	Segment sur une de ces droites.
Rameure	—	Plusieurs droites ou rameaux.
Point commun engagé ou dégagé	—	Point sur le segment ou en dehors.
Couple de points	—	Deux points quelconques.
Points d'un couple mêlés aux points d'un autre couple	—	Lorsque les deux segments empiétent l'un sur l'autre.
Points d'un couple démêlés aux points d'un autre couple	—	Lorsque un des segments est en dedans ou en dehors de l'autre.
Bornes	—	Sommets d'un quadrilatère.
Bornale droite	—	Droite passant par deux des sommets.

Couple de bornales droites	pour	**Deux droites du quadrilatère, qui ne passent pas par des sommets communs.**
Arbre	--	**Droite sur laquelle il y a trois couples de points a, a' -- b, b' — c, c', tels que $oa \times oa' = ob \times ob = oc \times oc'$.**
Souche	--	Le point o, commun aux six segments.
Branches	—	Les segments oa, oa', ob, ob', oc, oc'.
Branches moyennes.	—	Deux segments ci-dessus égaux.
Branches extrêmes	—	Deux des segments ci-dessus, lorsqu'ils sont inégaux.
Branches couplées	—	Deux des segments dont le produit est constant.
Nœud	—	Chaque extrémité d'un des segments.
Nœuds moyens	—	Extrémités de deux segments égaux.
Nœuds extrêmes	—	Extrémités des deux segments inégaux.
Nœuds couplés entr'eux	—	Les deux extrémités d'un même segment, telles que a, a'.
Couple de rameaux déployés au tronc.	—	Deux droites passant aux extrémités d'un même segment.
Brin de rameau plié au tronc.	—	Segment entre une extrémité d'un segment et l'extrémité d'un autre segment, — tel que ab.
Brins de rameaux couplés entr'eux	—	Deux segments tels que ab, ab'.
Couple de brin relative à un autre couple de brin.	—	Deux couples de segments tels que ab, ab' — $a'b$, $a'b'$.
Rectangles relatifs entr'eux	—	Deux rectangles tels que $a'b \times a'b'$ et $ab \times ab'$.

Couple de brins gemelles pour entr'elles Deux couples de segments, tels que $a'b$, $a'b'$ et $a'c$, $a'c'$.

Rectangle gemeaux entr'eux. — Les deux rectangles tels que $a'b \times a'b'$ et $a'c \times a'c'$.

Souche engagée — Lorsque ce point est entre deux points a,a' et alors il est aussi engagé entre b',b, et c,c'.

Souche dégagée — Lorsque ce point est en dehors de $a,a' - b,b' - c,c'$.

Involution — Trois couples de points tels que $oa \times oa' = ob \times ob' = oc \times oc'$ et que les points conjugués sont tous mêlés ou démêlés entr'eux.

Nœud moyen simple — Cas où la souche est au milieu de deux nœuds moyens.

Nœud moyen double — Si les deux nœuds moyens sont du même côté.

Nœuds extrêmes — Les deux extrémités d'un même segment.

Nœud extrême intérieur — Celui près de la souche.

Nœud extrême extérieur — Celui le plus éloigné de la souche.

Nœuds correspondant entr'eux (invol. de 4 points) — Les deux nœuds extrêmes, ou les 2 moyens.

4 points en involution — Rapport harmonique.

Souches réciproques de cette involution — Les points milieux des deux segments correspondants.

Ramée — Faisceau de six droites passant par 6 points en involution.

Rameaux correspondants entr'eux — Les rayons correspondants du faisceau de 4 d^{tes} en invol.

Rouleau — Solide cylindrique ou conique.

Sommet du rouleau — Le point immobile de la droite genératrice du rouleau.

Plate assiette	pour Base du rouleau.
Enveloppe du rouleau	— Sa surface.
Colonne	— Cylindre.
Cornet	— Cone.
Plan de coupe du rouleau	— Plan coupant, autre que la base.
Coupe du rouleau	— Surface de la section.
Bord de la coupe de rouleau	— Courbe de la section.
Défaillement, ovale	— Ellipse.
Egalation	— Parabole.
Outrepassement, excedement	— Hyperbole.
Traversale aux droites d'une ordonnance	— Polaire du sommet du faisceau.
Ordonnées d'une traversale	— Les droites du faisceau.
Point traversal d'une ordonnée	— Point où la polaire coupe la droite, point conjugué du sommet.
Ordinale	— La droite du faisceau qui est tangente à la courbe ou qui ne la rencontre pas.
Diametrale	— Droite qui partage une figure en deux parties égales.
Diametraversale	— La même, relativement aux droites du faisceau.
Conjugales	— Deux droites parallèles à deux diamètres conjugués.
Souche commune à plusieurs arbres	— Souche commune à plusieurs droites portant des points en involution.
Coté droit — Coadjuteur	— Paramètre.
Nombrils, points brûlants	— Foyers.

BROUILLON PROIECT

D'UNE ATTEINTE AUX ÈUÉNEMENS DES RENCONTRES D'UN CONE AVEC UN PLAN,

par le sieur G. Desargues Lionais.

Il ne sera pas malaisé de faire icy la distinction nécessaire d'entre les impositions de nom, autrement définitions, les propositions, les démonstrations, quand elles sont ensuite, et les autres espèces de discours ; non plus que de choisir entre les figures celle qui a rapport au période qu'on lit ou de faire les figures sur le discours.

Chacun pensera ce qui lui semblera conuenable, ou de ce qui est icy déduit, ou de la manière de le déduire, et uerra que la raison essaye à connoître des quantités infinies d'une part, ensemble de si petites que leurs deux extrémités opposées sont unies entrelles et que l'entendement s'y perd non-seulement à cause de leur inimaginable grandeur ou petitesse, mais encore à cause que le raisonnement ordinaire le conduit à en conclure des propriétéz, dont il est incapable de comprendre comment c'est qu'elles sont.

Ici toute ligne droite est entendue alongée au besoin à l'infini de part et d'autre.

Un semblable alongement à l'infini de part et d'autre en une droite est icy représenté par une rangée de points alignez d'une part et d'autre ensuite de cette droite.

Ordonnance des lignes droites. — Pour donner à entendre de plusieurs lignes droites, qu'elles sont toutes entr'elles ou bien paralleles, ou bien inclinées à mesme point, il est icy dit, que toutes ces droites sont d'une mesme ordonnance entr'elles; par ou l'on conceura de ces plusieurs droites, qu'en l'une aussi bien qu'en l'autre de ces deux especes de position, elles tendent toutes à un mesme point.

But d'une ordonnance de droites. — L'endroit auquel on conçoit que tendent ainsi plusieurs droites en l'une aussi bien qu'en l'autre de ces deux espèces de position est nommé icy. But de l'ordonnance de ces droites.

Pour donner à entendre l'espèce de position

d'entre plusieurs droites en laquelle elles sont toutes paralleles entr'elles, il est icy dit que toutes ces droites sont entr'elles d'une mesme ordonnance, dont le but est à distance infinie, en chacune d'une part et d'autre.

Pour donner à entendre l'espece de position d'entre plusieurs droites, en laquelle elles sont toutes inclinées à un mesme point, il est icy dit, que toutes ces droites sont entrelles d'une mesme ordonnance, dont le but est à distance finie, dans chacune d'elle.

Ainsi deux quelconques droites en un mesme plan, sont entrelles d'une mesme ordonnance, dont le but est à distance finie ou infinie.

Icy tout plan est entendu pareillement étendu de toutes parts à l'infiny.

Vne semblable estendue d'un plan à l'infiny de toutes parts est icy représentée par un nombre de points semez de toutes parts au mesme plan.

Ordonnance de plan. — Pour donner à entendre de plusieurs plans, qu'ils sont tous entreux, ou bien paralleles, ou bien inclinez à une mesme droite, il est icy dit que tous ces plans sont entreux d'une mesme ordonnance, par ou l'on conceura de ces plusieurs plans, qu'en l'une aussi bien qu'en l'autre de ces deux especes de position, ils tendent tous à un mesme endroit.

But d'une ordonnance de plan. — L'endroit auquel on conçoit que tendent ainsi plusieurs plans en l'une aussi bien qu'en l'autre de ces deux espèces de position, a icy non Aissieu de l'ordonnance.

Pour donner à entendre l'espece de position d'entre plusieurs plans en laquelle ils sont tous paralleles entreux, il est icy dit que tous ces plans sont entreux d'une mesme ordonnance dont l'essieu est en chacun d'eux à distance infinie de toutes parts.

Pour donner à entendre l'espece de position d'entre plusieurs plans en laquelle ils sont tous inclinez à une mesme droite, il est icy dit que tous ces plans sont entreux d'une mesme ordonnance dont l'essieu est en chacun d'eux à distance finie.

Ainsi deux quelconques plans sont entreux d'une mesme ordonnance dont l'essieu est en chacun d'eux a distance finie ou infinie.

En conceuant qu'une droite infinie, ayant un point immobile, se meut en toute sa longueur, on voit qu'aux divers places qu'elle prend en ce mouuement, elle donne, ou représente comme diverses droites d'une mesme ordonnance entrelles, dont le but est son point immobile.

Quand le point immobile de cette droite est à distance finie, et qu'elle se meut dans un plan, on voit qu'aux diverses places qu'elle prend en ce mouuement, elle donne ou représente comme diverses droites d'une mesme ordonnance entrelles, dont le but (son point immobile) est en chacune d'elles à distance finie et que tout autre point que l'immobile de cette droite ua traçant une ligne simple uniforme et dont les deux quelconques parties sont d'une mesme conformation et conuiennent entr'elles, c'est à dire courbée en pleine rondeur, autrement la circulaire.

Quand le point immobile de cette droite y est à distance infinie et qu'elle se meut en un plan, on uoit qu'aux diverses places qu'elle prend en ce mouuement, elle donne, ou représente comme diverses droites d'une mesme ordonnance entrelles dont le but (son point immobile) est en chacune d'elle à distance infinie d'une et d'autre part, et que tout autre point que l'immobile de cette droite ua traçant une ligne simple uniforme, et dont les deux quelconques parties sont d'une mesme conformation et conuiennent entrelles, à sçavoir une ligne droite et perpendiculaire à celle qui se meut. Et suiuant la pointe de cette conception finalement on y uoid comme une espece de rapport entre la ligne droite infinie et la ligne courbée d'une courbure uniforme, cest à dire le rapport de la ligne droite infinie avec la circulaire, en façon qu'elles paraissent estre comme deux especes d'un mesme genre, dont on peut énoncer le tracement en mesmes paroles.

Tronc. — Quand à divers points d'une droite passent indifferement diuerses autres droites, cette droite en laquelle sont les points est icy nommée, Tronc.

Neuds. — Les points de ce tronc auxquels passent ainsi d'autres droites y sont nommez Neuds.

Rameau.—La quelconque autre droite qui passe à un de ces neuds est nommée à l'egard du tronc, Rameau.

Rameaux droits ou paralleles. — Quand deux rameaux sont paralleles entreux, ils sont nommez, Rameaux droits.

Rameau déployé au tronc. — Quand un rameau coupe le tronc ou s'écarte du tronc, il est icy nommez, Rameau déployé au tronc.

Rameau plié au tronc. — Vne quelconque piece

ou segment du tronc contenue entre deux quelconques neuds, est icy nommée, Rameau plié au tronc.

Brin de rameau. — Chaque piece ou segment d'un rameau contenue entre son neud et quelqu'autre rameau ou son neud est icy nommez Brin de ce rameau.

Rameure. — Plusieurs rameaux droits déployez au tronc, à l'auanture, sont icy tous ensemble nommés Rameure.

Fig. 1. — Quand en une ligne droite AFD, un point A est commun à chacune des deux pieces AF, AD, ou bien ces deux pieces sont placées séparement l'une AF d'une part et l'autre AD de l'autre part de leur point commun A qui par ce moyen est entr'elles d'eux.

Point commun engagé. — Pour donner à entendre l'espèce de position de leur point commun au regard d'elles quand il est entr'elles d'eux, il est icy dit que le point commun A est engagé entr'elles d'eux.

Point commun dégagé. — Pour donner à entendre l'espece de position de leur point commun au regard d'elle, quand il n'est pas entr'elles deux, il est icy dit que le point commun A est dégagé d'entre elles deux.

Fig. 2. —Quand en une droite DF, il y a deux couples de points C,G—D,F; ou bien l'un des points C de l'une des couples C,G est placé entre les deux points de l'autre couple D,F, et l'autre point G de la mesme couple C,G et hors d'entre les deux mêmes points de l'autre couple D,F; ou bien ces deux points d'une mesme couple C,G sont de meme, ou entre, ou hors d'entre les deux points de l'autre couple D,F.

Points d'une couple melez aux points d'une autre couple. — Pour donner à entendre l'espece de position des points d'une de ces deux couples, au regard des points de l'autre couple, si le point C est entre et que son acouplé G soit hors d'entre les points de l'une des couples sont melez aux points de l'autre couple, il est dit icy que les points de l'une des couples sont melez aux points de l'autre couple.

Points d'une couple demellez aux points d'une autre couple.— Pour donner à entendre l'espece de position des points d'une de ces deux couples en regard des points de l'autre couple quand les points d'une couple sont tous deux semblablement ou entre, ou hors d'entre les points de l'autre couple, il est icy dit que les points d'une couple sont demellez de l'autre couple.

Borne. — Quand en un plan quatre points ne sont pas tous en une même droite, chaque de ces points est à l'égard des autres icy nommé, Borne.

Bornale droite. — Chaque droite qui passe à deux quelconques de ces quatre bornes est, à l'égard de ces points, nommée, Bornale droite.

Couple de bornales droites. — Les deux droites qui passent l'une aux deux et l'autre aux deux autres de quatre bornes sont couplées entrelles et nommez, Couple de bornales droites.

Chaque bornale droite peut à l'occasion estre un tronc.

Proposition comprenant les 5 et 6 du 2ᵉ liure d'Euclide.

Proposition comprenant les 9 et 10 du 2ᵉ livre d'Euclide.

Proposition comprenant les 35 et 36 du 3ᵉ livre d'Euclide.

Quand en un mesme plan, à trois points comme neuds d'une droite comme tronc, passent trois brins de quelconques rameaux déployez à ce tronc, les deux brins de quelconques de ces rameaux con tenus entre leur neuds ou tronc, et chacun des autres deux rameaux sont entreux en raison mesme que la composée des raisons d'entre les deux pareils brins de ces autres deux rameaux conuenablement ordonnez. Enoncez autrement en Ptolémée. Cette proposition est au long en la page 25.

Arbre. fig. 3. — Quand en une droite AH il y a un point A commun et semblablement engagé ou dégagé aux deux pièces de chacune de trois couples AB, AH — AC, AG — AD, AF dont les trois rectangles sont egaux entreux, une telle condition en une droite, est icy nommée arbre dont la droite est tronc.

Souche. — Le point A ainsi commun à chacune de ces six pièces AB, AH, AC, AG, AD, AF y est nommé souche.

Branche. — Chacune de ces mesmes six pièces AB, AH, AC, AG, AD, AF y est nommée Branche.

Branches moyennes. — Quand les deux branches qui contiennent un de ces trois rectangles sont égales entrelles, elles y sont nommées, Branches moyennes.

Branches extremes. — Quand les deux branches qui contiennent un de ces rectangles égaux entreux sont inégales entrelles, elles sont icy nommées, Couple de branches extrêmes.

Branches couplées. — Les deux branches comme AG, AC ou AF, AD ou AH, AB dont le rectangle est égal à chacun des autres deux rectangles y sont nommées branches couplées entrelles.

Neud.—Chacun des bouts séparéz B,C,D,F,G,H des branches de chacune des trois couples AB, AH; AC, AG; AD, AF, est nommé neud.

Neuds moyens. — Voilà comme les neuds de l'arbre sont dispersez au long du tronc. Les neuds des branches moyennes y sont nommez neuds moyens.

Neuds extremes. — Les neuds d'une couple de branches extremes y sont nommez couple de neuds extremes.

Neuds couplés entreux. - Les neuds comme G et C qui donnent au tronc de l'arbre les deux branches d'une quelconque mesme couple AG, AC y sont nommez neuds couplez entreux.

Couple de rameaux déployez au tronc — Deux rameaux déployez au tronc qui passent aux deux neuds d'une couple y sont nommés couple de rameaux déployez au tronc.

Brin de rameau plié au tronc. — Chaque piece du mesme arbre comme la piece GF contenue entre un quelconque des noeus G d'une quelconque couple GC et un autre quelconque noeu F d'une autre quelconque des autres couples DF y est nommé brin de rameau plié au tronc.

Voila comme un semblable brin de rameau plié au tronc se trouve estre ou la somme ou la différence d'entre deux branches de deux couples diverses.

Brins de rameaux couplez entreux. — Deux brins de rameaux pliez au tronc, comme GD, GF, qu'une quelconque branche AG porte d'une part, nouez ensemble à son neu G, et qui d'autre part aboutissent l'un à un, l'autre à l'autre des deux nœus D,F d'une quelconque autre couple de branches AD, AF y sont nommez brin de rameaux couplez entreux.

Couple de brins relative à une autre couple aussi de brins. — La couple de brins de rameaux comme CD, CF que la branche AC couplée de la branche AG porte d'une part nouez ensemble à son nœu C et qui d'autre part, aboutissent l'un à un, l'autre à l'autre des deux mesmes nœus D,F auxquels aboutissent aussi les deux brins de la couple GD, GF y est nommée couple de brin relative à la couple aussi de brins GD, GF.

Deux couples de brins, comme les deux couples

GD, GF et CD, CF dont chacune des deux branches couplées entrelles AG, AC porte une couple à son nœu et qui dailleurs aboutissent ensemble à chacun des deux nœus d'une quelconque des autres couples DP y sont nommés, couples de brins relatives entrelles.

Rectangles relatifs entre eux. — Les deux rectangles de chacune de deux couples de brins relatives entr'elles comme les rectangles des brins de la couple GD, GF et des brins de la couple CD, CF y sont nommés rectangles relatifs entr'eux.

Couple de brins gemelles entr'elles. — Deux couples diverses de brins comme GD, GF et GB, GH qu'une même branche AG porte nouez ensemble à son nœu G et qui d'ailleurs aboutissent à deux couples diverses d'autres nœus D, F; B, H, y sont nommez couple de brins gemelles entr'elles.

Rectangles gémeaux entr'eux. — Les deux rectangles de deux couples de brins comme la couple GD, GF et de la couple GB, GH y sont nommés rectangles gémeaux entr'eux.

Quand en un arbre AH la souche A se trouve engagée entre les deux branches de la quelconque des couples AC, AG, la même souche A se trouve de mesme évidemment engagée entre les deux nœus de chacune des couples DF, BH, et les deux nœus de chacune des couples C, G se trouvent meslez évidemment aux deux nœus de chacune des autres deux couples D, F; B, H.

Et par contre quand en un arbre AH les deux nœus d'une quelconque des couples C, G sont meslez aux deux nœus d'une quelconque des autres couples DF, aussi la souche A se trouve engagée entre les deux branches de chacune des couples AC, AG; AB, AH; AD, AF et entre les deux nœus de chacune des couples CG, DF, BH.

Fig. 4. — Quand en un arbre AH la souche A se trouve dégagée d'entre les deux branches de chacune des couples AC, AG; AF, AD; AB, AH, la même souche A se trouve aussi évidemment dégagée d'entre les deux nœus de chacune des couples C, G; D, F; B, H; et les deux nœus de chacune des couples C, G; D, F; B, H se trouvent évidemment aussi desmeslez des deux nœus de chacune des autres couples.

Et par contre quand en un arbre les deux nœus de la quelconque des couples C, G se trouvent démeslez des deux nœus de chacune des autres couples D, F, aussi la souche A se trouve dégagée d'entre les deux nœus et les deux branches de chacune des couples. Desquelles choses suit évidemment qu'étant donné, en un arbre HB, l'espèce d'une seule de toutes ces positions de souches, de branches et de nœus, au regard l'un de l'autre, l'espèce est aussi donnée de chacune des autres positions d'entre le surplus des mesmes choses.

Fig. 3 *et* 4. — Et généralement en chacune de ces deux espèces de conformation d'arbre.

Comme la quelconque des branches AG est à son accouplée AC ainsi le rectangle d'une quelconque des couples de brins GD, GF que porte cette quelconque branche AG est à son relatif le rectangle CD, CF.

Car à cause de l'égalité d'entre les rectangles des deux branches de chacun des trois couples AB, AH ; AC, AG ; AD, AF les quatre branches AG, AF, AD, AC sont deux à deux proportionnelles, d'où suit que

comme AG est à AF
ou bien AD à AC } ainsi GD est à CF.

et que

comme AF est à AC
ou bien AG à AD } ainsi GF est à CD.

Conséquemment la branche AG est à son accouplée la branche AC en raison mesme que la composée des raisons du brin GD au brin CF et du brin GF au brin CD, qui est la raison du rectangle des brins de la couple GD, GF au rectangle des brins de sa relative la couple CD, CF.

D'où suit que le rectangle des brins GB, GH gemeau du rectangle GD, FG est à son relatif le rectangle CB, CH gemeau du rectangle CD, CF comme le rectangle GD, GF gemeau de ce rectangle GB, GH est à son relatif le rectangle CD, CF gemeau du rectangle CB, CH.

Car de ce qui est démontré le rectangle des brins de la couple GB, GH est à son relatif le rectangle CB, CH comme la branche AG à son accouplée AC.

Davantage il est aussi démontré que le rectangle des brins GD, GF est à son relatif le rectangle CD, CF comme la mesme branche AG à son accouplée AC.

Partant le rectangle des brins GB, GH gemeau du rectangle GD, GF est à son relatif le rectangle CB, CH, comme le rectangle GD, GF est à son relatif le rectangle CD, CF.

D'où suit qu'aussi le rectangle des brins FC, FG est à son relatif le rectangle DC, DG, comme le rectangle des brins FB, FH est à son relatif le rectangle des brins DB, DH. Sçavoir est comme la branche AF est à son accouplée AD.

D'où suit aussi que le rectangle des brins HC, HG est à son relatif le rectangle BC, BG comme le rectangle des brins HD, HF est à son relatif le rectangle BD, BF. Sçavoir est comme la branche AH à son accouplée AB.

Inuolution. — Et quand en une droite AH il y a comme cela trois couples de points B, H ; C, G ; D, F ainsi conditionnées à sçavoir que les deux points de chacune des couples soient de mesme ou mellez ou démellez aux deux points de chacune des autres couples, et que les rectangles ainsi relatifs des pièces d'entre ces points soient entreux comme leurs gemeaux, pris de mesme ordre, sont entreux ; une telle disposition de trois couples de points en une droite est icy nommée Involution.

C'est-à-dire, qu'alors qu'il est icy dit, que trois couples cottées de points en une droite sont disposez en involution entr'elles ; cela ueut dire qu'en cette disposition de ces trois couples de points, se trouuent toutes les conditions et propriétez qui uiennent d'estre expliquées de nœus d'un arbre en chacune des deux espèces de conformation, ou que ces trois couples de points, sont trois couples de nœus en un arbre de l'une des deux espèces de conformation expliquée cy devant.

Fig. 5. — D'où suit d'abbondant que quand en une droite comme AH, quatre pièces comme AG, AL ; AD, AC de deux couples AG, AC ; AL, AD ne sont pas deux à deux proportionnelles ou que les rectangles ne sont pas égaux entreux de deux pièces de chacun de ces deux couples AG, AC ; AD, AL, quoique leur but commun A soit de mesme engagé ou dégagé aux deux pièces de chacune de ces deux couples AG, AC ; AD, AL, la quelconque de ces pièces AG n'est pas à son accouplée AC comme le rect. GD, GL est à son relatif le rectangle CD, CL et la conformation d'un arbre n'y est point.

Car puisque ces quatre pièces AG, AL, AD, AC ne sont pas proportionelles entrelles, aussi les rectangles ne sont pas égaux entreux de chacune des couples de pièces AL, AD ; AG, AC.

Soit donc prise la droite AF pour couplée à la droite quelconque d'elles AD en façon que les rectangles soient égaux entreux de chacune des couples AG, AC, AF, AD cette pièce ainsi prise AF est inégale à la pièce AL et le point F est séparé du point L, partant il n'y a pas mesme ráison de la pièce FC à la pièce FG que de la pièce LC à la pièce LG.

Ainsi la raison de la pièce AG a son accouplée AC qui est la raison du rectangle des pieces GD, GF, au rectangle des pièces CD, CF n'est pas la mesme raison que du rectangle des pièces GD, GL au rectangle des pièces CD, CL, et partant sinon que les quatre pièces AG, AL, AD, AC des deux couples AG, AC; AL, AD soient deux à deux proportionnelles, elles ne constituent pas un arbre des espèces de conformation expliquée cy devant, et la quelconque des pièces AG n'est pas à son accouplée AC comme le rectangle des deux pièces GD, GL au rectangle des pièces CD, CL, comme nécessairement il auient quand ces quatre pièces sont proportionnelles entr'elles comme AG, AF AD, AC.

D'où suit qu'estant donné de position deux couples quelconques de nœus G, C; D, F en un arbre A H la souche A de mesme est donné de position et cela reuient à ce que la somme ou la différence et la raison d'entre deux quantités estant donnée, chacune de ces deux quantitez est donnée de grandeur.

Car ayant premièrement engagé ou dégagé cette souche A aux nœus de chacune de ces deux couples G, C; D, F, selon que les nœus d'une des couples sont ou melez ou demelez aux nœus de l'autre couple.

Puis fait la branche AG à son adiointe la branche AF ou bien la branche AD à son adiointe la branche AC comme le brin GD à son semblable le brin FC.

De là suit que la branche AD est à la branche AC comme la branche AG est à la branche AF; conséquemment les rectangles sont égaux entr'eux des branches de chacune des deux couples AG, AC mitoyennes et AF, AD extrêmes.

Partant la quelconque de ces branches AG est à son accouplée AC comme le rectangle des brins GF, GD est à son relatif le rectangle CD, CF ; donc A est la souche de l'arbre dont GC et DF sont deux couples de nœus.

Ou bien encore ayant fait la branche AF à son ajointe la branche AC, ou bien la branche AG à son ajointe la branche AD comme le brin GF est à son semblable le brin CD, suit que la branche AG est à la branche AF, comme la branche AD à la branche AC ; conséquemment les rectangles sont égaux entr'eux des branches de chacune des deux couples AG, AC, et AF, AD ; conséquemment la quelconque de ces branches AG est à son accouplée la branche AC, comme le rectangle des brins GD, GF est à son relatif le rectangle CD, CF; donc A est la souche de l'arbre dont GC, DF sont des couples de nœus.

Et en passant puisque les semblables massifs ou solides compris de faces, flancs ou côtez opposez plats et parallèles sont entr'eux en raison mesme que la composée de la raison d'entre leurs bases et de la raison d'entre leurs hauteurs, il suit de ce qui est démontré que le massif ou le solide de la quelconque de ces branches GA en chacun des brins couplez qu'elle porte GD, GF est au semblable massif ou solide de son accouplée la branche AC en chacun des brins couplez qu'elle porte CD, CF relatifs à la couple GD, GF en raison doublée de cette quelconque branche AG à celle son accouplée la branche AC, et ce qui s'en peut d'avantage déduire.

Nœu moyen simple. — De ce que deuant il est encore évident qu'en l'espèce de conformation d'arbre ou la souche est engagée entre les deux branches ou nœus de la quelconque des couples, les deux nœus moyens qui donnent une couple de branches moyennes y sont séparez l'un de l'autre et qu'ainsi chacun d'eux est seul et pour cette raison il est ici nommé nœu moyen simple.

Et quand en cette espèce d'arbre, il y a deux couples de ces branches moyennes lesquelles donnent chacune une couple de nœus moyens simples, chacun des nœus moyens simples de la quelconque de ces deux couples se trouve uny avec un des nœus aussi moyen et simple de l'autre couple, et pour cette raison, il y aura deux cottes diverses auprès du quelconque de ces nœus moyens simples.

Mais pour des considérations ce cas de deux couples de branches moyennes avec une troisième couple de branches extrêmes en un arbre de l'espèce ou la souche est engagée entre les branches d'une couple, ne sera pas icy compris aux événements qui constituent une involution de trois couples de nœus entr'elles, aussi bien y a-t-il d'ailleurs beaucoup à reuoir, aiouter, expliquer, ordonner, transposer, retrancher, augmenter et netoyer mieux en ce brouillon proiet et ces deux couples de branches moyennes ensemble ne donnent que les mesmes nœus moyens d'une seule d'elles.

Nœu moyen double. — Mais quand en un arbre la souche se trouve dégagée d'entre les deux branches, ou deux nœus, de la quelconque des couples,

les deux nœus moyens que donne une couple de branches moyennes sont unis ensemble à un mesme point ou nœu qui pour cette raison est icy nommé nœu moyen double et peut au besoin estre cotté d'une seule cotte entendue redoublée ou prise deux fois.

Et quand en cette espèce d'arbre, il y a deux couples de ces branches moyennes d'une part et d'autre de la souche, chacune de ces branches moyennes donne au tronc de l'arbre un de ces nœus.

Et en cette espece de conformation d'arbre ou la souche est dégagée d'entre les branches d'une couple, ce cas de deux couples de branches moyennes auec une troisième couple de branches extrêmes est icy compris entre les événements qui constituent une involution de trois couples de nœus entr'elles ou chacun des deux nœus moyens doubles, est considéré comme une couple de nœus unis en un point.

Nœus extrêmes. — Or en l'une et l'autre espèce de conformation d'arbre les deux nœus que donnent ces deux branches extrêmes d'une mesme couple y sont nommez nœus extrêmes.

Fig. 6. — De ces deux nœus extrêmes d'une couple BH l'un B est autour de la souche entre deux nœus moyens simples ou doubles et l'autre de ces nœus extrêmes H de la mesme couple est *hors* d'entre les mesmes nœus moyens simples ou doubles.

Nœu extrême intérieur. — Celui des nœus extrêmes B d'une couple BH qui est entre les nœus moyens simples ou doubles de l'arbre est icy nommé nœu extrême intérieur.

Nœu extrême extérieur. — Celui des mesmes nœus extrêmes H d'une couple BH qui est hors d'entre les nœus moyens simples ou doubles de l'arbre est icy nommé nœu extrême extérieur.

En chacune des deux espèces de conformation d'arbre, d'autant que la petite d'une couple de branches extrêmes est plus courte qu'une des branches moyennes, d'autant la grande de cette couple de branches extremes est à proportion plus longue que la mesme branche moyenne, et au rebours.

Ou bien d'autant plus que le nœu intérieur B d'une couple de nœus extrêmes BH est proche de la souche A, d'autant plus le nœu extérieur H de la mesme couple de nœus extrêmes BH est éloigné de la mesme souche A et au rebours.

Ainsi pendant que le nœu intérieur B d'une couple d'extrêmes est deioint ou bien désuni à la souche de l'arbre, le nœu extérieur de la mesme couple est au tronc à distance finie et au rebours.

Et quand le nœu intérieur d'une couple d'extreme est joint ou bien uni à la souche de l'arbre, le nœu extérieur de la mesme couple est au tronc à distance infinie et au rebours.

Voila comme en un arbre la souche et le tronc depuis la mesme souche iusques à l'infini d'une et d'autre part d'elle y sont entreux une couple de branches extremes, dont la petite est appetissée jusqu'a la souche et la grande est alongée à l'infini.

Voila de plus comme la mesme souche et la distance infinie sont encore en l'arbre une couple de nœus extremes dont la souche est l'interieur et l'espace infinie est l'exterieur, et qui avec deux quelconques autres diverses couples de branches constituent une involution.

Or, l'euenement de semblables especes de conformation d'arbres est frequent aux figures qui uiennent de la rencontre d'un cone avec des plans en certaines dispositions entreux.

Fig. 6. — Et en l'espece de conformation d'arbre ou la souche A se trouve engagée entre les deux branches d'une couple AC, AG lorsqu'il s'y rencontre deux couples de branches moyennes AG, AC; AF, AD et que le quelconque des nœus moyens simples G d'une couple CG est uni, à un des nœus moyens simples D de l'autre couple DF, en ce cas il y a nombre de propriétés particulieres.

Car puisque les rectangles sont égaux entreux de chacune des trois couples de branches, à sçavoir des deux couples de moyennes AF, AD; AC, AG et de la couple d'extrêmes AB, AH, c'est-à-dire que les trois couples de nœus, deux de moyens simples DF, CG et une d'extremes BH sont disposées entr'elles comme en involution. Il est premierement évident que chacune de ces branches moyennes est égale à chacune des trois autres et est moyenne proportionnelle aux deux branches d'une quelconque couple d'extremes AB, AH.

Davantage, comme le rectangle des brins GD, GF est à son relatif le rectangle CB, CH gemeau du rectangle CD, CF, et en changeant, le rectangle GD, GF est à son gemeau le rectangle GB, GH, comme le rectangle CD, CF, relatif du rectangle GD, GF est à son gemeau le rectangle CB, CH.

Or il est evident qu'en ce cas le rectangle des brins GD. GF est égal au rectangle des brins CD,

CF, partant aussi le rectangle des brins GB, GH est égal au rectangle des brins CB, CH.

Ce qui dailleurs est encore euident, car de l'hypothese et de ce qui est icy demontré, suit que le brin CH est à son semblable le brin BG comme le brin GH est à son semblable le brin BC, partant le rectangle des deux brins mitoyens GB, GH est égal au rectangle des deux brins extremes CB, CH.

Ou bien encore, la branche AG a son accouplée AC, ainsi le rectangle des brins GB, GH au rectangle son relatif CB, CH; donc la branche AG estant égale à son accouplée AC, le rectangle GB, GH est égal à son relatif le rectangle CB. CH. Ce qui est incomprehensible quand le nœu interieur B de la couple des extremes BH, se trouve uni à la souche A et que le nœu exterieur H de la mesme couple d'extremes est à distance infinie.

De maniere qu'en ce cas il advient, que trois couples de nœus D,F; C,G; B,H sont reduites a ne donner que deux couples de points, au tronc desquels une couple BH est de nœus extremes et chacun des points de l'autre couple représente des nœus moyens simples de deux couples divers.

Et ces deux couples de poincts donnent au tronc trois pieces consécutives FCB, BDG, DGH dont la somme FCH est à la piece moyenne GDB comme la piece du bout de la part du nœu extreme exterieur H, à sçavoir la piece GDH est à la piece de l'autre bout de la part du nœu extreme interieur B c'est à sçavoir à la piece FCB.

De facon qu'alors qu'en cette espece de conformation d'arbre ou la souche est engagée quand il y a deux couples de branches moyennes, et que le nœu extreme intérieur est désuni de la souche, ou que le nœu extreme exterieur est à distance finie, c'est-à-dire que trois semblables couples de nœus n'y donnent ainsi que deux couples de points au tronc qui donnent ainsi trois pieces consécutives; en ce cas la pièce mitoyenne est inégale à chacune des pieces des bouts, et de la part du nœu extreme exterieur et de la part du nœu extreme intérieur.

Et lorsque le nœu extreme intérieur est uni à la souche ou que le nœu extreme extérieur est à distance infinie, en ce cas la piece mitoyenne de ces trois consécutives est égale à celle des pieces du bout qui est de la part du nœu extreme intérieur.

Il y a nombre de propriétés particulieres à ce cas de cette espèce de conformation d'arbre, ou chacun peut s'egayer à sa fantaisie, mais il n'est pas encore icy du nombre de ceux qui constituent une inuolution : et partant.

Fig. 7. — Touchant l'autre espece de conformation d'arbre où la souche A se trouve dégagée d'entre les branches d'une mesme couple.

Quand il y a deux couples de branches moyennes AC, AG; AF, AD l'une d'une part l'autre de l'autre part de la souche A et une couple de branches extremes AB, AH, c'est-à-dire qu'il y a deux nœus moyens doubles G,C; D,F et une couple de nœus extremes B,H en l'inuolution, et qui pour trois couples de nœus, donnent au tronc seulement deux couples de points, outre ce que cette espece a de commun auec l'autre espece de conformation d'arbre ou la souche est engagée qu'il n'est pas nécessaire de redire; il y a d'autres particulieres propriétés éuidentes à l'abord, comme, que

La grande des branches extremes AH, est à la quelconque des moyennes AG, et la quelconque des branches moyennes AG est à la petite extrême AB, comme le brin HG est au brin BG, c'est-à-dire, en raison moitié de la raison du rectangle des brins HG, HC, à son relatif le rectangle BG. BC.

Et puisque par ce qui est demontré d'un arbre,

le rectangle des brins HF, HD est à son relatif le rectangle BF, BD, comme le rectangle HG. HC gemeaux du rectangle HF. HD, est à son relatif le rectangle BG. BC gémeaux du rectangle BF. BD et que les brins BF, BD sont égaux entreux, et les brins HF, HD sont égaux entreux et que de mesme les brins HG, HC sont égaux entreux, et les brins BG, BC sont egaux entreux, suit que le brin HG est au brin BG, comme le brin HF au brin BF.

D'où suit que la grande des branches AH, est à la quelconque des moyennes AG ou AF, et la quelconque des branches moyennes AG ou AF, est à la petite des branches extremes AB, en raison aussi moitié de la raison du rectangle HF. HD au rectangle BF. BD, c'est-à-dire comme le brin FH est au brin FB, et comme le brin GH est an brin GB, et à l'enuers, changeant et *alternement*, divisant, composant, et le reste.

C'est à dire qu'en cette espece de conformation d'arbre à la souche dégagée et au cas de ces deux couples de branches ainsi moyennes, auec une couple quelconque de branches extremes, ces trois couples de branches là donnent au tronc quatre points FD, B, CG, H qui font trois pieces conséculives FDB; BCG, HCG en façon que celle de l'un des bouts quelconques H CG est à la moyenne CG B comme la somme des trois ensemble H FD est à celle de l'autre bout FD B, car alternement à l'enuers aussi FD B est a B CG comme H FD est à H CG et de suite changeant, diuisant, composant et ce qui s'en suit.

Et dans ce mesme cas est evidemment compris l'euenement de ces deux couples de branches moyennes auec la souche et le tronc depuis elle jusqu'a l'infini d'une part, pour couple de branches extremes, qui donnent deux nœus moyens doubles chacun pour un couple de nœus moyens, et la mesme souche auec la distance infinie au tronc pour une autre troisieme couple de nœus extremes, le tout pour trois couples de nœus en involution au tronc de l'arbre, auquel éuenement il est aisé de discerner les deux nœus moyens doubles d'auec les deux nœus de la couple d'extremes, en ce qu'ordinairement l'un des deux nœus extremes est entre les deux nœus moyens doubles, et qu'un des nœus moyens doubles est entre les deux nœus extremes, et ce cas d'inuolution est énoncé d'ordinaire en nommant premierement les deux nœus de la couple d'extremes en cette maniere, ces deux tels points sont couplés entreux en involution auec deux tels autres points, ou ces mots (sont couplez entreux) emportent que ces deux points ainsi couplez et séparez ou désunis d'ensemble sont une couple de nœus extremes, d'où suit que n'y ayant que quatre points en ce cas d'inuolution, chacun des deux autres est un nœu moyen double et conséquemment un des nœus extremes est entre ces deux nœus moyens doubles, ou bien un des nœus moyens doubles est entre les deux nœus extremes.

Nœus correspondant entreux au cas de 4 points seulement en inuolution — Dauantage en ce mesme cas, les nœus moyens doubles sont icy nommés nœus correspondans entreux et les deux nœus extremes y sont aussi nommez nœus correspondans entreux,

Par où il est éuident que les trois quelconques des nœus d'une semblable inuolution estant nommez et donnez de position aussi le quatrieme est donné de position, comme il apparaitra mieux encore à la suite.

Et partant pour donner à entendre ce cas d inuolution, il suffira de dire, que tels quatre points sont en inuolution entreux, ou que deux tels points sont en inuolution couplez avec deux tels autres pointsen nommant les correspondans ensemble par couple.

Ou toute la plus grande remarque à faire est que ce cas d'inuolution en quatre points, comprend comme deux espèces d'un genre : l'euenement ou quatre points en une droite chacun à distance finie y donnent trois pieces consécutives dont celle quelconque des bouts est à la mitoyenne comme la somme des trois est à celle de l'autre bout, et l'euenement ou trois points en une droite chacun à distance finie y donnent deux pièces consécutives égales entr'elles, sçavoir est, lorsqu'en une droite, un point mipartit l'intervalle d'entre deux autres points, auquel rencontre ou éuenement, le point de part et d'autre duquel sont les pièces de droite egales entrelles est la souche, et d'auantage un nœu extreme couplé à distance infinie de la mesme droite en inuolution avec les deux points des autres bouts de ces deux pieces égales qui sont en ce cas chacun un nœu moyen double en l'inuolution.

4 points en inuolution. — Partant a ces mots quatre points en inuolution, on conceura comme de deux especes d'un mesme genre, l'un ou l'autre de ces deux éuenements; à sçavoir l'un, ou quatre points en une droite chacun a distance finie y donnent trois pieces consécutives, dont la quelconque extreme est à la mitoyenne comme la somme des trois est à l'autre extreme : l'autre, ou trois points à distance finie en une droite auec un quatrieme a distance infinie y donnent de mesme trois pieces dont la quelconque extreme est à la mitoyenne comme la somme des trois est à l'autre extreme, ce qui est incompréhensible et semble impliquer à l'abbord en ce que les troits points à distance finie donnent en ce cas deux pieces égales entrelles, par ou le point du milieu se trouue et souche et nœu extreme, couplé à distance infinie.

Partant on observera soigneusement, qu'une droite estant mipartie en un point et alongée à l'infini c'est un des éuenements de l'inuolution en quatre points.

Or en ce mesme cas d'une inuolution en quatre points H, G, B, F chacun à distance finie, comme les deux correspondans entreux F, G sont chacun un nœu moyen double, et les autres deux aussi correspondans entreux B, H, sont une couple de nœus extremes, au tronc d'un arbre dont la souche A mipartit le bras GF.

Fig. 8. — Semblablement les deux points H, B sont chacun un nœu moyen double et les deux points G, F sont une couple de nœus extremes d'un arbre dont la souche L mipartit le brin BH.

Car puisque BF est à BG comme HF à HG c'est-à-dire comme le rectangle FB. FB est au rectangle GB. GB comme le rectangle FH. FH est au rectangle GH. GH.

Si dauantage on considère les points G, F comme une couple de nœus extremes et chacun des points H et B comme un nœu moyen double.

Alors ces trois couples de nœus FG, BB, HH qui sont en inuolution entreux, sont évidemment déméiez entrelles.

Partant ayant dégagé la souche de l'arbre L d'entre les nœus de chacune de ces trois couples, elle tombe évidemment entre les points H et G.

De plus ayant fait que, comme le rectangle FB. FB est au rectangle GB. GB, ou bien comme le rectangle FH. FH est au rectangle GH. GH, ainsi la branche LF soit à la branche LG, suiura ce que dessus, que les rectangles sont égaux entreux de chacune des trois couples de branches LF, LG; LB, LB; LH, LH, et partant la souche L mipartit le brin BH en un arbre dont LB, LB, LH, LH sont chacune une couple de branches moyennes et LG,

LF une couple de branches extremes et ce qui s'en suit :

Souches réciproques entrelles de quatre points en inuolution. Fig. 8. — De façon que quand en une droite quatre points chacun à distance finie, constituent une inuolution, chacun des points qui mi partit le brin d'entre chacun des deux correspondants de ces quatre points est souche d'un arbre de chacun desquels ces quatre points sont des couples de nœus, lesquelles deux semblables souches comme L et A d'une semblable inuolution de quatre points sont icy nommées souches réciproques entr'elles.

Et laissant désormais une des cottes à nommer quand il y en a deux pour un mesme de ces quatre points.

Fig. 7. — De ce qui est dit il suit d'auantage que BF est à BA comme BH à BG est à l'enuers alternement, changeant, composant, divisant et le reste.

Pour souche. — Ainsi les rectangles sont égaux entreux des extremes BF, BG et des deux moyennes BA, BH et le nœu extreme B est pour souche aux deux couples de nœus G, F et A, H ou de branches BF, BG et BH, BA ; partant BF est à BG comme le rectangle FA. FH est au rectangle GA. GH à sçavoir en la raison mesme que la composée des raisons de AF à AG et de HF à HG c'est-à-dire à cause de l'égalité d'entre les brins FA, GA en raison de HF à HG c'est-à-dire en raison moitié de la raison du rectangle HF. HF au rectangle HG. HG et à l'enuers, alternant, changeant, composant etc.

D'ou suit d'auantage que HG est à HB comme HA est à HF, ainsi les rectangles sont égaux entreux des deux extremes HG, HF et des deux mitoyennes HB HA, et le nœu simple extreme H est pour souche aux deux couples de nœus G, F et B, A ou de branches HG, HF et HB, HA.

Partant HF est à HG, comme le rectangle FA. FB est au rectangle GA. GB, c'est-à-dire en raison mesme que la composée des raisons de FA à GA et de FB à GB, c'est-à-dire à cause de l'égalité d'entre les deux branches AF, AG, comme BF est à BG, sçavoir en raison moitié de la raison du rectangle BF.BF au rectangle BG.BG, et à l'enuers, alternant, changeant, composant, diuisant, et le reste.

D'où suit aussi que BF est à BG, comme le rectangle FA.FB est au rectangle GA.GB, et que HF est à HG, comme le rectangle FA.FH au rectangle GA.GH, avec ce qui s'en suit.

Et que le rectangle FA. FH est au rectangle GA.

GH, comme le rectangle FA. FB est au rectangle GA.GB, avec ce qui s'en suit.

Dauantage BH est à BA, comme le rectangle HF. HG est au rectangle des égales entr'elles AF.AG, ou son égal le rectangle AG.AG.

Et HA est à HB, comme le rectangle des égales entrelles AF.AG, ou son égal le rectangle AG.AG, est au rectangle BF.BG.

D'où suit d'abbondant que FH est à FA, ou à son égale AG, comme BF est à BA, et consequemment comme BH est à BG, et alternement FH est à FB, comme AF, ou son égale AG, est à AB, et ce qui s'en suit.

Ainsi les rectangles sont égaux entreux des deux extremes FH, BA, et des deux mitoyennes FA, FB, et des extremes HF, BG, et des mitoyennes FA.BH.

De plus GA est à BF, comme HA est à HF, et partant comme HG est à HB. Ainsi les rectangles sont égaux entreux des extremes GA,HF, et des mitoyennes BF, HA, et des extremes GA, HB et des moyennes BF, HG.

D'auantage BF est à BH, comme deux fois FA qui est FG est à deux fois GH, et alternement à l'enuers, changeant, diuisant, composant, et le reste.

Dauantage FB est à la moitié de FG qui est FA, comme HB est à HG, et partant encore comme HF est à HA.

Ainsi les rectangles sont égaux entreux des extrêmes FB, HG et des mitoyenne FA, HB ; et des extrêmes FB, HA, et des mitoyennes FA, HF, et à l'enuers, alternant, changeant, composant et le reste.

Dauantage le rectangle HB. HB est au rectangle HB. HA, comme le rectangle BA, BH, ou son égal le rectangle BG. BF, est au rectangle AB. AH, ou à son égal le rectangle AG. AG, ou AF. AF, c'est-à-dire comme HB à HA, et ce qui s'en déduit.

D'où suit que la raison composée des deux raisons BG à BA et de BF à AH, qui est la raison du rectangle BG.BF, ou son égal BH.BA, au rectangle AH.AB, ou son égal AG.AG, ou AF.AF est la mesme raison que HB à HA.

Mais la raison de HB à HA est aussi la mesme que du rectangle BG.BF au rectangle AG.AF, à scavoir la raison composée des raisons de GB à GA et de FB à FA.

Donc la raison composée des raisons de BG à BA et de BF à AH est la mesme que la composée des raisons de GB à GA et de FB à FA, à scavoir la mesme que de HB à HA.

Qui uoudra poursuivre plus auant cette discution y trouuera bien encore du diuertissement.

Dauantage puisque HB est à HG, comme FB à FA, et que la raison est double qui est composée des raisons FG à FB et de FB à FA. c'est-à-dire la raison de FG à FA.

La raison est aussi double qui est composée des raisons de FG à FB et de HB à HG, mesme que de FB à FA, ou qui est mesme chose, la raison est double qui est composée des raisons de FG à HG et HB à FB.

Semblablement puisque BH est a BG, comme FH à FA, et que la raison est double qui est composée des raisons de FG à FH et de FH à FA, c'est-à-dire la raison de FH à FA.

La raison est aussi double qui est composée des raisons de FG à FH et de BH à BG, mesme que de FH à FA, ou qui est la mesme chose, la raison est double qui est composée des raisons de FG à BG et de BH à FH, donc aussi la raison est double qui est composée des raisons de HB à HF et de GF à GB.

Et en conuertissant la plus grande partie de ces

propriétés icy déclarées, on en conclud que quatre points sont en inuolution.

Par exemple, quand en une droite FH, trois pieces comme AB, AC, AH sont entr'elles continuellement proportionnelles, et qu'une quatriesme piece comme AF est égale à la moyenne AC, les quatre points H, C, B, F sont éuidemment en jnuolution.

Quand en une droite FH, quatre pieces comme BH, BG, BF, BA sont deux à deux proportionnelles, et que la piece comme AF est égale à la piece comme AG, c'est-à dire que le point A mipartit la piece comme FG, les quatre points H, G, B, F sont euidemment en jnuolution.

Quand en une droite FH, quatre pieces HG, HB, HA, HF sont deux proportionnelles, et que le point comme A mipartit la piece comme FG, les quatre points comme H, G, B, F sont euidemment en jnuolution.

Et semblables conuerses du reste qui sont euidentes et qui pouroient au besoin estre deduites au long.

Il est semblablement euident de plusieurs endroits cy deuant qu'estant donnés de position, trois quelconques de quatre points d'une quelconque jnuolution, le quatrieme point de la mesme jnuolution correspondant au quelconque de ces trois est aussi donné de position.

Fig. 9. — Quand en un tronc droit trois couples de nœus extremes D, F ; C, G ; B, H sont en inuolution entreux, que deux autres couples de nœus moyens unis, doubles ou simples PQ–XY font une jnuolution de quatre points auec chacune des deux quelconques couples C, G et B, H de ces trois couples de nœus extremes; ces deux mesmes nœus moyens PQ, XY font encore comme une inuolution de quatre points auec la troisieme de ces couples de nœus extremes DF.

Car puisque les deux nœus moyens PQ, XY font comme une inuolution de quatre points auec chacune des couples de nœus extremes CG, BH, ayant miparty en A le brin PX, ce point A est souche aux couples des nœus moyens PQ, XY et extreme CG, BH, partant la branche AG est à la branche AC, comme le rectangle GB.GH est au rectangle CB.CH, et par l'hypothese le rectangle GD.GF est au rectangle CD.CF, comme le rectangle GB.GH est au rectangle CB.CH ; conséquemment la branche AG est à la branche AC, comme le rectangle GD.GF au rectangle CD.CF, et A est souche à chacune des couples de nœus moyens PQ, XY et extremes BH, CG, DF, qui partant sont tous en inuolution entreux; ainsi les deux couples de nœus moyens PQ, XY sont en inuolution avec le troisieme couple de nœus extremes DF.

Mais pour ce brouillon c'est assez remarquer de propriétez particulieres de ce cas qui en fourmille, et si cette façon de procéder en geometrie ne satisfait, il est plus aisé de le supprimer que de le parachever au net et luy donner sa forme complete.

La proposition qui suit au long auec sa démonstration est la mesme que celle de la page 5, et dont il est dit qu'elle est énoncée autrement en Ptolemée.

Fig. 10. — Quand en une droite HDG, comme tronc, a trois points H,D,G, comme nœus, pasent trois droites comme rameaux déployez HKh, D*qh*, G4K, le quelconque brin D*h* du quelconque de ces rameaux D4*h* contenu entre son nœu D et le quelconque des deux autres rameaux HK*h*, est à son accouplé le brin D*q* contenu entre le mesme nœu D et l'autre troisieme des mesmes rameaux G4K, en raison mesme que la composée des raisons d'entre les deux brins de chacun des autres deux rameaux convenablement ordonnez, à scavoir de la raison du brin comme H*h* au brin comme HK, et de la raison du brin comme GK au brincomme G4.

Car ayant par le point K, but de l'ordonnance d'entre les deux autres brins H*h*, G4, mené une droite KF parallèle au tronc HDG, laquelle donne le point F à ce rameau D4*h*, puis prenant le brin DF pour mitoyen entre les deux brins D*h* et D4 et considère le parallelisme d'entre KF et HG, le brin D*h* est au brin D4, en raison mesme que la composée des raisons du brin D*h* au brin DF, ou du brin H*h* au brin HK et de celle du brin DF au brin D4, ou du brin GK au brin G4.

Il y a plusieurs choses à remarquer de cette énonciation quand deux des trois rameaux sont paralleles entreux; quand au tronc, il y a deux nœus unis en un, et ce qui en dépend ou l'entendement ne uoit goute.

La conuerse de cette proposition bien enoncée et concluant que trois points sont en une mesme droite est aussi *uraye*.

Ramée. Fig. 11. — Quand à un tronc droit GH, à trois diverses couples de nœus BH, DF, CG disposez entreux en inuolution, passent trois couples de rameaux deployez FK, DK — BK, HK — CK, GK sont entreux d'une mesme ordonnance au but K, ces trois couples de rameaux ainsi d'une mesme ordonnance entreux sont tous nommez ramée d'un arbre, et chacune d'elles donne en quelqu'autre droite *cb* menéec onvenablement en leur plan une des trois couples de nœus d'une innolution *bh*, *df*, *cg*.

Quand le but K de l'ordonnance de ces trois couples de rameaux et de cette ramée FK, DK, BK, HK, CK, GK est à distance infinie, la chose est evidente du seul parallelisme d'entre ces six rameaux.

Et quand le but K de l'ordonnance de ces trois couples de rameaux, c'est-à-dire de cette ramée est à distance finie, premierement les nœus de chacune de ces trois couples *bh*, *df*, *cg* sont evidemment ou melez ou demelez aux nœus de chacune des autres couples suiuant qu'au tronc GH les nœus d'un couple sont melez ou demelez aux nœus des autres couples.

Dauantage cette autre quelconque droite *cb* est aussi bien que le tronc GH d'une diuerse ordonnance auec chacun des rameaux FK, DK d'une quelconque de ces trois couples de rameaux de cette ramée.

Par le point comme D but de l'ordonnance d'entre le tronc GH et le quelconque des rameaux

DK de cette quelconque couple FK, DK et par le point comme *f* but de l'ordonnance d'entre cette quelconque autre droite *cb*, et l'autre rameau FK, de la mesme quelconque couple FK, DK soit menée la droite D*f* qui donne les points 2, 3, 4, 5 aux autres quatre rameaux BK, CK, GK, HK de la mesme ramée.

Maintenant en cette autre quelconque droite *cb*, le rectangle des deux quelconques brins *dg*, *dc* est à son relatif le rectangle des brins *fg*, *fc*, en raison mesme que la composée des raisons du brin *gd* au brin *gf* et du brin *cd* au brin *cf*.

Et le rectangle des brins *db*, *dh* gemeaux du rectangle *dg*,*dc* est à son relatif le rectangle *fb*.*fh* gemeau du rectangle *fg*.*fc* en raison mesme que la composée des raisons du brin *bd*, au brin *bf* et du brin *hd* au brin *hf*.

Or la raison du brin *gd* au brin *gf* est la mesme que la composée des raisons de K*d* à KD et de 4D à 4*f*.

Et la raison du brin *cd* au brin *cf* est la mesme que la composée des raisons de K*d* à KD et de 3D à 3*f*.

C'est à dire que la raison du rectangle *dg*.*dc* au rectangle *fg*.*fc* qui est composée des raisons de *gd* à *gf* et de *cd* à *cf* est la mesme que la composée de deux fois la raison K*d* à KD et des deux raisons de 4D à 4*f* et de 3D à 3*f*.

Or la raison de 4D à 4*f* est la mesme que la composée des raisons de GD à GF et de KF à K*f*.

Et la rairon de 3D à 3*f* est la mesme que la composée des raisons de CD à CF et de KF à K*f*.

C'est à dire que la raison composée des deux raisons de 4D à 4*f* et de 3D à 3F est la mesme que la composée de deux fois la raison de KF à K*f* et des deux raisons de GD à GF et de CD à CF, c'est à dire de la raison du rectangle DC.DG au rectangle FC.FG.

C'est à dire que la raison du rectangle *dg*,*dc* a son relatif le rectangle *fg*.*fc* à scavoir la raison composée des raisons de *gd* à *gf* et de *cd* à *cf* est la mesme que la composée de deux fois la raison de K*d* à KD et de deux fois la raison de KF à K*f* et des deux raisons de GD à GF et de CD à CF, c'est à dire, et de la raison du rectangle DC.DG à son relatif le rectangle FC,FG.

Semblablement la raison du brin *bd* au brin *bf* est la mesme que la composée des raisons de K*d* à KD et de 2D à 2*f*.

Et la raison du brin *hd* au brin *hf* est la mesme que la composée des raisons de K*d* à KD et de 5D à 5*f*.

C'est à dire que la raison du rectangle *db.dh* au rectangle *fb.fh* à scavoir la raison composée des raisons de *bd* à *bf* et de *hd* à *hf* est la mesme que la composée de deux fois la raison de K*d* à KD et des deux raisons de 2D à 2*f* et de 5D à 5*f*.

Or la raison de 2D à 2*f* est la mesme que la composée des raisons de BD à BF et de KF à K*f*.

Et la raison de 5D à 5*f* est la mesme que la composée des raisons de HD à HF et de KF à K*f*.

C'est à dire que la raison composée des deux raisons de 2D à 2*f* et de 5D à 5*f* est la mesme que la composée de deux fois la raison de KF à K*f* et des deux raisons de BD à BF et de HD à HF, c'est à dire et de la raison du rectangle des brins DB. DH a son relatif le rectangle FB.FH.

C'est à dire que la raison du rectangle *db,dh* à son relatif le rectangle *fb,fh* à scavoir la raison composée des raisons de *bd* a *bf* et de *hd* à *hf* est la mesme que la composée de deux fois la raison de K*d* à KD et de deux fois la raison de KF à K*f* et des deux raisons de BD à BF et de HD à HF, c'est à dire et de la raison du rectangle DB.DH au rectangle FB.FH son relatif.

Or par l'hypothese le rectangle DB.DH est à son relatif le rectangle FB.FH comme le rectangle

DC.DG est à son relatif le rectangle FC.FG et alternement et le reste.

C'est à dire que le rectangle *dg.dc* et à son relatif le rectangle *fg.fc* et aussi le rectangle *db.dh* à son relatif le rectangle *fb.fh*, chacun en raison mesme que la composée de deux fois la raison de K*d* à KD et de deux fois la raison de KF à K*f* et de la raison du rectangle DB.DH à son relatif le rectangle FB.FH ou de son égale par l'hypothese, la raison du rectangle DC.DG à son relatif le rectangle FC.FG.

Partant le rectangle *dg.dc* est à son relatif le rectangle *fg.fc* comme le rectangle *db.dh* gemeau du rectangle *dg.dc* est à son relatif le rectangle *fb.fh* gemeau du rectangle *fg,fc* et alternement, changeant, diuisant, composant et le reste.

Ainsi les trois couples de nœus *db*, *cg*, *bh* sont en inuolution.

Et quand cette quelconque autre droite *cb* est parallele au quelconque des six rameaux d'une ramée, l'accouplé de ce rameau parrallele donne en cette droite la souche de cette inuolution pour nœu extreme couplé à la distance infinie.

Quand il n'y a point icy d'auis touchant la diuersité des cas d'une proposition, la démonstration en conuient à tous les cas, sinon il en est icy fait mention pour auis.

Fig. 12. — En cette proposition au cas de quatre points en inuolution quand cette quelconque droite *cb* se trouve parallele au quelconque de ces rameaux DK, le nœu comme *f* mipartit le brin *cg,bh*.

Car ayant fait que cette quelconque *cb* ou sa parallele qui est la mesme chose passe au point CG.

D'autant que les droites DK et *cg,bh* sont paralleles entrelles, *cg,bh* est à DK comme BH, CG est à BH D, et DK est à *cg f* comme FD est à FCG, c'est à dire que *cg, bh* est à *cg f* en raison mesme que la composée des raisons de BH,CG à BH,D et de FD à F,CG qui a esté demontré estre la raison double.

Partant *cg,bh* est double de *cg,f*.

La conuerse en est euidemment aussi *uraye* que quand l'un des rameaux FK mypartit le brin comm *cg,bh* cette droite *cb* est parallele au rameau DK couplé du rameau FK; car puisque les quatre points que ces rameaux y donnent sont en inuolution et que le point *f* mipartit le brin *cg,bh* le quatrième point *d* que donne le rameau DK est à distance infinie.

Il y a une autre demonstration particulière de

cette conuerse, comme; soit mené la droite CNL parallele à FK, il est est démontré que le rameau KD mipartit en N cette droite CNL et par l'hypothese le rameau FK mipartit en *f* la droite *cg,bh*; et à cause du parallelisme d'entre les droites CL,FK le rameau FK mipartit en K le costé L*bh* du triangle L *cg*, *bh*; donc le rameau DK mipartit encore en K le mesme costé du mesme triangle, et partant ce rameau DK est parallele au troisieme coté *cg,bh* du mesme triangle.

Rameaux correspondans entreux. — Au cas de quatre seuls points B.D,G,F en inuolution en une droite ou passent quatre rameaux deployez BK,DK, GK,FK d'une ordonnance entreux au but K, les deux rameaux comme DK,FK ou GK,BK qui passent à deux points correspondans entreux D,Fou B,G sont nommez icy rameaux correspondans entreux.

Et quand en ce cas deux rameaux BK, GK correspondans entreux sont perpendiculaires entreux, ils mipartissent chacun un des angles d'entre les autres deux rameaux DK,FK aussi correspondans entreux.

Car ayant mené la droite D*f* parallele au quelconque des ramaux BK perpendiculaire à son correspondant GK, cette droite D*f* est aussi perpendiculaire à ce rameau GK.

De plus à cause de ce parallelisme d'entre BK et D*f* le rameau GK mi partit D*f* au point 3.

Ainsi les deux triangles K3D, K3*f* ont chacun un angle droit au point 3 et les cotez 3K,3D et 3K,3*f* qui comprennent ces angles égaux K3D,K3f égaux entreux.

Partant les deux triangles K3D, K3*f* sont égaux et semblables entreux, donc le rameau GK mipartit un des angles DKF d'entre les rameaux correspondans DK,FK et le rameau BK mipartit euidemment aussi l'autre des angles d'entre les mesmes rameaux correspondans DK,FK.

Et quand un quelconque de ces rameaux GK mi partit un des angles DKF d'entre deux autres de ces rameaux correspondans entreux DK,FK, ce quelconque rameau GK est perpendiculaire à son correspondant le rameau BK, lequel mipartit aussi l'autre des angles d'entre les mesmes rameaux correspondans DK,FK.

Car ayant mené la droite D*f* perpendiculaire à ce quelconque rameau GK, les deux triangles K3D, K3*f* ont chacun un angle droit au point 3 et encore chacun un angle égal au point K et de plus un costé commun K3, partant ils sont semblables et égaux, et le rameau GK mipartit D*f* au point 3.

Consequemment le rameau BK est parallele à la droite D*f* et partant il est perpandiculaire à son correspondant le rameau GK.

Quand en un plan de quatre droites BK. DK, GK, FK d'une mesme ordonnance entrelles au but K, deux comme BK et GK sont perpendiculaires entrelles et mipartissent chacune un des angles que les autres deux FK, DK font entrelles, ces quatre droites là donnent euidemment en quelconque autre droite BDGF menée en leur plan quatre points B, D, G, F disposez entreux en inuolution.

Quand en un plan une droite FK mipartit en *f* un des costez G*h* d'un trioagle BG*h*, et qu'au point K qu'elle donne au quelconque B*h* des autres deux costez de ce triangle, passe une autre droite KD parallele au costé mipartit G*h*; les quatre points B, D, G, F que cette construction donne au troisieme costé BG du mesme triangle sont entreux en inuolution.

Et quand à l'angle B, soustenu du côté mipartit G*h*, passe une autre droite B*p* parallele au coté mipartit G*h*, les quatre points F, *f*, K, *p* que donnent en cette droite FK les trois cotez BG, G*h*, B*h* de ce triangle BG*h* et la droite menée B*p* sont entreux en inuolution.

Ce qui est pour la première partie euident en menant encore la droite comme KG, car en la droite mipartie G*fh*, les trois points G, *f*, *h* et la distance infinie sont quatre points en inuolution où passent quatre rameaux d'une mesme ordonnance au but K et partant ils donnent en la droite BG quatre points B,D,G,F en inuolution.

Et pour la seconde partie en menant la droite B*f*, semblablement en la droite G*h*, les trois points a distance finie G,*f*.*h* et la distance infinie sont en inuolution auxquels passent quatre rameaux d'une ordonnance au but B qui partant donnent en la droite FK quatre points F,*f*,K,*p* en inuolution. Alors que la droite FGB coupe en la droite *hf* une piece, comme G*f* égale à la piece comme *hf* costé d'un triangle comme *hf*K, cela s'appelle icy que cette FGH double ce côté *hf* de ce triangle *hf*K.

Quand en un plan une droite FGB double un des cotez *hf* d'un triangle *hf*K et qu'au point B qu'elle donne au quelconque *h*K des autres deux costez du mesme triangle passe une droite B*p* parallele au costé double *hf*, cette construction donne au troisieme costé K*f* dé ce triangle *hf* K quatre points F,*f*,K,*p* en inuolution.

Comme il est evident ayant mené la droite BF.

Et quand à l'angle K soutenu du costé doublé *hf* passe une droife KD parallele an costé doublé *hf*, cette construction donne en la droite doublante FB, quatre points F,G,D,B en involution, comme il est euident, ayant mené la droite KC.

Cette matiere foisonne en semblahles moyens pour conclure, qu'en une droite, quatre points ou bien trois couples de nœus sont en inolution, mais cecy peut suffire pour en ouvrir la minière avec ce qui suit.

Quand une droite, ayant un point immobile, se meut par le bord, autrement la circonférence d'un cercle :

Le point immobile de cette droite est ou bien au plan, ou bien hors du plan du cercle.

Quand le point immobile de cette droite est au plan de ce cercle, il y est à distance finie ou infinie.

Et en chacune de ces deux espèces de position de ce point immobile au plan de ce cercle, toujours cette droite en mouuant, demeure au plan de ce cercle, et aux diverses places qu'elle y prend en se mouuant, elle y donne une ordonnance de droites qui rencontrent le cercle et dont le but est à distance ou finie ou infinie.

Rouleau. Quand le point immobile de cette droite est hors du plan de ce cercle, il est à distance ou finie ou infinie, et en chacune de ces deux espèces de position de ce point immobile hors du plan de ce cercle, et en réuolution elle enuirone, enferme ou décrit un massif autrement solide, icy nommé rouleau, comme d'un nom de surgenre qui contient deux sougenres.

Sommet du rouleau. — Le point immobile de cette droite est nommé sommet de ce rouleau.

Plate assiette ou base du rouleau. — Le cercle par le bord duquel cette droite se meut est icy nommé base ou assiette plate de ce rouleau.

Enveloppe ou surface du rouleau — L'espace que cette droite parcourt en se mouuant est icy nommé enuelope, autrement surface de ce rouleau.

Colomne ou cylindre. — Quand le poinct immobile de cette droite est à distance infinie hors du plan du cercle au bord duquel elle se meut, le rouleau qu'elle décrit est d'une grosseur égale en tous les endroits de sa longeur à quelconque distance finie, et est icy nommé colomne, autrement cylindre dont il est évident qu'il y a des especes.

Cornet ou cone. — Quand le point immobile de cette droite est à distance finie hors du plan du cercle au bord duquel elle se meut, le rouleau qu'elle décrit en sa réuolution est restreint à son point immobile, auquel il n'y a de grosseur qu'un seul point de part et d'autre duquel il ua s'élargissant à l'infiny, par deux cornets opposez entreux à ce point immobile, et est icy pour cela nommé cornet ou cone dont il est évident qu'il y a des especes.

Ainsi la colomne ou cylindre et le cornet ou cone sont deux sougenres d'un surgenre icy nommé rouleau, dont il est icy traité principalement en général, et ou l'on conceura qu'une seule partie de ce cornet ou cone contenue de l'un des cotez de son sommet et qui passe ailleurs pour un cone entier, n'est considéré ni ne passe icy que pour une moitié de cornet ou de cone et non pour un cone entier.

Et partant à ce mot de cornet ou cone on conceura les deux parties ensemble et à la fois, de cone opposées entrelles à leur sommet, le cone autrement n'étant pas entier.

Plan de coupe du rouleau. — Quand un plan autre que celui du cercle assiette ou base du rouleau, rencontre ce rouleau, pour cela ce plan est icy nommé plan de coupe du rouleau.

Vn tel plan de coupe rencontre un semblable rouleau ou bien au sommet, ou bien hors du sommet, et en chaque endroit c'est en l'une de ces deux façons, ou que la droite qui décrit le rouleau ne se trouue en se mouuant iamais parallele à ce plan de coupe ou quelle s'y trouue quelque fois parallele.

Quand un semblable plan de coupe rencontre un rouleau à son sommet, en façon que la droite qui décrit ce rouleau ne se trouue en se mouuant iamais parallele à ce plan de coupe.

Si le sommet du rouleau se trouve à distance infinie, l'euenement en est inimaginable, et l'entendement est incapable de comprendre comment les éuenements que le raisonement luy en fait conclure peuuent estre.

Si le sommet de ce rouleau se trouue à distance finie, il est éuident que cette droite ne donne qu'un seul point en ce plan de coupe.

En chacune de ces deux espèces de position du sommet de ce rouleau la droite qui le décrit se trouue, en se mouuant, ou bien une seule fois ou bien deux diuerses fois en ce plan de coupe ; — quand elle ne s'y trouue qu'une seule fois elle donne une ligne droite en ce plan de coupe qui lors est ioint au rouleau de son long ou comme on dit autrement, touche le rouleau en une droite.

Quand elle s'y trouue deux diuerses fois, elle donne deux lignes droites en ce plan de coupe, qui fend alors ce rouleau de son long par le sommet.

Quand un semblable plan de coupe rencontre un rouleau ailleurs qu'en son sommet, en façon que la droite qui décrit ce rouleau ne se trouve en se mouuant iamais parallele à ce plan de coupe :

Si cette rencontre est à distance infinie l'euenement en est inimaginable et l'entendement trop faible pour comprendre comment peut estre ce que le raisonnement luy en fait conclure.

Si cette rencontre est à distance finie, la droite qui décrit ce rouleau trace en ce plan de coupe en se mouuant une ligne courbe, laquelle à distance finie rentre et repasse en soi-mesme et dont il y a des espèces.

Quand un semblable plan de coupe rencontre un rouleau ailleurs qu'en son sommet, en façon que la droite qui décrit ce rouleau se trouve quelquefois parallele à ce plan de coupe, l'euenement de cette espèce est du tout inimaginable pour le regard de l'espèce de rouleau nommée cylindre, et encore pour l'espèce nommée cone quand la rencontre est à distance infinie.

Et quand un semblable plan de coupe rencontre un cone ailleurs qu'au sommet en façon que la droite qui décrit ce cone se trouve quelquefois parallele à ce plan de coupe, elle s'y trouve ou une seule fois, ou bien deux diuerses fois paralleles.

Quand elle s'y trouve une seule fois parallele, elle y trace une ligne courbe laquelle à distance infinie rentre et repasse en soy mesme et dont il n'y a qu'une espece.

Quand elle s'y trouve deux diuerses fois paralleles, elle y trace une ligne courbe laquelle à distance infinie se mipartit en deux égales et semblables moitiez, opposées entr'elles dos à dos, desquelles une seule n'est considérée et ne passe icy que pour une moitié de l'éuenement de cette position de plan de coupe au regard du rouleau qu'il rencontre et dont il y a des especes.

Voilà comme la rencontre d'un tel plan de coupe et d'un rouleau sans considérer son assiette se fait ou bien en un seul point, ou bien en une seule droite, ou bien en deux droites en un mesme plan, ou bien en une ligne courbe

Coupe de rouleau. — Et laissant à part les espèces des rencontres qui se font en un point et en une seule droite, pour discourir seulement des autres espèces, l'espace que ce plan en ces autres espèces de rencontre occupe du massif du rouleau est icy nommé coupe de rouleau.

Bord de la coupe de rouleau. — Les lignes droites ou courbes, que la droite qui décrit le rouleau trace en se mouuant au plan de coupe sont icy nommées bord de la coupe de rouleau.

Quand le bord d'une coupe de rouleau se trouve estre deux droites, le but de leur ordonnance est à distance ou finie ou infinie.

Cercle, ellipse ou ovale. — Quand le bord d'une coupe de rouleau se trouve estre une ligne courbe la quelle à distance finie rentre et repasse en soy-mesme, la figure est nommée ou cercle ou ovale, autrement ellipse, en français défaillement.

Parabole. — Quand le bord d'une coupe de rouleau se trouve estre une ligne courbe laquelle à distance infinie rentre et repasse en soy mesme, la figure en est nommée parabole, en français égalation.

Hyperbole. — Quand le bord d'une coupe de rouleau se trouve estre une ligne courbe laquelle à distance infinie se mipartit en deux moitiez opposées dos à dos, la figure en est nommée hyberbole, en français outrepassement ou excedement.

Quand en un plan une droite rencontre une quelconque figure, cette rencontre est considérée seulement à l'égard du bord de cette figure et la rencontre en un plan d'une droite avec le bord d'une figure se fait en deux points, qui parfois sont unis en un seul, auquel cas elle touche cette figure. (Fig. 13.)

Tranuersale aux droites d'une ordonnance. — *Ordonnées d'une tranuersale.* — Quand en un plan une figure NB, NC est rencontrée de plusieurs droites FCB, FIK, FXY, d'une mesme ordonnance entre elles et qu'une mesme droite NGHO donne en chacune de ces droites d'une mesme ordonnance entre elles, un point G, H, O, couplé au but F de leur ordonnance, en inuolution avec les deux points comme X,Y,—I,K,—C,B qu'y donne le bord de la figure NB, NC, une telle droite NGH est pour cela nommée icy tranuersale des droites de l'ordonnance au but F, à l'égard de cette figure NB, NC et les droites de cette ordonnance au but F, sont pour cela nommées ordonnées de la tranuersale NGH à l'égard de la mesme figure NB, NC.

Point tranuersal. — Le point qu'une tranuersale donne à son ordonnée y est nommé trauersal.

Ordinalle. Une quelconque droite du corps des ordonnées d'une tranuersale et qui ne rencontre point, ou qui seulement touche la figure est à l'égard de cette tranuersale icy nommée ordinalle, à distinction de ses ordonnées qui trauersent la figure.

Diametrale. Diametrauersale. — Toute droite qui mipartit une figure y est nommée diametrale de cette figure, et diametrauersale eu encore égard à ses ordonnées.

En chacune de ces ordonnées sont ensemble considérées les deux pieces ou segmens OC, OB qui sont contenus entre la trauersale et chacune des rencontres de cette droite auec le bord de la figure, et les deux pieces ou segmens FC, FB qui sont contenues entre le but F de leur ordonnance et chacune des rencontres de la mesme droite avec le bord de la figure.

De façon que quand en plan les droites FB,FK, FY d'une ordonnance au but F rencontrent une figure NB,NC, il y a quatre especes de plus grande et de plus petite à considérer, aux droites de la mesme ordonnance au but F.

La plus grande et la plus petite d'elle qui est contenues entre leur but commun F et leur rencontre auec le bord de la figûre de l'espece de la rencontre B.

La plus grande et la plus petite d'elle contenues entre leur but commun F, et leur rencontre auec le bord de la figure de l'espece de la rencontre C.

Et celle d'elles dont la piece ou segment comme CB qui est contenu dans la figure est la plus grande ou la plus petite.

Ou bien celle d'elles dont la somme ou la différence des deux pieces, comme FC,FB et comme OB.OC contenues entre leur but commun F et leur trauersale ON et chacune de ces rencontres auec le bord de la figure, est la plus grande ou la plus petite.

Partant à ces mots de trauersale, ordonnées, on conceura que les droites dont il est entendu parler, sont ainsi nommées à l'egard d'une coupe de rouleau, qui est au mesme plan que ces droites.

Quand en un plan, aucun des points d'une droite

ny est à distance finie, cette droite y est à distance infinie.

Dautant qu'en un plan le point nommé centre d'une coupe de rouleau, n'est qu'un cas d'entre les innombrables buts d'ordonnance de droites, il ne doit estre jamais icy parlé de centre de coupe de rouleau.

Dautant que toute droite qui passe au sommet d'un rouleau et au quelconque but d'ordonnance de droites au plan de sa base, a une propriété commune auec celle qui passe au but des diametrales de la base de re rouleau, iamais il ne doit estre icy parlé d'essieu de rouleau.

Les droites paralleles entrelles sont chacune cotées d'une mesme lettre d'une et d'autre part, qui représente le but de leur ordonnance à distance infinie.

Un semblable éuénement de trauersale et d'ordonnées est fréquent aux plates coupes du rouleau quelconque.

Et le bord de la figure auec le but des ordonnées et leur trauersale donnent en chacune des ordonnées, toujours quatre points en inuolution, dont les deux qu'y donne le bord de la figure sont les correspondans entreux, et celui du but de l'ordonnance avec celui qu'y donne la trauersale sont aussi correspondans entreux.

Ou bien en chacune des ordonnées, le but de leur ordonnance est couplé au point qu'y donne leur tranuersale, en involution avec les deux points qu'y donne le bord de la figure et au rebours.

Ou bien en chacune des ordonnées, les deux points qu'y donne le bord de la figure sont couplez en inuolution, auec ces deux autres points le but de leur ordonnance et celui qu'y donne leur traversale.

Or comme en une inuolution de quatre points quelquefois les deux de la couple des extremes sont éloignez l'un de l'autre, en façon que l'un est uni à la souche et l'autre est à distance infinie.

Par contre aussi les mesmes deux nœus ou points de la couple d'extrêmes sont quelquefois approchez iusque à estre réunis ensemble à un mesme des autres deux nœus moyens et correspondans entreux, auquel cas les quatre points de l'inuolution se trouvent réduits à deux seuls points, à l'un desquels on en conceura trois mots en un.

Il y a beaucoup à dire au sujet des quatre points en inuolution d'une ordonnance de droites avec leur trauersale, et le bord de la figure : mais en ce brouillon il suffira de dire quelque chose des especes d'euenemens plus généraux qui peuvent en faire voir plus aisement le particulier.

Au plan d'une coupe de rouleau quelconque, le but d'une ordonnance de droites, autrement d'un corps d'ordonnées, est ou bien au bord, ou bien hors du bord de la figure, et en chacune de ces deux positions il est ou bien à distance finie ou bien à distance infinie.

Au plan d'une coupe de rouleau quelconque, la trauersale d'une ordonnance de droites, autrement d'un corps d'ordonnées, ou bien rencontre, ou bien ne rencontre pas le bord de la figure, et en chacune de ces deux positions elle est ou bien à distance finie ou bien à distance infinie.

Quand le but d'un corps d'ordonnées est au bord de la figure, à distance finie ou infinie, la trauersale de l'ordonnance est du corps mesme des ordonnées et passe au but de l'ordonnance auquel elle touche à la figure.

Quand le but des ordonnées est hors du bord de la figure à distance finie ou infinie et que toutes les ordonnées rencontrent le bord de la figure, la trauersale ne le rencontre pas ; et si toutes les ordonnées ne rencontrent pas le bord de la figure, la trauersale le rencontre.

Davantage les deux pieces de chacune des ordonnées contenues entre leur but et chacun des deux points qu'y donne le bord de la figure sont ou bien égales ou bien inégales entrelles.

Quand elles sont égales entrelles, aussi les deux pieces de chacune des ordonnées contenues entre leur trauersale et chacun des deux points qu'y donne le bord de la figure sont égales entrelles et au contraire.

Et par contre, quand la trauersale d'un corps d'ordonnées à distance ou finie ou infinie ne rencontre pas le bord de la figure, toutes les ordonnées se rencontrent.

Quand la trauersale d'un corps d'ordonnées à distance, ou finie ou infinie, rencontre le bord de la figure, elle le rencontre ou bien en un, ou bien en deux points.

Quand elle le rencontre en un point, ce mesme point est le but de ses ordonnées.

Quand elle le rencontre en deux points, toutes ses ordonnées ne le rencontrent pas.

Dauantage les deux pieces de chacune des ordonnées contenues entre leur trauersale, et chacune de leurs deux rencontres auec le bord de la figure sont ou bien égales ou bien inégales entrelles.

Quand elles sont égales entrelles, aussi les deux pieces de chacune des mesmes ordonnées contenues entre le but de leur ordonnance, et chacun des deux points qu'y donne le bord de la figure sont égales entrelles et au contraire.

Fig. 14. — Quand en un plan, à quatre points B,C,D,E comme bornes couplées trois fois entrelles, passent trois couples de droites bornales BCN, EDN, BEF, DCF, BDR, ECR chacune de ces trois couples de droites bornales et le bord courbe d'une quelconque coupe de rouleau qui passe à ces quatre points B,C,D,E donne en quelconque autre droite de leur plan ainsi qu'en un tronc I.G.K, une des couples de nœus d'une inuolution I,K—P,Q—G,H et L,M, et si les deux bornales droites d'une des couples BCN, EDN sont parallèles entr'elles, les rectangles de leurs couples relatiues de brins déployez au tronc, sont entreux comme leurs gémeaux les rectangles des brins pliez au tronc et de mesme ordre sont entreux.

Car le rectangle de la couple quelconque de brins pliez au tronc QI, QK est à son relatif le rectangle PI, PK en raison mesme que la composée des raisons de IQ à IP et de KQ à KP.

Or IQ est à IP en raison mesme que la composée des raisons de CQ à CF et de BF à BP.

Et KQ est à KP en raison mesme que la composée des raisons de DQ à DF et de EF à EP.

Donc le rectangle QI.QK est à son relatif le rectangle PI.PK en raison mesme que la composée des quatre raisons de CQ à CF et de BF à BP, et de DQ à DF et de EF à EP.

Semblablement le rectangle QG.QH est au rectangle PG.PH en raison mesme que la composée des raisons de GQ à GP et de HQ à HP.

Or GQ est à GP en raison mesme que la composée des raisons de DQ à DF et de BF à BP.

Et HQ est à HP en raison mesme que la composée des raisons de CQ à CF et de EF à EP.

Donc le rectangle QG.QH est au rectangle PG.PH en raison mesme que la composée des quatre raisons de DQ à DF et de BF à BP, et de CQ à CF et de EF à EP qui sont les quatre mesmes raisons dont est composée la raison du rectangle QI.QK au rectangle PI.PK.

Partant, le rectangle des brins QI.QK est à son relatif le rectangle PI.PK, comme le rectangle

QG.QH, gemeau du rectangle QI.QK, est à son relatif le rectangle PI.PH gemeau du rectangle PI.PK.

Et partant les trois couples de nœus I,K—P,Q—G,H sont en involution entr'elles.

Ou l'on uoid que c'est une mesme propriété de trois couples de rameaux déployez au tronc d'un arbre, quand ils sont tous d'une mesme ordonnance entreux, et quand ils sont disposez comme icy aux quatre points B, C, D, E, de façon que le but de l'ordonnance de trois couples de rameaux est comme si ces quatres points B, C, D, E s'unissoient à un seul point.

Que si les deux bornales d'une couple BCN, EDN sont parallèles entrelles, le rectangle des brins déployez IC.IB est à son relatif le rectangle KD.KE, comme le rectangle de la couple des quelconques brins pliez au tronc IQ.IP, gemeau du rectangle IB.IC, est à son relatif le rectangle des brins pliez au tronc KQ.KP gemeau du rectangle KD.KE, ce qui est euident du parallelisme de ces rameaux ou bornales entrelles BC, DE.

Ce qui montre que quand en un plan, il y a cinq quelconques droites BE, DC, PK, BC, DE dont les deux quelconques BC, DE sont parallèles entrelles, estant la quelconque des autres trois KP considérée comme tronc, et chacune des autres comme rameaux déployez à ce tronc dont les deux parallèles BC, DE soient une couple et les deux autres BE, DC soient une autre couple, les rectangles des couples de brins IC.IB et KD.KE des deux rameaux d'une couple, sont éuidemment entreux comme leurs gémeaux pris d'un mesme ordre, les rectangles de IQ.IP et KQ.KP des brins de l'autre de ces couples de rameaux sont entreux.

C'est-à-dire qu'aussi le rectangle CI.CB est euidemment au rectangle DK.DE comme le rectangle CQ.CF est au rectangle DQ.DF.

Et qu'aussi le rectangle BI.BC est éuidemment au rectangle EK.ED, comme le rectangle BF.BP est au rectangle EF.EP.

Quand le bord courbe d'une quelconque coupe de rouleau passe à ces quatre points B, C, D, E, ceux qui voudront chercher une démonstration en mesmes paroles pour toutes les espèces de coupes le peuuent faire; cependant en voicy la démonstration en deux reprises, premièrement quand c'est le bord d'un cercle qui y passe, et ensuite de quelconque de ces autres espèces de coupe de rouleau.

Quand donc ces quatre bornes B, C, D, E, sont

au bord d'un cercle qui rencontre en LM cette septième quelconque droite GPH.

En ce cas, prenant le rectangle comme FC.FD pour mitoyen entre les rectangles QC.QD et PB.PE, c'est-à-dire entre leurs égaux les rectangles QL.QM et PL.PM, il est évident que le rectangle QL.QM ou son égal le rectangle QC.QD est au rectangle PL.PM ou à son égal le rectangle PB.PE en raison mesme que la composée des raisons du rectangle QC.QD au rectangle FC.FD, ou son égal le rectangle FB.FE et du rectangle FC.FD ou son égal le rectangle FB.FE au rectangle PB.PE.

Or, le rectangle QC.QD égal au rectangle QL.QM est au rectangle FC.FD égal au rectangle FB.FE en raison mesme que la composée des raisons de CQ à CF et de DQ à DF.

Et le rectangle FB.FE égal au rectangle FC.FD est au rectangle PB.PE égal au rectangle PL.PM en raison mesme que la composée des raisons de BF à BP et de EF à EP.

Donc le rectangle QL.QM, égal au rectangle

QC.QD, est au rectangle PL.PM égal au rectangle PB.PE, en raison mesme que la composée des quatres raisons de CQ à CF et de DQ à DF, de BF à BP et de EF à EP, qui sont les quatre mesmes raisons dont est composée chacune des raisons et du rectangle QI.QK au rectangle PI.PK, et du rectangle QG.QH au rectangle PG.PH.

Et quand les quatre bornes B, C, D, E sont au bord courbe d'une quelconque autre espèce de coupe de rouleau, sans faire icy tant de figures pour un simple brouillon de projet, si l'on se ueut donner le divertissement d'en faire ailleurs, on uerra que le rouleau duquel cette figure est coupé, estant establi sur elle et ensuite sur son assiette ou base le quelconque cercle BCDE.

Les quatre droites, menées par le sommet de ce rouleau et par les quatre bornes qui sont au bord de cette quelconque coupe, filent par la surface du rouleau et donnent au bord du cercle sa base, aussi quatre bornes B, C, D, E.

Et que les plans du sommet de ce rouleau et de chacune des droites bornales des trois couples, menées par les quatres bornes de cette quelconque coupe, donnent au plan du cercle, base de ce rouleau, par ces bornes B, C, D, E, trois couples aussi de bornalles BC, ED, BE, CD, BD, CE.

Et que le plan du sommet de ce rouleau et de cette septième quelconque droite, menée au plan de cette coupe, donne au plan du cercle, base de ce rouleau, de mesme une septième quelconque droite KGH, qui rencontre en deux points L,M le bord du cercle BCDE, base ou assiette de ce rouleau, et laquelle droite KGH rencontre aussi aux points comme P,Q; G,H ; I,K chacune des bornales des trois couples du plan de ce mesme cercle.

Et que les droites, menées du sommet de ce rouleau par les points L,M, bord de ce cercle sa base, passent en la septième quelconque droite du plan de cette coupe quelconque, aux mesmes points qu'y donne le bord de cette coupe quelconque

Et que les droites, menées du sommet du rouleau par les points de chacune des couples de nœus Q,P ; Q,H ; I,K de la septième droite GH du plan du cercle base de ce rouleau, passant aux points que donnent, en la septième droite du plan de cette coupe, les trois couples de bornales ainsi menées en ce mesme plan.

Or, il est démontré que ces couples de nœus

L,M ; Q,P ; G,H ; I,K, du plan du cercle sont en inuolution entreux.

Et la ramée de cette arbre, en trois ou quatre couples de rameaux, sont d'une mesme ordonnance, dont le but est le sommet de ce rouleau, donne en cette septième droite du plan de cette coupe autant de couples de nœus aussi d'une inuolution. Et partant :

Cette démonstration bien entendue s'applique en nombre d'occasions, et fait voir la semblable génération de chacune des droites et de points remarquables en chaque espèce de coupe de rouleau, et rarement une quelconque droite au plan d'une quelconque coupe de rouleau, peut avoir une propriété considérable à l'égard de cette coupe, qu'au plan d'une autre coupe de ce rouleau la position et les propriétez d'une droite, correspondante à celle-là, ne soit aussi donnée par une semblable construction de ramée d'une ordonnance dont le but soit au sommet du rouleau.

Mais avant que passer outre aux propositions générales des quelconques coupes du rouleau, possibles, il ne sera pas mal à propos de donner encore une des propositions particulières du plan du cercle.

Fig. 15.—Quand en la diamétrale A7 d'un cercle LMEC, deux quelconques points A, I sont couplez entreux en inuolution avec les deux points E,C qu'y donne le bord du cercle ; que deux droites LIS, LAM ordonnées à quelconque point L au bord du cercle, passent à ces deux points A et I.

Qu'à chacun des points E, C et au centre du cercle 7 passe une couple de droites CP, CN-ER, EO-7B, 7D coniuguées, et par la nature du cercle icy perpendiculaires aux deux droites LA, LI auxquelles elles donnent les points P,N-R,O et B,D.

Ordonnées à un mesme but. — Droites ordonnées à un mesme tel but, c'est-à-dire qui passent ou tendent ensemble à ce tel but.

Coniugales. — Deux droites chacune parallèles à un de deux diamètres, d'une coupe de rouleau, conjuguez entreux, sont icy nommées coniugales.

La pièce quelconque de ces deux droites LA, LI, contenues entre les deux points qu'y donnent ses coniugales uenant des points E et C, est égale à la pièce de l'autre des mesmes droites LA, LI qui est contenue entre les points qu'y donnent le bord du cercle.

C'est-à-dire que la pièce NO de la droite LI est égale à la pièce LM de la droite LA, et que la pièc

PR de la droite LA est égale à la pièce LS de la droite L.

Et d'auantage le rectangle de chacune des couples de ces coniuguées, uenant des points E et C, sur chacune de ces droites LA, LI est égal au rectangle des deux pièces de celles des deux LA, LI, à laquelle elles sont coniuguées, contenues entre l'un des points qu'y donne le bord du cercle et chacun des points qu'y donnent ces deux coniuguées.

C'est-à-dire que le rectangle PC.RE est égal au rectangle LP.LR, et que le rectangle NC.OE est égal au rectangle LN.LO.

Car comme 7B mipartit EC en 7, de mesme à cause du parallelisme d'entre 7B, CP, ER elle mipartit RP en B, mais de la nature du cercle, elle mipartit aussi LM en B, partant les deux pièces LP, MR sont égales entrelles.

Semblablement et par mesmes raisons, comme 7D mipartit EC en 7, de mesme elle mipartit NO en D, mais elle mipartit aussi LS en D, partant les deux pièces NL, OS sont égales entrelles.

Dauantage ayant mené la droite LE qui donne H en PC et la droite LC, les deux EL et CL sont perpendiculaires entrelles ueu le demi-cercle ECL.

Et puisque les quatre points C, I, E, A sont en

inuolution, ces perpendiculaires CL, EL mypartissent chacune un des angles que les deux droites LA, LI font entrelles.

Ainsi les triangles rectangles CLP, CLN sont semblables et à cause de leur côté commun CL ils sont égaux entreux.

Et semblablement les triangles rectangles LER, LEO sont semblables, et à cause de leur côté commun EL ils sont égaux entreux.

Ainsi les droites LR, LO sont égales entrelles, et les droites LP, LN égales entrelles.

Mais les droites LN, SO sont égales entrelles, donc les droites LP, SO, MR sont égales entrelles, conséquemment les droites NO, LM sont égales entrelles, et les droites PR, LS égales entrelles.

Et menant la droite MI iusque au bord du cercle X, il est éuident que les deux pièces IL, IX sont égales entrelles, et les deux pièces IM, IS égales entrelles.

Car ayant mené les deux droites ME, MC ueu le demi-cercle elles sont perpendiculaires entrelles, partant elles mipartissent chacune un des angles que les deux droites MAL, MIX font entrelles.

Ainsi les deux pièces IL, IM sont égales aux deux pièces IX, IS ou autrement LS, différence ou somme des deux pièces IL, IM est égale à RP, c'est-à-dire que RP est égale à la somme ou à la différence des deux IL, IM.

Maintenant, puisque EL est perpendiculaire à LC, le triangle CLH est rectangle, et a son angle droit au point L où passe la droite AP perpendiculaire à son côté CH, base de l'angle droit CLH, ainsi le triangle rectangle LPH est semblable à chacun des triangles aussi rectangles CLH, CPL.

Et à cause du parallelisme d'entre les droites CPH, ERQ, le mesme triangle LPH est encore semblable à chacun des deux triangles aussi rectangles LRE et LOE.

Partant, les triangles rectangles CPL, LRE, CLN et LOE sont semblables entreux, conséquemment PC est à RL comme PL est à RE, et le rectangle des deux extrêmes PC.RE, qui sont les deux conjuguées perpendiculaires venant des points C et E sur la droite LA, est égal au rectangle des moyennes LR.LP qui sont les deux pièces de la mesme droite LA, contenues entre l'un des points L qu'y donne les bords du cercle, et chacun des points R et P qu'y donnent ces deux conjuguées perpendiculaires ER, CP; et en menant les droites MC.ME par mesme raisonnement, on démontrera que les triangles ERM.MPC sont semblables, et alongeant les droites CM.ER on démontrera semblablement PC.RE et MP.MR sont égaux entreux.

Dauantage les triangles CLN,LOE estant semblables entreux, NC est à LO comme LN est à OE, et le rectangle des extrêmes les conjuguées perpendiculaires NC.OE est égal au rectangle des moyennes LO.LN, qui sont les deux pièces de LI, contenues entre un des points L qu'y donne le bord du cercle, et chacun des points N et O qu'y donnent ses deux conjuguées perpendiculaires CN,EO.

Et demeurant la mesme construction, quand au quelconque I des deux points A et I, passe une droite IZ conjuguée, perpendiculaire à celle AL, des deux droites LA, LI, qui passe à l'autre A des mesmes deux points A et I, en laquelle et en quelconque point P, des points tels que P et R, passe une droite PQ, laquelle donne les points K en la droite IZ et Q en la conjuguée ER qui passe à l'autre point R, en façon que le rectangle des pièces comme ZK.ZR, soit égal au rectangle de deux fois la pièce comme ZI, c'est-à-dire au rectangle ZI.ZI.

Lors comme RP est à la pièce de ER telle que RQ, ainsi le rectangle tel que BR.BP est à chacun des rectangles égaux PC.RE et ZI.B7 ou MP.MR.

Car en prenant ZR pour hauteur commune à chacun des rectangles ZK.ZR et ZP.ZR, le rectangle ZP.ZR est au rectangle ZK.ZR, c'est-à-dire à son égal le rectangle ZI.ZI, comme la base ZP est à la base ZK, c'est-à-dire à cause du parallelisme d'entre ZK,RQ, comme RP est à RQ.

Dauantage à cause du parallelisme d'entre les droites CP, 7B, IZ, ER et que les points A, E, I, C sont en involution et que 7 en mipartit le brin EC, suit que 7I, 7E, 7A sont proportionnelles; et IA, IE; IC, I7 deux à deux sont proportionnelles et AC, A7; AI, AE deux à deux sont proportionnelles et CP, 7B; IZ, ER deux à deux proportionnelles en mesme raison que les quatre AC, A7, AI, AE entrelles, et que les quatre AP, AB; AZ,AR entrelles.

De là suit que le rectangle AZ. AZ est au rectangle AR. AP ou à son égal le rectangle AZ. AB, comme la branche AZ à son accouplée la branche AB, c'est-à-dire comme le rectangle des brins ZR. ZP est à son relatif le rectangle BR. BP, ainsi le rectangle ZI. ZI est à chacun des rectangles égaux ZI. B7; RE. PC et LP. LR ou MP. MR.

Et en changeant, comme le rectangle ZR. ZP est au rectangle ZI. ZI c'est-à-dire comme RP est à RQ, ainsi le rectangle BR. BP est à chacun des rectangles égaux PC. RE, ZI. B7 et LP. LR ou MP. MR.

Mais comme RP est à RQ ainsi aussi le rectangle RP. RP est au rectangle RP. RQ, donc le rectangle BP. BR est à chacun des rectangles egaux ER. CP; ZI. B7; et LP. LR; MP. MR comme le rectangle RP. RP, au rectangle RP. RQ, et en changeant le rectangle BP. BR est au rectangle RP. RP comme chacun des rectangles egaux ER.CP-ZI.B7-LP. LR-MP. MR, au rectangle RP. RQ.

Or est-il, qu'à cause que PR est mipartie en B, le rectangle BR. BP est la quatrieme partie du rectangle RP. RP; donc aussi chacun des rectangles égaux ER. CP; ZI. B7; LP. LR; MP. MR est la quatrieme partie du rectangle RP. RQ.

A quoy si l'on ajoute que la droite EL mipartit l'angle MLS, et la droite CM mipartit l'angle XML; les pièces du bord du cercle ES, EM sont égales entrelles et les pieces CX, CL égales entrelles; d'ou suit que la droite EIC mipartit l'un des angles que les droites IL, IM font entrelles, et que la droite IGX perpendiculaire à EIC mipartit l'autre des angles que les mesmes droites IL, IM font encore entrelles.

On uerra bientot en gros quelles especes de conséquences et de conuers urayes s'en en suivent pour le sujet de ce brouillon, et qui l'enflerait trop pour les deduire au long.

Fig. 13. — Quand en un plan, à quatre points B, C, D, E commes bornes, en quelconque plate coupe de rouleau, passent trois couples de droites bornales BCF, EDF, BEN. CDN, BDG, CEG et qu'aux deux buts G et N des deux ordonnances de deux quelconques couples bornales passe une autre droite GN à légard de la coupe de rouleau au bord de laquelle sont les quatre bornales B, C, D, E, cette droite GN est trauersale des droites de l'ordonnance de la troisième de ces couples de bornales au but F, c'est-à-dire que F, X, G, Y, sont en inuolution.

Car comme il a esté dit, en concevant que chacune des deux lettres X et Y est doublée :

GX est à GY en raison mesme que la composée des raisons de : DX à DN et de BN à BY.

et GX est à GY en raison mesme que la composée des raisons de : CX à CN et de EN à EY.

et FX est à FY en raison mesme que la composée des raisons de :	DX à DN et de EN à EY.
et FX est à FY en raison mesme que la composée des raisons de :	CX à CN et de BN à BY.

D'ou suit que GX est à GY comme FX est à FY, c'est-à-dire que les quatre points F, X, G, Y sont entreux en inuolution.

Et en conceuant la droite FN menée, les quatre droites NF, NX, NG, NY sont entrelles d'une mesme ordonnance au but N et passent aux quatre points en inuolution E, X, G, Y, partant elles donnent en chacune des quelconques droites menées en leur plan FCOB, FIHK quatre points en inuolution F, C, O, B ; F, I, H, K.

Et dautant que les quatre droites GF, GC, GO, GB sont entrelles d'une mesme ordonnance au but G et qu'elles passent aux quatre points en inuolution F, C, O, B de la droite FB, suit qu'elle donne en quelconque droite FH menée en leur plan quatre points en inuolution F, Q, H, P.

Et quand ces quatre bornes B, C, D, E sont au bord courbe d'une quelconque coupe de rouleau CLDEMB.

La mesme droite GN est à l'egard de cette coupe de rouleau trauersale aussi des droites ordonnées au but F, et les quatre points F, L, H, M que donnent en la quelconque droite de cette ordonnance, le but de l'ordonnance F, la trauersale GN et le bord de la figure LM sont en inuolution entreux; car suiuant la mesme construction, il est démontré qu'en cette droite FH, les trois couples de points LM, IK, QP sont trois couples de nœus en inuolution.

Il est aussi démontré que les deux points F et H sont couplés en inuolution et avec les deux points I, K et auec les deux points Q, P.

Finalement il est aussi démontré qu'en suite les mesmes deux points F, H sont aussi couplez en inuolution auec les deux points L, M.

Que si l'on ueut, puisque chacune des deux couples de points I,K-P,Q est en involution avec les deux points F et H suit que chacune d'elles est une couple de nœus extremes d'un arbre dont F et H sont les deux nœus moyens doubles.

Et il est démontré que les trois couples de nœus I, K-P, Q et L, M sont en inuolution.

Partant les deux points L, M sont encore une couple de nœus extremes du mesme arbre dont F et H sont les deux nœus moyens doubles.

Consequemment les mesmes deux points L et M sont couplez entreux en inuolution avec les deux points F et H.

Le mesme se peut encore deduire et conclure en une autre façon.

D'ou suit qu'à l'egard de cette coupe de rouleau CLDEM en laquelle sont ces quatre bornes B, C, D, E la droite GF est trauersale des droites ordonnées au but N, et que la droite FN est trauersale des droites ordonnées au but G.

Et que quand au plan d'une quelconque coupe de rouleau, le but est à distance infinie d'une ordonnance de droites qui rencontrent cette coupe, les pieces de chacune des ordonnées contenues entre leur trauersale, et chacun des points que leur donne le bord de la figure sont égales entrelles, et de mesme de leurs pieces coutenues entre le but de l'ordonnance et chacun des points que leur donne le bord de la figure.

D'ou suit qu'au plan d'une quelconque coupe de rouleau toute droite à l'egard de cette coupe est trauersale de droites ordonnées à quelque but, dont une diametrale, autrement diametrauersale n'est qu'un cas.

Et que tout point à l'egard de cette coupe y est le but de quelques droites ordonnées d'une trauersale dont le but des diametres n'est qu'un cas.

D'ou suit encore qu'estant de quelconque point N en la traversale GN, des droites d'une ordonnance au but F, menée une quelconque droite NDC qui rencontre le bord de cette coupe de rouleau comme en D et C, et puis par F but de cette ordonnance, et par l'un de ces points D, mené une autre droite FDE qui donne encore le point E au bord de cette coupe de rouleau.

Les deux droites menées finalement comme NE, FC sont ensemble ordonnées à un but B au bord de la coupe de rouleau.

Car il est démontré que les points C et B que le bord de la coupe de rouleau donne en la droite FCO sont couplez en inuolution avec les deux points F et O qu'y donnent les deux droites NG, NF.

Il est ainsi démontré que les points C et B que les droites NYB, NXC donnent en la mesme droite FO sont de mesme couplés en inuolution avec les mesmes deux points F.O qu'y donnent les deux droites NG, NF, donc le bord de la coupe de rouleau, et la droite NE donnent un mesme point B en cette droite FO.

D'ou suit dabbondant que quand en un plan deux quelconques droites FCB, FDE rencontrent comme en des bornes B, C, D, E le bord d'une quelconque coupe de rouleau, et qu'à ces points B, C, D, E passent deux couples d'autres droites bornales BE, CD et BD, EC les deux buts N et G des deux ordonnances de ces deux couples de droites bornales sont en GN trauersale des droites de l'ordonnance de ces deux premieres droites comme FCB, FDE dont le but est F.

D'ou suit qu'au plan d'une quelconque coupe de rouleau BCDE chacune des droites FO, FH, FG d'une mesme ordonnance entrelles, est trauersale des droites d'une ordonnance dont le but est en leur commune trauersale GN.

Et par conuerse que les trauersales OF, HF, GF des droites des ordonnances dont le but est en une mesme trauersale ou droite NG sont toutes d'une mesme ordonnance entrelles.

D'ou suit qu'estant au plan d'une coupe de rouleau donné de position le but F d'une quelconque ordonnance de droites FH, FG, leur commune trauersale GN y est aussi donnée de position.

Et qu'y estant donnée de position une quelconque trauersale ou droite GN le but de ses ordonnées F y est aussi donné de position.

Ou l'on uoid en outre que les droites comme FS qu'on nomme touchante à une coupe de rouleau, sont du corps d'une ordonnance de droites qui ne rencontrent pas toutes la figure et ne sont chacune qu'un cas d'un cas.

D'ou suit que la droite d'une ordonnance menée au point que leur trauersale donne au bord d'une coupe de rouleau touche cette coupe, et que du bord de la figure ayant mené une ordonnée à quelconque diametrale de cette coupe, et une autre droite au point de cette diametrale, couplé au point qu'y donne cette ordonnée en inuolution avec les deux points qu'y donne le bord de la figure, cette dernière droite touche cette coupe.

Ou bien qu'ayant, par un quelconque point au bord d'une coupe de rouleau, mené à trauers la figure une quelconque droite comme trauersale, et une autre au but des ordonnés de cette trauersale, cette autre droite touche la figure.

Or, en une quelconque traversale NG, d'une quelconque ordonnance de droites FH, FO, chacune des couples de points N,G; Z,H; A,R, qu'y donnent les trois buts d'ordonnés A, Z, N et leurs trauersales T G V, M H L, E R D sont chacune une dès trois couples de nœus en inuolution d'un arbre dont la souche est conséquemment donnée de position, à scavoir : à celui de ses nœus extremes intérieur qui se trouve couplé à la distance infinie, ou autrement le point qu'y donne la trauersale des droites ordonnées à distance infinie auec cette trauersale NG.

Qui uoudra se donner le diuertissement, ainsi que monsieur Puioz, d'en faire une seule démonstration en un plan général de toutes especes de cas, deuancera le netoyement de ce brouillon dont la pluspart des choses out dabbord esté démontrées par le relief.

Cependant on en poura voir icy la vérité par deux reprises : une en plan, l'autre en relief ; c'est à scavoir au plan du cercle ou la chose est éuidente de la perpendicularité des diametrales à leurs ordonnées.

Et pour les autres especes de coupes, en rétablissant le rouleeu sur cette coupe et de suite sur la base cercle, et s'aidant après de la ramée de cet arbre ordonnée au sommet du rouleau par sa propriété démontrée on uoid la uérité de cette proposition.

Ou bien de ce que dessus la chose est euidente en quelconque diametrale dont ensuite elle se conclud en quelconque autre droite. D'ou suit aussi qu'autant de couples de droites qui sont ordonnées à un des points du bord de la coupe de rouleau, et qui passent aux deux points du mesme bord qu'y donne une quelconque droite d'une quelconque ordonnance, donnent en la trauersale de cette ordonnance autant de couples de nœus d'une inuolution.

Et par conuerse quand une couple de rameaux déployez à ce tronc sont ordonnez à un mesme point du bord de la figure, les autres deux points quils y donnent encore et le but des ordonnées de cette trauersale sont en une mesme droite.

Il serait long d'assembler icy non pas toutes, mais seulement les proprietez qui s'offrent à la foule, communes à toutes les especes de rouleau, et suffira d'en dire seulement quelques unes des plus euidentes et qui seruent à en découvrir des moins.

Cependant on remarquera qu'entre les deux especes de conformation d'arbre, il y en a une troisieme en laquelle chaque couple de nœus toujours un et uni à la souche, ou l'entendement demeure court, de mesme qu'en plusieurs autres circonstances, et cette espece de conformation d'arbre est mitoyenne entre autres les deux, à souche engagée et à souche dégagée.

Quand une trauersale est à distance infinie, tout en est inimaginable; quand elle est à distance finie, ou bien elle rencontre, ou bien elle ne rencontre pas le bord de la figure.

Quand elle le rencontre, c'est ou bien à deux points desunis, ou bien a deux points unis en un, auquel elle touche la figure.

Quand elle ne rencontre pas, l'arbre qu'y constituent les buts des ordonnées et leurs trauersales est d'espèce à souche engagée.

Quand elle le rencontre en deux points désunis, cet arbre est d'espece à souche dégagée.

Quand elle le rencontre à deux points unis en un, c'est à dire qu'elle touche la figure, cet arbre est de l'espece moyenne dont l'entendement ne peut comprendre comment sont les proprietez que le raisonnement luy en fait conclure.

Mais voicy dans une proposition comme un assemblage abregé de tout ce qui precède.

Fig. 13. — Estant donné de grandeur et de position une quelconque coupe de rouleau à bord courbe EDCB pour assise ou base d'un quelconque rouleau dont le sommet soit aussi donné de position et qu'un autre plan, en quelconque position aussi donnée, coupe ce rouleau et que l'essieu 45 de l'ordonnance de ce plan de coupe auec le plan d'assiette soit aussi donné de position, la figure qui uient de cette construction en ce plan de coupe, est donnée d'espèce et de position, chacune de ses diametrales auec leur distinction de conjuguées et d'essieux, comme encore chacune des especes de leurs ordonnées et des touchantes à la figure, et la nature de chacune, leurs ordonnances, auec les distinctions possibles sont donnez tous de génération et de position.

Car ayant par le sommet de ce rouleau mené un plan parallele au plan de coupe, ce plan de sommet donne au plan de l'assiette du rouleau une droite NH parallele à la droite 45, laquelle NH est trauersale d'une ordonnance de droites ML, BC, TV, dont le but F est donné de position.

Et la droite menée par le sommet du rouleau et ce but F est l'essieu de l'ordonnance des plans qui engendrent les diametrales de la figure que cette construction donne au plan de coupe, dont la droite qui passe au sommet et au but des diametrales de la base du rouleau n'est qu'un cas.

Asymptotes. — De plus, ayant par chacun des points de la quelconque couple H, Z, que donne, en cette trauersale NH, le quelconque but Z, d'une ordonnance de droites et leur trauersale HF, et par le sommet de ce rouleau mené deux droites, les deux plans, du sommet de ce rouleau et de chacune des droites comme FZ, FH. donnent en la figure qui vient de cette construction au plan de coupe, une des couples de diametrales qu'on nomme conjuguées, lesqu'elles sont disposez entrelles comme les deux droites du sommet du rouleau et de chacun des points Z, H, sont disposées entrelles, et les mesmes droites du sommet du rouleau et des points Z, H sont les essieux de deux ordonnances de plans qui engendrent au plan de coupe, chacune une ordonnance de droites réciproquement ordonnées ou conjuguées entrelles, ensemble les touchantes possibles à la figure à distance ou finie ou infinie aux points que le bord donne à ces diametrales conjuguées, ou l'on void que les droites nommées asymptotes, ou qui ne rencontrent le bord de la figure à aucune distance finie, y tiennent lieu tout ensemble de diametrales de la figure et de touchantes à ses bords à distance infinie, toutes lesquelles choses sont euidentes du parallelisme d'entre les plans de coupe et du sommet et de la propriété d'une ramée d'arbre ordonnée au sommet du rouleau.

Pour une commodité dans cette maniere on pourait encore accommoder et mettre en premier trois autres propositions :

L'une qui comprenne les 17 et 18 du 5ᵉ livre des Éléments d'Euclide ;

L'autre qui comprenne la 19 et quelques autres du mesme livre ;

L'autre qui comprenne les 47 du premier, et les 12 et 13 du second des mesmes élémens.

Neanmoins de ce qui est icy, l'on void déjà bien euidemment plusieurs propriétés communes à toutes les espèces de coupe de ce rouleau.

Comme entr'autre, que sur la quelconque de ces coupes de rouleau peut estre construit un rouleau qui sera coupé selon quelconque espece de coupe donnee.

Ordinales. — Et que quand aux deux points que le bord d'une coupe de rouleau donne à la quelconque de ses diametrales, passent deux droites du corps des ordonnées, autrement ordinales de ce diametre, et qu'un autre quelconque droite touche ailleurs à cette coupe, les deux pièces de ces deux ordonnées autrement ordinales, contenues entre cette diametrale et cette autre touchante, contiennent un rectangle toujours d'une mesme grandeur, en ce qu'une autre mesme grandeur a toujours une mesme raison à chacun d'eux.

Et que les rectangles des deux pieces de la quelconque des ordonnées a une diametrale d'hyperbole contenues entre l'un des points qu'y donne le bord de la figure et chacun des points qui donnent ses asymptotes, où non touchantes à aucune distance finie, sont aussi tous d'une mesme grandeur ueu qu'une autre mesme grandeur a toujours mesme raison à chacun d'eux, auxquelles deux choses il y aura cy après une espece de démonstration appropriée.

Souche commune à plusieurs arbres. Fig. 16. — Quand quatre points C,G-B,H sont deux couples de nœus d'un arbre HB dont la souche est A ; que la piece du tronc contenue entre le quelconque deux couples de ces nœus est diametre d'un cercle et la piece contenue entre les autres deux nœus restant, est diametre d'un autre cercle, les bords de ces deux cercles donnent en quelconque autre droite ordonnée à cette souche A, deux semblables couples de nœus aussi d'un arbre qui a la souche A commune auec cet arbre HB.

Dont la démonstration familiere enflerait inutilement ce brouillon. Outre que A ne demeurant pas souche, au lieu de cercles, il peut y avoir sur les mesmes pieces d'entre les deux mesmes de ces quatre nœus C,G-B,H deux quelconques autres coupes de rouleau disposez en certaine façon que leurs bords operent la mesme chose que ceux des cercles; éuidemment au moyen d'une ramée de cette arbre HB.

Et quand en une inuolution des quatre points H, G, B, F en un tronc BH les deux brins tels que GF et BH contenus entre les deux nœus correspondans entreux, sont chacun diametre d'un cercle.

Les bords de ces deux cercles donnent en quelconque autre droite qu'ils rencontrent ordonnée à la quelconque des deux souches réciproques L et A de cette inuolution H, G, B, F chacun deux points aussi correspondans entreux d'une semblable inuolution de quatre points, ayant pour souche celle des deux souches réciproques, à laquelle comme but cette droite est ordonnée auec le tronc BH.

Et quelquefois A ne demeurant pas souche, si à ces brins GH, BF au lieu de deux cercles, il y a deux coupes de rouleau quelconque disposées en certaine position, leurs bords opèrent le semblable que les bords des cercles.

Fig. 17. — Et quand en un tronc BH quatre points H, G, B, F sont en inuolution, que le brin tel que FG somme de deux des branches moyennes de l'arbre AF, AG est diametre d'un cercle et que la quelconque AH ou AB de deux des branches extremes d'une couple du mesme arbre est aussi diametre d'un cercle, et qu'au nœu extreme de l'autre restante de ces deux branches extremes passe une droite du corps des ordonnées, autrement une ordinale à cette commune diametrale de ces deux cercles.

Cette ordinale donne en quelconque autre droite ordonnée auec cette diametrale à la souche A comme but, un point couplé au point qu'y donne le bord du cercle sur la branche extreme, en inuolution, avec les deux points qui donne le bord du cercle sur la somme des deux branches moyennes, dont la figure est aisée à conceuoir pour la décrire, ou la démonstration est éuidente de ce qui est dit :

Et au lieu de deux cercles s'il y a deux autres coupes de rouleau disposées en certaine façon, la mesme ou semblable chose auient, dont une ramée fait uoir la uérité.

Il y a plusieurs semblables proprietez communes à toutes les especes de coupe de rouleau qui seraient ennuyeuses icy.

La circonstance qui suit pouuoit estre cy devant en la proposition de quatre bornes au bord d'une quelconque coupe de rouleau, mais pour des considérations elle est séparée en ce brouillon.

Fig. 14. — Quand en un plan une droite PH comme tronc rencontre en L et M le bord d'une quelconque coupe de rouleau B, C, D, E, que deux autres droites paralleles entrelles BC, DE comme rameaux rencontrent en B, C et D, E le bord de la mesme figure BCDE et aussi le tronc PH en K et I ; qu'au quelconque des points L que le bord de cette figure donne au tronc, passe une autre droite LRS qui donne les points R et S à ces deux rameaux déployez et paralleles BC, DE.

Le rectangle des deux brins tels que KS, KM est au rectangle des brins tels que KD, KE, en mesme raison que le rectangle comme IR. IM relatif du rectangle KS. KM est au rectangle comme IC. IB relatif du rectangle KE. KD.

Tellement que si la droite LRS est posée de façon que le quelconque rectangle des deux brins, tels que KS, KM soit egal au rectangle, tel que KD, KE, aussi le quelconque autre rectangle comme IR. IM est égal au rectangle comme IC, IB, de maniere qu'ayant de l'autre point comme M, que le bord de la figure donne encore au tronc, mené une droite MT d'une même ordonnance avec ces deux rameaux paralleles entreux BC, DE, qui donne le point T en la droite LRS.

— Le rectangle de la couple quelconque de brins pliez au tronc KL, KM contenus entre un des nœus K qu'y donne un quelconque de ces rameaux deployez au tronc ED et chacun des nœus L, M, qu'y donne le bord de la figure, est à son gemeau le rectrangle des brins déployez comme KE, KD contenus entre le mesme nœu K et chacun des points E, D, qu'y donne le bord de la figure, en mesme raison que le brin du tronc comme ML, d'entre les deux nœus qu'y donne le bord de la figure, est au brin deployé comme MT de la droite MT.

Coté droit, *parametre*, *coadiuteur*. — Que si le tronc PH est diametrale de la figure et les rameaux BC, DE ses ordonnées, le brin déployé, tel que MT est la ligne nommée ailleurs costé droit, parametre et icy coadjuteur.

Car en prenant KM pour commune hauteur des

rectangles KL.KM et KS.KM; et IM pour hauteur commune des rectangles IL.IM et IR.IM.

Le rectangle KL.KM est au rectangle KS.KM, comme KL est à KS c'est-à-dire à cause du parallelisme d'entre les ramuax ED.BC comme IL est à IR.

Et le rectangle IL.IM est au rectangle IR.IM comme IL est à IR c'est-à-dire à cause du parrallelisme des ramaux ED.BC comme KL est à KS.

C'est-à-dire que le rectangle KL.KM est au rectrangle KS.KM comme le rectangle IL.IM est au rectangle IR.IM.

Et alternant le rectangle KL.KM est au rectangle IL.IM comme le rectangle KS.KM est au rectangle IR.IM.

Et il est demontré que le rectangle KL.KM est au rectangle IL.IM aussi comme le rectangle KD.KE est au rectangle IC.IB.

Partant le rectangle KS.KM est au rectangle IR.IM, comme le rectangle KD.KF, est au rectangle IC.IB.

Et alternant le rectangle KS.KM est au rec tangle KE.KD comme le rectangle IR.IM est au rectangle IC.IB.

Tellement que si le rectangle KS.KM est égale au

rectangle KE.KD, le rectangle IR.IM est aussi égal au rectangle IC.IB.

Conséquemment le rectangle comme KL.KM est au rectangle KS.KM ou à son égal le rectangle KE.KD en mesme raison que KL est à KS c'est-à dire à cause du parallelisme d'entre les droites KS, MT comme ML à MT.

Par ainsi quand le tronc PH est diamétrale de la figure et que les rameaux ED, CB sont ses ordonnées, le brin comme TM est euidemment cette ligne qu'on nomme costé droit, parametre, ou coadiuteur et qui n'est qu'un cas d'un cas et uisible d'ailleurs en sa génération.

De ce qui est dit cy devant, on aura conçeu que pour mener d'un quelconque point une droite d'une mesme ordonnance auec deux paralleles entrelles, cela s'entend que cette droite soit menée aussi parallele à ces deux, et de mesme que pour mener d'un quelconque une droite à un point à distance infinie en une autre droite, cela s'entend qu'il faut mener cette droite parallele à celle où le point assigné est à distance infinie.

Encore que ce qui suit paraisse évidemment des choses icy deuant démontrées, néantmoins :

Fig. 18. — Quand en un plan aux deux points E et C que le bord courbe d'une quelconque coupe de rouleau donne en sa quelconque diametrale, E7C passent deux droites EB, CD chacune ordinale de cette diametrale E7C, qu'une autre quelconque droite LR touche cette coupe de rouleau en quelconque autre point.

Le rectangle est toujours d'une mesme grandeur des deux pièces de ces ordinales EB, CD, contenues entre la diametrauersale E7C et les points B et D, qui leur donne cette autre quelconque droite LR touchante la figure.

Car puisque ces deux droites diametrales E7C et touchante LR sont données de position en un plan, le but A de leur ordonnance est aussi donné de position.

Et ayant, par le point L. mené LIM trauersale des ordonnées au point A, et qui donne encore le point M au bord de la figure.

D'autant que la droite E7C est diametrale de la figure, cette trauersale LIM est ensemble avec les deux EB, CD ordonnée de cette diametrale E7C.

Par le point 7 qui mipartit la pièce EC de cette

diametrale E7C soit menée encore une autre droite 7R, ordonnée ou ordinale aussi de cette diametrauersale E7C, et qui donne le point R en la touchante LR, le but de ces quatre ordonnées ou ordinales EB, CD, IL, 7R est à distance infinie ueu leur diametrauersale E7C.

Soit encore menée la droite CGF qui donne en EB le coadiuteur EF.

Pour en la quelconque touchante EB de la quelconque part EN auoir le coadiuteur de la diametrauersale E7C, l'un des moyens est de mipartir l'angle que ces touchantes EN et diametrauersale E7C font de mesme part sur la figure, auec une droite EV qui donne au bord de la figure encore le point V, puis mener une autre droite VC qui donne le point F en EN et EF est euidemment ce coadiuteur. Il est démontré que les quatre points C, I, E, A sont en inuolution et que 7 est souche d'un arbre dont EE, CC; et I, A sont des couples de nœus.

Et que A est souche commune à trois arbres, dont EC, 7I - BD, LR - HN et MO sont des couples de nœus.

Et que les quatre pièces CD, 7R, IL, EB, et encore les quatre CH, 7O, IM et EN sont deux à deux proportionnelles en mesme raison que les quatre

AC, A7, AI, AE et leurs semblables AH, AO, AM, AN ou AD, AR, AL, AB sont entrelles.

Donc le rectangle des deux branches A7, AI est au rectangle de sa mesme hauteur AI.AI, c'est-à-dire la base ou branche A7 est à son accouplée la base ou branche AI, c'est-à-dire le rectangle de la coupe de brins égaux entreux et pliez au tronc 7C, 7E est à son relatif le rectangle des brins IC.IE, comme le rectangle 7R, IL est au rectangle de sa mesme hauteur IL, IL, ou à son égal le rectangle de la coupe de brins égaux et déployez IL.IM.

Et en changeant le rectangle de la coupe de brins égaux entreux et pliez au tronc 7C,7E est au rectangle 7R.IL ou à son égal le rectangle EB.CD comme le rectangle des brins pliez IC.IE est à son gemeau le rectangle des brins deployez IL.IM, c'est-à-dire comme la piece telle que EC de la diametrale E7C est à la piece telle que EF de son ordinale telle que EB.

Partant un mesme rectangle des pieces égales comme 7E.7C de la diametrale E7C a mesme raison à chacun des rectangles des pieces de ses deux ordinales EB.CD contenues entre ses deux points comme E et C et la quelconque droite LRB.D qui touche la figure en quelconque point L.

Et d'autant que 7 mipartit la piece comme EC de la diametrale E7C, le rectangle des pieces égales 7E,7C est le quart du rectangle de EC.EC ou quarré de EC.

Et comme EC est à EF ainsi le rectangle EC.EC ou le quarré de EC est au rectangle EC,EF de sa mesme hauteur EC et de mesme le rectangle 7E. 7C quart du rectangle EC.EC est au quart du rectangle EC.EF.

Donc le rectangle 7E.7C a mesme raison au quart du rectangle des pieces EC.EF et au rectangle des pièces comme EB.CD, consequemment le rectangle EB,CD est égal au quart du rectangle des pieces comme EC.EF.

Et par une conuerse euidente de ce qui a ésté démontré, quand la diametrale comme E7C est le grand des essieux de la figure, le brin comme BD de cette quelconque touchante LR est diametre d'un cercle dont la circonférence passe en deux points comme Q et P en la mesme diametrale et essieu C7E, de façon que le rectangle des pieces de cette diametrale E7C contenues entre le quelconque de ces points P et chacun des points comme E et C qu'y donne le bord de la figure, est encore égal au quart du rectangle EC,EF, et la piece comme

EC est égale à la somme ou à la différence des deux droites menées du point dattouchement, comme L, à chacun de ces points comme P et Q, scavoir à la somme ou à la différence des deux droites menées comme LP, LQ, et la touchante LD mipartit un des angles que ces deux droites menées comme QL, PL font entrelles.

Nombrils, points brulans, foyers. — C'est à dire que les deux points comme Q et P sont les points nommés nombrils, brulans, ou foyers de la figure, au suiet desquel il y a beaucoup à dire.

Et particulierement en la coupe de rouleau nommée hyperbole ou les asymptotes 7X, 7Y sont deux touchantes à la figure à distance infinie.

Ayant mené les deux asymptotes X7Z, K7Y pour touchantes à distance infinie, des choses qui précèdent on uerra que les pieces de la droite IM contenues réciproquement entre le bord de la figure L et M et chacune des deux asymptotes sont égales entrelles, c'est à dire que IL et IM sont égales entrelles et IS, IT sont égales entrelles, et conséquemment LS, MT égales entrelles et MS, LT égales entrelles euidemment au moyen d'une ramée.

Et ensuite que le rectangle des pieces d'une diamétrale E7C contenue entre son ordonnée des attouchemens à la figure, par ces asymptotes à distance infinie et chacun des points comme E et C qu'y donne le bord de la figure, est au rectangle des brins déployez de cette ordonnée ainsi à distance infinie contenus entre cette diamétrale E7C et les deux points qu'y donne le bord de la figure, en mesme raison que le rectangle comme IE,IC est au rectangle comme IL.IM c'est à dire comme EC est à EF, c'est à dire comme le rectangle des pieces égales entrelles 7E,7C est au rectangle des pieces égales entrelles EX.CZ des droites EB,CD ordinales de cette diametrale E7C et contenues entrelle et la quelconque touchante à distance infinie X7Z.

C'est à dire que comme le quarré E7 est au quarré EX c'est à dire comme le quarré I7 au quarré IS, ainsi le rectangle des brins pliez IC.IE est au rectangle des brins egaux et déployez IL,IM.

Or des propositions qui comprennent les 5 et 6 et les 9 et 10 du second des elemens d'Euclide.

Il est euident que le rectangle IE.IC plus le quarré de E7 est égal au carré de I7.

Et que le rectangle LS.ST plus le quarré IM est égal au quarré de IS.

Partant puisque comme le quarré de I7 est au

quarré de IS ainsi le rectangle IE.IC est au quarré IM, suit que le restant quarré 7E est au restant rectangle LS.LT comme le rectangle IE.IC est au rectangle IL.IM, c'est à dire comme EC est EF.

D'ou suit qu'en quelconque part que soit menée une droite comme LIM ordonnée à une diametrale comme E7C, le rectangle des deux pieces de cette ordonnée contenues entre l'un des points L qu'y donne le bord de la figure et chacune des deux asymptotes est toujours d'une grandeur mesme, et égale au quart du rectangle des deux pieces comme EC. et EF coadjuteur.

Quand deux cones se touchent en une droite, c'est ou par le concaue de l'un et par le conuexe de l'autre, ou par le conuexe des deux et cette droite est en un plan qui joint ou touche en elle chacun de ces deux cones, lesquels donnent au plan de coupe qui est parallele à ce plan ainsi ioint, deux paraboles à commun aissieu et dont les bords ne se touchent à aucune distance finie, mais se touchent à distance infinie et donnent en tout autre plan de coupe, deux figures dont les bords se touchent à distance finie ou infinie.

Quand deux cones se touchent en deux droites séparées et désunies, c'est en chacune de ces deux droites ou par le concave de l'un et par le conuexe de l'autre, ou bien par le conuexe de chacun d'eux; et chacune de ces droites est en un plan qui touche à chacun de ces deux cones lesquels donnent deux paraboles qui se touchent en un point au plan de coupe parallele à quelconque de ces plans ioignans ou touchans; et en tout autre plan, ils donnent deux figures dont les bords se touchent en deux points à distance finie ou infinie.

Quand ces deux cones se touchent par le concaue de l'un, ces deux figures se touchent par le concaue de l'une.

Quand ces deux cones se touchent par le conuexe de chacun d'eux, ces figures se touchent par le conuexe de chacune d'elles.

Et quand le plan de coupe est parallele au plan des deux droites auxquelles ces deux cones se touchent, il y uient deux hyperboles, ou l'une dans l'autre, ou l'une hors de l'autre et qu'on nomme coniuguées ayant les unes et les autres mesmes asymptotes, et dont les bords ne se rencontrent à aucune distance finie, ou autrement se rencontrent à distance infinie, et l'on peut uoir les propriétes de cet éuenement par ce qui est déduit, comme encore en combien de manieres et comment les bords des deux coupes quelconques de cones se peuuent rencontrer.

Ayant conceu que c'est qu'une droite trauersale des droites d'une ordonnance, on conçoit aisement que c'est qu'un plan trauersal aussi des droites d'une ordonnance en ce qui est des lieux à surface.

Quand une boule et un plan sont chacun immobiles, ce plan à l'egard de cette boule est trauersal d'une ordonnance de droites dont le but est donné de position, et le but en estant donné la position de ce plan est donnée, le tout des choses cy devant.

Et quand plusieurs droites ayant chacune un point immobile en ce plan se meuuent à l'entour de cette boule, les plans des cercles qu'elles y décriuent sont trauersaux chacun des droites ordonnées au point immobile de la droite qui le decrit et s'entrecoupent tous au but des ordonnées de ce premier plan.

Semblable proprieté se trouve à l'egard d'autres massifs qui ont du rapport à la boule, comme les ouales autrement ellipses en ont au cercle, mais il y a trop à dire pour n'en rien laisser.

Fig. 19. – Quand au plan d'une quelconque coupe de rouleau 5Y8GH, en la quelconque droite AF des ordonnées d'une trauersale AV, le point trauersal A est couplé au but F de ces ordonnées en inuolution auec deux quelconques autres points X, Q, lesquels soient considérez pour les deux nœus moyens doubles de l'inuolution, chacune des coupies de rameaux déployez à ce tronc XQ, qui passent à une des couples de nœus extremes de cet arbre comme FH, AH et RG. ZG, et sont ordonnez à des buts H et G au bord de la figure en façon que l'un des deux touche la figure ainsi que HA ou ZBG, chacune, dis-je, des semblables couples de rameaux ainsi disposez donne en cette trauersale VA une des couples de nœus D,A-E,B d'un mesme arbre dont la souche C, est en une mesme droite auec les deux souches 7 et P du tronc 5 7 8 des mesmes ordonnées au but F qui est diametral de la figure et de cet autre tronc AF

Or en premier lieu, de l'hypothese et de ce qui est icy démontré en la droite 7FT diametrale de la figure et du corps des ordonnées au but F, le point traueral T est couplé au but de l'ordonnance F en inuolution avec les deux points 5, 8 qu'y donne le bord de la figure et le brin 5 8 estant mipartit en 7; ce point 7 est souche en l'inuolution de ces quatre points 5, F, 8, T.

Semblablement ayant en P mypartit le brin XQ de l'inuolution des points X, F, Q, A, ce point P est souche de l'inuolution.

Il est dauantage manifeste des choses cy deuant démontrées que les points X et Q sont tous deux ou bien au bord de la figure, ou bien tous deux comme icy d'une mesme part, hors du bord de la figure, scavoir est, tous deux, ou de la part du concaue, ou de la part du conuexe.

Et que quand ils sont au bord de la figure, la droite PC menée par ces deux souches 7 et P est ordonnée en un point de la trauersale AV auec la droite HFD qui lors est trauersale des ordonnées au but A, lequel est en la droite AF et en la mesme trauersale AT, et qu'ainsi ces deux points C et D sont alors unis en un seul et mesme point en cette tranuersale AV, partant hors ce cas là ces deux points C et D sont en la mesme trauersale AV désunis entreux.

Semblablement et par mesme raison, au mesme cas des deux points X et Q au bord de la figure la mesme droite 7PC est encore ordonnée en un point de la mesme trauersale AV auec la droite GRE laquelle alors est trauersale des ordonnées au but Z qui est en la droite AF, et qu'ainsi ces deux points C et E sont alors unis en un seul et mesme point en cette trauersale AV, partant hors ce cas là ces deux points C et E sont en la mesme trauersale AV désunis entreux.

D'ou il est euident qu'en un mesme des autres deux cas les points comme D et E sont tous deux toujours d'une mesme part du point comme C, c'est-à-dire que le point comme C est semblablement engagé ou dégagé à chacune des deux couples de points D,A et E,B.

Donc ayant mené la droite GF qui donne les points Y au bord de la figure et V en la trauersale AV.

Les droites 7D et 7B qui donnent les points M et L aux droites GF et AF ; la droite FN parallele à la trauersale AV et qui donne les points K, N, I aux droites 7B, GRE et GB.

La droite 13 parallele à la droite B7 et qui donne le point 3 en la droite GF.

La droite L M qui donne le point O en la droite 7PC. Et finalement la droite EP ordonnée ou que ce soit auec la droite GF.

Maintenant le moyen, ou l'ordre de cette démonstration générale par le plan, à laquelle M. Pujos a très-bonne part est diuisé comme en deux circonstances : dont

La premiere est de démontrer que la droite EP est ordonnée au but M ensemble auec les trois droites FV, 7D, LM.

Cela fait on conclud briefuement ce que dit la proposition à scauoir que les rectangles contenus de chacune des couples de branches CD, CA et CE, CB sont égaux entreux.

Touchant la premiere de ces circonstances que LM est parallele à la trauersale AV.

Cy deuant il est démontré que le brin 7T est au brin 7F en raison mesme que la composée des raisons du brin DT au brin DV et du brin MV au brin MF.

Et par un semblable raisonnement le mesme brin 7T est au mesme brin 7F en raison composée des raisons du brin BT au brin BA, et du brin LA au brin LF.

Ainsi la raison composée des raisons de DT à DV

et de MV à MF est la mesme que la composée des raisons de BT à BA et de LA à LF.

Or il est démontré que la raison de DT à DV est la mesme que de BT à BA.

Donc la restante raison de MV à MF est aussi la mesme que de LA à LF.

Partant les deux droites LM et AV. sont paralleles entrelles.

Touchant la deuxième de ces deux circonstances que la droite EP est ordonnée au but M ensemble auec les trois droites LM, FV, 7D.

L'on y paruient ayant premierement démontré que le rectangle des pieces VE et FK est égal au rectangle des pieces FI et FN en cette maniere.

De l'hypothese et de la construction il est éuident qu'en la droite GF les quatre points G, F, Y, V sont en inuolution dont S est souche et SY, SY, SG, SG chacune une couple de branches moyennes et SV, SF une couple de branches extrêmes.

D'ou suit que comme GV est à GP ainsi SG est à SF.

Et à cause du parallelisme d'entre FN et AV et d'entre B7 et 13.

Comme GV est à GF ainsi VE est à FN et GB est à GI ainsi GS est à G3. D'ou suit que G3 est égale à SF et F3 égale à GS, et qu'ainsi aussi F3 est à FS.

Mais comme F3 est à FS, ainsi, aussi FI est à FK.

Partant VE est à FN comme FI à FK.

Consequemment le rectangle des deux extrêmes VE. FK est égal au rectangle des moyennes FN, FI.

Dauantage de la construction le point P est souche de l'arbre XQ dont PA, PF et PZ. PR sont deux couples de branches extrêmes.

Ainsi la branche PA est à son accouplée la branche PF comme le rectangle des brins AR. AZ est à son relatif le rectangle des brins FR. FZ, c'est-à-dire en raison mesme que la composée des raisons de RA à RF ou de son égale la raison de EA à FN et de ZA à ZF ou de son égale la raison de AB à FI, c'est-à-dire que la branche PA est à son accouplée la branche PF comme le rectangle des pieces AE. AB est au rectangle des pieces FN. FI, ou à son égal le rectangle des pieces EV. FK, scauoir en la raison mesme que la composée des raisons de EA à EV et de AB à FK ou de son égale la raison de LA à LF ou de son égale la raison de MV à MF, c'est-à-dire qu'au tronc EP le brin PA est au brin PF, en raison mesme que la composée des raisons du brin EA au brin EV et du brin MV au brin MF.

Et par la conuerse d'une cy dessus, les trois nœus P,M,E sont en un mesme tronc PE, c'est-à-dire que le point M est en la droite EP, c'est-à-dire que la droite EP est ordonnée au but M ensemble auec les trois droites LM, 7D et SV.

Voila comment la droite LM est parallele à la traversale AV, et comment les 3 points E,M,P sont en une mesme droite.

<table>
<tr><td>à cause de quoy finalement comme</td><td>OL est à OM ainsi CA à CE</td></tr>
<tr><td>et semblablement comme :</td><td>OL est à OM ainsi CB à CD.</td></tr>
</table>

Partant CA est à CE comme CB est à CD.

Conséquemment le rectangle de la couple de branches CA, CD est égal au rectangle de la couple de branches CE. CB.

Et ainsi en la traversale AV chacune des couples de points A,D et E,B sont une des couples de nœus d'un arbre où le point C, que donne la droite 7P, est souche.

D'ou il est éuident que quand les deux points comme X,Q sont hors du bord de la figure de la part du concaue, l'arbre que donne cette construction en la traversale comme AV est à souche engagée.

Quand ils sont hors du bord de la part du conuexse cet arbre est à souche dégagée.

Et quand ils sont au bord de la figure cet arbre est de l'espèce moyenne.

Or de ce qui est démontrée cy devant il s'en suit que cette quelconque coupe de rouleau 5 Y 8 estant assiette ou base du cone dont le sommet soit éloigné de la souche C perpendiculairement à la trauersale AV de l'interualle de l'une des branches moyennes de l'arbre que cette construction y donne et en un plan parallele à un autre plan qui coupe le cone.

Les deux droites menées par le sommet de ce cone et chacun de ces points X et Q, quand ils sont hors le bord de la figure de la part du concaue, donnent en la figure de coupe qui uient de cette position du plan de coupe, les deux points qu'on nomme les nombrils, brulans, autrement foyers de la figure.

De façon qu'estant, pour assiette du cone, donnée de position une quelconque coupe de rouleau à bord courbe, et en son plan une droite pour trauersale comme AV, et l'angle du plan de cette coupe anec le plan qu'y donne le plan du sommet et de cette traversale, et en elle ou bien la souche de l'arbre de cette construction comme icy le point C, ou bien deux couples de nœus de cet arbre, ou bien hors d'elle un point tel que P ou bien un des points tels que X et Q, ou bien deux couples de nœus de l'arbre comme X,Q,

Le sommet de ce cone est donné de position et le cone est donné d'espece et de position, la figure de coupe qu'y donne cette position de plan de coupe est donnée d'espece et de position, tous les diametres conjugués de la figure de coupe auec leurs distinctions, toutes les ordonnées et touchantes avec leurs distinctions, les costez, coadjuteurs, le but de l'ordonnance de ses diametrales, et les points foyers y sont donnez chacun de génération d'espece et de position.

Que si le sommet, l'assiette, et la tranuersale, et le plan de coupe sont donnez de position tout le reste est donné semblablement de génératiou d'espece et de position.

En cette occasion se noid uu particulier rapport de la ligne droite avec la ligne circulaire et les points de chacune d'elles qui ont rapport entreux.

Et pour cet effet il ne faut sinon conceuoir que le tronc d'un arbre se meut en un plan ayant le point milieu d'entre deux nœus couplez, immobile et considérer quelle espèce de ligne alors trace chacun des nœus de cette couple, on trouvera que quand ce point milieu est à distance finie, alors chacun de ces nœus trace une ligne courbée en pleine rondeur, autrement circulaire, et que quand ce point milieu est à distance infinie, comme de la coupe de nœus dont l'extreme intérieur est uni à la souche, et l'extreme extérieur à distance infinie ; alors ce tronc en se mouuant parallement à soi mesme, le nœu extreme intérieur uni comme il est dit à la souche, trace une ligne droite perpendiculaire à ce tronc.

En laquelle droite se trouve, pour cette circonstance, les mesmes proprietez qu'aux lignes courbées en pleine rondeur aux points que tracent les nœus de chacune des autres couples.

Et cette seule proposition fournirait de matiere pour un liure entier à qui uoudroit en bien éplucher toutes les conséquences éuidentes de ce qui est démontré cy devant.

Ou l'on voit encore divers moyens de décrire

chacune des especes de coupe de cone, par des points, et diverses façons d'instruments pour les tracer toutes, à conter du point, suiuant par la ligne droite à chacune de ces courbes, soit au moyen de la propriété du coadjuteur, soit au moyen des propriétez des foyers, ainsi que M. Chauueau depuis peu de jours en a conceu un bien simple et d'autant plus gentil, mais il y aurait bien à faire à écrire tout ce qui dépend de ce qui est icy démontré.

Pour n'oublier les propositions articulées au bas de la 2me page et qui doiuent précéder tout le reste, uoicy comment elles peuvent estre énoncées sur les simples droites de la stampe.

Fig. 20.— Quand une droite AH est coupée en quelque point B, le rectangle de la somme on aggregé de la toute AH avec la quelconque de ses parties AB, c'est-à-dire de HF, et l'autre partie HB, plus le quarré de la partie ajoutée AB, sont ensemble égaux au quarré de la toute AH ce qui comprend les 5 et 6 du second des Elémens d'Euclyde.

Quand une droite AH est coupée en quelque point B le quarré de la somme on aggregé de la toute AH avec la quelconque de ses parties AB, c'est-à-dire le quarré de HF, plus le carré de l'autre partie HB, sont ensemble doubles des quarrés de la toute AH et de sa partie ajoutée AB, ce qui comprend les 9 et 10 du 2e des Elémens d'Euclyde.

Les démonstrations de chacune de ces propositions, et de leurs converses concl uantesà ce que A mi partit FH sont évidentes.

Quand en un plan deux droites d'une mesme ordonnance rencontrent un mesme cercle, les rectangles sont égaux entreux des pieces de chacune de ces deux droites contenues entre le but de leur ordonnance et chacune des deux points qu'y donne le bord du cercle, ce qui comprend les 35 et 36 du 3e des Éléments d'Euclide.

Et la demonstration en est éuidente des précédentes, en menant la droite d'une mesme ordonnance de ces deux, et diametrale au cercle, puis les diametrales du cercle perpendiculaires à chacune de ces deux droites, ou l'on uerra que la touchante, quand il en écheoit, se trouve comprise en la démonstration au nombre des ordonnées, et que quand le but de l'ordonnance de ces droits est au bord du cercle, l'entendement s'y trouve court, et qu'on peut y faire une espece de conuerse.

Il y a telle des propositions icy demontrées, ou telle des conséquences qui s'en ensuivent, laquelle comprend ensemble plusieurs des propositions des coniques d'Apollonius, mesme de la fin du 3e livre. Et après les lemmes ou premices, quatre de ces propositions contiennent la disection entiere du cone par le plan.

Et comme quand une droite ayant un point absolument immobile se meut en un plan, un quelconque de ses autres points qui se meut simplement auec elle trace une ligne simple et uniforme droite, ou circulaire, on peut conceuoir que cet autre point, outre le mouuement que cette droite lui donne, se meut encore d'un autre mouuement allant et uenant au long de cette droite, en façon qu'il trace le bord d'une quelconque autre espece de coupe de rouleau.

En cette maniere de traiter des coniques, toute plate courbe de cone à bord courbe est également conceue base de cone.

Estant donnez de position, en quelconque espece de base plate, un cone coupé d'un autre plan, la position et l'essieu de l'ordonnance d'entre ces deux plans au plan de cette base, en la quelconque droite qui luy touche, la piece est donnée qui soutient l'angle fait au sommet du cone par autres deux droites, dont le plan engendre au plan de coupe le coadiuteur du diametre de la figure qu'y donne cette construction, engendré par celui des plans conuenables du sommet du cone, qui passe à ce point d'attouchement. Il y a bien encore des propositions à faire de toutes sortes en cette matière, aussi bien que des noms à imposer pour ceux à qui plait ce divertissement.

En géométrie on ne raisonne point des quantitez avec cette distinction, qu'elles existent ou bien effectivement en acte, ou bien seulement en puissance, n'y du général de la nature avec cette décision qu'il n'y ait rien en elle que l'entendement ne comprenne à propos de la droite infinie.

L'entendement se sent uaguer en l'espece duquel il ne scait pas dabbord s'il continue toujours ou s'il cesse de continuer en quelqu'endroit, afin de s'en éclaircir il raisonne par exemple en cette façon ; ou bien l'espace continue toujours, ou bien il cesse de continuer en quelqu'endroit ; s'il cesse de continuer en quelqu'endroit, ou que ce puisse estre, l'imagination y peut aller en temps, or jamais l'imagination ne peut aller en aucun endroit de l'espace auquel cet espace cesse de continuer ; donc l'espace et conséquemment la droite continue toujours. Le mesme entendement raisonne encore et conclud les quantités si petites que leurs deux extremitez opposées sont unies entrelles et se sent incapable de comprendre l'un et l'autre de ces deux espèces de quantitez sans avoir sujet de conclure que l'une ou l'autre n'est point en la nature, non plus que les proprietez qu'il a sujet de conclure de chacune encore qu'elles semblent impliquer, à cause qu'il ne scaurait comprendre comment elles sont telles qu il les conclud par ses raisonnements.

Du contenu dans ce brouillon il résulte :

Touchant la perspective.

Des droites sujet d'une quelconque mesme ordonnance, les apparences au tableau plat sont droites d'une mesme ordonnance entrelles, et celle de l'ordonnance des sujets qui passent à l'œil laquelle est l'aissieu de l'ordonnance d'entre les plans de l'œil et de chacune de ces droites sujet.

Touchant les monstres de l'heure au soleil.

En quelconque surface plate, les droites des

heures sont d'une mesme ordonnance entrelles et l'essieu de l'ordonnance d'entre les plans qui donnent la division de ces heures.

Touchant la coupe des pierres de taille.

En une mesme face de mur les arestes droites des pierres de taille sont communement d'une mesme ordonnance entrelles, et l'essieu de l'ordonnance d'entre les plans des joints qui passent à ces arestes.

Et les diuers moyens de pratiquer chacune de ces choses en sont euidents.

Ceux qui ne trouveront pas icy toutes les propositions dont ils peuuent avoir eu cy devant communication, iugeront bien que le volume en serait excessif.

Quiconque uerra le fonds de ce brouillon est inuité d'en communiquer de mesme ses pensées.

L. S. D.

Lettre de De La Hire

Établissant l'authenticité du manuscrit sur lequel a été copié le traité des coniques.

L'an 1679 au mois de juillet iay leu pour la première fois, et transcrit ce liuret de M. Desargues pour en avoir une plus parfaite connaissance. Il y avait plus de six ans que iavais fait imprimer mon premier ouurage, sur les sections coniques, et je ne fais point de doute que si iauois eu quelque communication de ce traité cy ie n'aurais pas decouuert la méthode dont ie me suis servi, car je n'aurais pas cru qu'il eut esté possible de trouuer quelque maniere plus simple et qui fut aussi générale. Toutes les démonstrations qui sont icy sont si fort remplies de compositions de raisons et sont prises par des detours si longs que si on les compare à celles que jai données des mesmes choses ou il n'y a aucune de ces compositions et qui comprennent dans le premier cahier beaucoup plus uniuersellement tout ce qui est icy; il ne sera pas malaisé de juger de l'auantage de ma méthode par dessus celle cy. Elles ont toutes deux pour but commun de demontrer dans le cone les principaux accidents de ses sections par les proprietez de la division d'une certaine ligne droite, qu'Apollonius connaissait très bien, puis qu'il l'a appliquée dans toutes ses rencontres avec la section de cone, et dont M. Desargues fait un cas de son inuolution, laquelle iay nommée après Pappus harmoniquement coupée, ce qui me fait iuger qu'Apollonius auoit bien découvert dans le solide la propriété de cette ligne, mais que n'ayant pu en faire l'application d'une manière assez simple, il aurait préféré les démonstrations sur le plan dont il serui à ce qui luy aurait fait découurir toutes ces proprietez, et ce fut en considerant attentiuemant toutes les proprietez de cette ligne et tous les cas qui sont dans Apollonius et en les comparant tous ensemble que je trouuay le moyen de n'en faire qu'un seul que ie donnay dans la méthode que jai publiée.

De la Hire.

COMMENTAIRE DE DE LAHIRE.

Page 117, article 4.

$$\square\ AG.AC \times AD.AF.\ \text{donc} \left\{\begin{array}{l} AG \\ AF \\ AD \\ AC \end{array}\right. \text{et} \left|\begin{array}{l} AD \\ AC \\ AG \\ AF \end{array}\right. \text{et} \left|\begin{array}{l} AD \pm AG \times GD \\ AD \text{ ou } AG \\ AC \pm AF \times CF \\ AC \text{ ou } AF \end{array}\right.$$

Article 5. Conséquemment la etc.

$$\begin{array}{l}\text{par ce qui vient} \\ \text{d'estre démontré}\end{array} \left|\begin{array}{l} GD \\ CF \\ AG \\ AF \end{array}\right. \text{et} \left|\begin{array}{l} GF \\ CD \\ AF \\ AC \end{array}\right.$$

donc $\left\{\begin{array}{l} AG \text{ en la raison} \\ AC \text{ composée de} \end{array}\right. \left\{\begin{array}{l} GD \\ CF \end{array}\right.$ et de $\left\{\begin{array}{l} GF \\ CD \end{array}\right.$ qui est la même raison des $\square$ GD.GF et CF.CD

Art. 6. D'où suit que, etc.

De mesme que cy-devant à cause des $\square$ égaux AG.AC et AB.AH.

$$\left|\begin{array}{l} AB \\ AG \\ AC \\ AH \end{array}\right. \text{et} \left|\begin{array}{l} AB \pm AG \times BG \\ AB \text{ ou } AG \\ AC \pm AH \times CH \\ AC \text{ ou } AH \end{array}\right. \text{semblablement} \left|\begin{array}{l} AH \\ AG \\ AC \\ AB \end{array}\right. \text{et} \left|\begin{array}{l} AH \pm AG \times GH \\ AH \text{ ou } AG \\ AC \pm AB \times CB \\ AC \text{ ou } AH \end{array}\right. \text{d'où il suit que} \left|\begin{array}{l} BG \\ CH \\ AG \\ AH \end{array}\right. \text{et} \begin{array}{l} GH \\ CB \\ AH \\ AC \end{array}$$

d'où il est évident que $\left\{\begin{array}{l} AG \text{ en la raison} \\ AC \text{ composée de} \end{array}\right. \left\{\begin{array}{l} BG \\ CH \end{array}\right.$ et de $\left\{\begin{array}{l} GH \\ CB \end{array}\right.$ qui est la même raison des $\square$ GB.GH et CB.CH.

C'est pourquoi en comparant l'article précédent avec celuy-cy, on a

$$\left|\begin{array}{l} \square\ GB.GH \\ \square\ CB.CH \\ \square\ GD.GF \\ \square\ CF.CD \end{array}\right.$$

Les signes + et — qui sont dans les démonstrations cy-devant, sont lorsqu'il y a deux branches d'une mesme couple d'un costé de la souche et les autres de l'autre costé ou bien lorsqu'elles sont toutes d'un costé qui font ensemble la souche dégagée ou bien lorsqu'elle est engagée.

Page 119, article 3.

Il se sert du mot de piece qui n'est pas selon ses définitions, ce qu'il devoit appeler brin de rameau plié au tronc, suivant la définition de la page 113.

Page 121, article 1.

Les quatre points des deux couples GC.DF estant donnez de position, supposons la chose faite et que le point A soit trouvé, à cause des $\square$ égaux AG. AC ; AD.AF,

on a $\left|\begin{array}{l}AG\\AD\\AF\\AC\end{array}\right.$ et $\left|\begin{array}{l}AG - AD \times \frac{GD}{AD}\\ AF - AC \times \frac{FC}{AC}\end{array}\right.$ et $\left|\begin{array}{l}GD\\FC\\AD\\AC\end{array}\right.$ c'est pourquoy le point **A** est donné de position.

Page | article 5.

Cette conformation d'arbre est celle où la souche A est engagée.

Page article 2.

$\left\{\begin{array}{l}\square\ dg.dc\\ \square\ fg.fc\end{array}\right.$ en la raison composée de $\left\{\begin{array}{l}dg\\fg\end{array}\right.$ et de $\left\{\begin{array}{l}dc\\fc\end{array}\right.$

$\left\{\begin{array}{l}\square\ db.dh\\ \square\ fb.fh\end{array}\right.$ en la raison composée de $\left\{\begin{array}{l}db\\fb\end{array}\right.$ et de $\left\{\begin{array}{l}dh\\fh\end{array}\right.$

Article 3.

$\left\{\begin{array}{l}gd\\gf\end{array}\right.$ en la raison composée de $\left\{\begin{array}{l}gd\\gv\end{array}\right.$ et de $\left\{\begin{array}{l}gv\\gf\end{array}\right.$ ou $\left\{\begin{array}{l}4D\\4f\end{array}\right.$

Article 4.

$\left\{\begin{array}{l}cd\\cf\end{array}\right.$ en la raison composée de $\left\{\begin{array}{l}cd\\cv\end{array}\right.$ ou de $\left\{\begin{array}{l}Kd\\KD\end{array}\right.$ et de $\left\{\begin{array}{l}cV\\cf\end{array}\right.$ ou de $\left\{\begin{array}{l}3D\\3f\end{array}\right.$

Article 6.

$$\left\{\begin{matrix}4D\\4f\end{matrix}\right. \begin{matrix}\text{en la raison}\\\text{composée de}\end{matrix} \left\{\begin{matrix}4D\\4V\end{matrix}\right. \text{ou de} \left\{\begin{matrix}GD\\GF\end{matrix}\right. \text{et de} \left\{\begin{matrix}4V\\4f\end{matrix}\right. \text{ou de} \left\{\begin{matrix}KF\\Kf\end{matrix}\right.$$

Article 7.

$$\left\{\begin{matrix}3D\\3f\end{matrix}\right. \begin{matrix}\text{en la raison}\\\text{composée de}\end{matrix} \left\{\begin{matrix}3D\\3V\end{matrix}\right. \text{ou de} \left\{\begin{matrix}CD\\CF\end{matrix}\right. \text{et de} \left\{\begin{matrix}3V\\3f\end{matrix}\right. \text{ou de} \left\{\begin{matrix}KF\\Kf\end{matrix}\right.$$

Article 9.

D'où il est évident

$$\text{que} \left|\begin{matrix}\square\ dg.dc \text{ en la raison}\\ \\ \square\ fg.fc \text{ composée de}\end{matrix}\right. 2 \left|\begin{matrix}Kd\\ \\ KD\end{matrix}\right. \text{et de } 2 \left|\begin{matrix}KF\\ \\ Kf\end{matrix}\right. \text{et de celles des} \left|\begin{matrix}DC.DG\\ \\ \square\ FC.FG\end{matrix}\right.$$

Page

On démontrera comme cy-devant que

$$\left|\begin{matrix}\square\ db.dh \text{ en la raison}\\ \\ \square\ fb.fh \text{ composée de}\end{matrix}\right. 2 \left|\begin{matrix}Kd\\ \\ KD\end{matrix}\right. \text{et de} \left|\begin{matrix}KF\\ \\ Kf\end{matrix}\right. \text{et de celles des} \left|\begin{matrix}\square\ DB.DH\\ \\ \square\ FB.FH\end{matrix}\right.$$

Hypothèse.

$$\square\ AG.AC \times \square\ AD.AF \times \square\ AB.AH$$

$$\left|\begin{matrix}AG & \text{divid.}\\ AF & \text{et}\\ AD & \text{compo}\\ AC & \text{nendo}\end{matrix}\right. \left|\begin{matrix}AG \text{ uel } AD\\ AD - AG \times GF\\ AF \text{ uel } AC\\ AC - AF \times CF\end{matrix}\right. \text{et} \left|\begin{matrix}AG \text{ uel } AF\\ AG + AF \times CF\\ AD \text{ uel } AC\\ AD + AC \times DC\end{matrix}\right.$$

$$\left|\begin{matrix}\square\ \overline{AG}^{,} \text{ uel } \square\ AD.AF\\ \square\ GD.CF \times AG.AC\\ \square\ AF.AD \text{ uel } \square\ \overline{AC}^{,}\\ \square\ CF.DC\end{matrix}\right. \text{et} \left|\begin{matrix}AG\\ \square GD.GF\\ AC\\ CF.CD\end{matrix}\right. \quad \begin{matrix}\text{simili modo}\\\text{demonstrabimus}\end{matrix}$$

$$\begin{matrix}\square\ GB.GH\\ \square\ CB.CH\\ AG\\ AC\end{matrix} \quad \text{quare ex œquo} \quad \begin{matrix}\square\ GB.GH\\ \square\ CB.CH\\ \square\ GD.GF\\ \square\ CF.CD\end{matrix}$$

Le commentaire de De La Hire pouvant présenter quelque obscurité par suite des signes dont il se sert, nous avnns cru nécessaire de le transcrire avec les signes modernes.

Page 117, article 4.

$$AG.AC = AD.AF \text{ donc } \frac{AG}{AF} = \frac{AD}{AC} \text{ et } \frac{AD}{AG} = \frac{AC}{AF}$$

$$\text{d'ou} \frac{(AD \pm AG) = GF}{AF \text{ ou } AG} = \frac{(AC \pm AD) = CD}{AC \text{ ou } AD}$$

$$\text{mais aussi } \frac{AF}{AG} = \frac{AC}{AD} \text{ donc } \frac{(AF \pm AG) = GF}{AF \text{ ou } AG} = \frac{(AC \pm AD) = CD}{AC \text{ ou } AD}$$

Article 5. Conséquemment la, etc.

Par ce qui vient d'être démontré

$$\frac{GD}{CF} = \frac{AG}{AF} \text{ et } \frac{GF}{CD} = \frac{AF}{AC} \text{ donc } \frac{AG}{AC} = \frac{GD}{CF} \cdot \frac{GF}{CD} = \frac{GD.GF}{CD.CF}$$

Article 6. D'où il suit que, etc.

De même que ci-dessus, à cause de

$$AG.AC = AB.AH \text{ on a } \frac{AB}{AG} = \frac{AC}{AH} \text{ d'où } \frac{(AB \pm AG) = BG}{AB \text{ ou } AG}$$

$$= \frac{(AC \pm AH) = CH}{AC \text{ ou } AH}$$

Semblablement

$$\frac{AH}{AG} = \frac{AC}{AB} \text{ d'où } \frac{(AH \pm AG) = GH}{AH \text{ ou } AG} = \frac{(AC \pm AB) = CB}{AC \text{ ou } AB}$$

d'où il suit que :

$$\frac{BC}{CH} = \frac{AG}{AH} \text{ et } \frac{GH}{CB} = \frac{AH}{AC} \text{ d'où il est évident que}$$

$$\frac{AG}{AC} = \frac{BG}{CH} \cdot \frac{GH}{CB} = \frac{GB.GH}{CB.CH}$$

C'est pourquoi en comparant l'article précédent avec celui-ci, on a

$$\frac{GB.GH}{CB.CH} = \frac{GD.GF}{CD.CF}$$

Les signes + et — qui sont dans les démonstrations ci-devant sont lorsqu'il y a deux branches d'un même couple d'un côté de la souche et les autres de l'autre côté, ou bien lorsqu'elles sont toutes d'un côté qui font ensemble la souche dégagée, ou bien lorsqu'elle est engagée.

Page 119, article 3.

Il se sert du mot *piece*, qui n'est pas selon ses définitions, ce qu'il devait appeler ***brin de rameau plié au tronc***, suivant sa définition, page 4.

Page 121, article 1.

Les quatre points des deux couples G,C — D.F étant donnés de position, supposons la chose faite et que le point A soit trouvé, à cause de AG.AC = AD.AF, on a

$$\frac{AG}{AD} = \frac{AF}{AC} \text{ et } \frac{(AG - AD) = GD}{AD} = \frac{(AF - AC) = FC}{AC} \text{ et } \frac{GD}{FC} = \frac{AD}{AC}$$

C'est pourquoi le point A est donné de position.

Page 13 article 5. Cette conformation est celle où la souche A est engagée.

Page 27 article 2.

$$\frac{dg.dc}{fg.fc} = \frac{dg.dc}{fg.fc} \cdot \frac{db.dh}{fb.fh} = \frac{db}{fb} \cdot \frac{dh}{fh}$$

Article 3.

$$\frac{gd}{gf} = \frac{gd}{gV} \cdot \frac{gV}{gf} \text{ ou } \frac{gd}{gV} \cdot \frac{4D}{4f}$$

Article 4.

$$\frac{cd}{cf} = \frac{cd}{cV} \cdot \frac{cV}{cf} \text{ ou } \frac{Kd}{KD} = \frac{3D}{3f}$$

Article 6.

$$\frac{4D}{4f} = \frac{4D}{4V} \cdot \frac{4V}{4f} \text{ ou } = \frac{GD}{GF} \cdot \frac{KF}{Kf}$$

Article 7.

$$\frac{3D}{3f} = \frac{3D}{3v} \cdot \frac{3V}{3f} = \frac{CD}{CF} = \frac{KF}{Kf}$$

Article 9.

D'où il est évident que $\frac{dg.dc}{fg.fc} = 2\,\frac{Kd}{KD} \cdot 2\,\frac{KF}{Kf} = \frac{DC.DG}{FC.FG}$

Page 28. On démontrera comme ci-devant que

$$\frac{db.dh}{fb.fh} = 2 \cdot \frac{Kd}{KD} \cdot 2 \cdot \frac{KF}{Kf} = \frac{DB.DH}{FB.FH}$$

Hypothèse.

$$AG.AC = AD.AF = AB.AH \text{ ou } \frac{AG}{AF} = \frac{AD}{AC} \text{ d'où}$$

$$\frac{AG \text{ ou } AD}{(AD - AG) = GD} = \frac{AF \text{ ou } AC}{(AC - AF) = CF} \text{ et } \frac{AG \text{ ou } AF}{(AG + AF) = GF}$$

$$= \frac{AD \text{ ou } AC}{(AD + AC) = DC} \text{ et } \frac{AG^2 \text{ ou } AD.AF}{(GD.CF) = AG.AC} = \frac{(AF.AD) = AC^2}{CF.DC} \text{ et}$$

$$\frac{AG}{GD.GF} = \frac{AC}{CF.CD}$$

De la même manière nous démontrerons que

$$\frac{GB.GH}{CB.CH} = \frac{AG}{AC} \text{ c'est pourquoi } GB.GH = CB.CH = GD.GF = CF.CD$$

OEUVRE DE DESARGUES

(Le Brouillon cidessus sur les sections coniques, étoit suivi d'un annexe ayant pour titre) :

ATTEINTE AUX EUENEMENTS DES CONTRARIETEZ D'ENTRE LES ACTIONS DES PUISSANCES OU FORCES.

Nous n'avons *trouvé* que le fragment suivant :

Fragment. . . . . Le surplus des conséquences qu'on peut déduire de cette pensée, est que de là suit que si les graues de ce monde tendent au centre de la terre, le centre de gravité d'vne boule permanente en vne position est en la diamétrale commune à la terre et à la boule au point couplé au centre de la terre en inuolution avec les deux poincts que donne la surface de la boule, et s'ils tendent à vn but à distance infinie le centre de la boule et son centre sont vnis entreux.....

(Extrait de la lettre de Beaugrand, voir les réflexions de Beaugrand sur le même sujet.)

TABLE.

DU TRAITÉ DES CONIQUES.

16

ANALYSE

DE

L'OUVRAGE DE DESARGUES,

ayant pour titre :

BROUILLON PROIECT D'UNE ATTEINTE AUX EUENEMENS DES RENCONTRES D'UN CONE AVEC UN PLAN (1639).

Par M. POUDRA.

ANALYSE

DE

L'OUVRAGE DE DESARGUES

ayant pour titre :

BROUILLON PROJET D'UNE ATTEINTE AUX EVÉNEMENTS DES RENCONTRES D'UN CONE AVEC UN PLAN (1639).

Desargues commence par donner les définitions des mots nouveaux dont il se sert.

Dans ces préliminaires, on trouve déjà des idées très-belles, surtout si on se rapporte au temps où elles ont été émises, ainsi :

1° Toute droite est entendue allongée au besoin à l'infini de part et d'autre, et, à l'infini, les deux extrémités opposées sont unies entr'elles.

2° Il donne le nom d'*ordonnance de lignes droites* à un faisceau de droites passant par un même point qu'il appelle le but de l'ordonnance, et alors il observe que si ce *but de l'ordonnance* est à l'infini, les droites sont parallèles et réciproquement.

De même nn faisceau de plans passant par une droite s'appelle uue ordonnance de plans, dont la commune, est dite l'essieu, et alors il fait remarquer que si l'essieu est à l'infini, les plans sont parallèles et reciproquement.

3° Lorqu'une droite infinie se meut autour d'un de ses points consideré comme immobile, chacun des points de cette droite engendre une circonférence, mais si le point immobile est à l'infini, la la droite se meut parallèlement à elle-même et chacun de ses points engendre une ligne droite perpendiculaire à celle qui se meut ; d'où résulte, comme il le dit : « une espèce de rapport entre la ligne droite infinie et celle circulaire, en façon qu'elles paraissent être comme deux espèces d'un même genre, dont on peut énoncer le *tracement* en memes paroles. »

1. INVOLUTION DE SIX POINTS.

A la page 119, commence sa belle théorie de l'involution, théorie qui a reçu de nos jours de si nombreuses et importantes applications.

Nous croyons pouvoir résumer ainsi les idées de Desargues sur ce sujet .

Nota. (Les lettres en italiques exprimeront les *mots* dont se sert l'auteur) (1).

Sur une droite, à partir d'un point quelconque *o* nommé *souche*, on porte des couples de segments *oa*, *oa'* — *ob*, *ob'* — *oc*, *oc'* tels que le produit des segments *couplés* soit constant, c'est-à-dire que

$$oa.oa' = ob.ob' = oc.oc'$$

Si en outre la souche est également *engagée* entre les points *a*, *a'* — *b*, *b'* — *c*, *c'* ou *dégagée* de ces mêmes points, alors on a, entre les divers segments, les relations suivantes (page 120 et suivantes):

$$\frac{ob'}{ob} = \frac{b'a.b'a'}{ba.ba'} = \frac{b'c.b'c'}{bc.b'c}$$

$$\frac{oc'}{oc} = \frac{c'b.c'b'}{cb.cb'} = \frac{c'a.c'a'}{ca.ca'}$$

$$\frac{oa'}{oa} = \frac{a'b.a'b'}{ab.ab'} = \frac{a'c.a'c'}{ac.ac'}$$

Lorsque, sur une droite, six points jouissent des relations ci-dessus, ces six points sont dits en *involution*.

(1) Nous substituons aux lettres employées par Desargues celles mises respectivement ici en dessous des siennes :

A, B, C, D, F, G, H, L —
o, *a*, *b*, *c*, *c'*, *b'*, *a'*, — o_1.

Il en conclut deux méthodes pour déterminer la *souche o* lorsque deux couples seulement de points ou *nœuds*, sont donnés. En passant, il donne une relation entre les solides qu'on peut exprimer ainsi :

$$\frac{ob'^2}{ob^2} = \frac{b'o \, . \, b'c \, . \, b'c'}{bo \, . \, bc \, . \, bc'}$$

Dans une involution, il distingue le cas où deux des segments couplés sont égaux, alors il leur donne le nom de *nœuds moyens*.

Lorsque la souche *o* est entre deux *nœds moyens*, alors ils sont *nœuds moyens simples,* mais si ces deux points sont d'un même côté de la souche, il y a un point double, et alors l'involution de six points se réduit à cinq.

Il peut y avoir de chaque côté de la *souche* un point double, et alors l'involution a lieu entre quatre points dont deux sont doubles.

Considérant un des couples *a*, *a'* il fait observer que si le point *a* s'approche de la souche, celui *a'* s'en éloigne et réciproquement, d'où résulte que lorsqu'un de ces points est *joint* ou *uni* à la souche, alors son point couplé est à l'infini. Et voilà dit-il, « *comme la souche et la distance infinie sont un couple de nœuds d'une involution.* » Ce qui réduit encore l'involution à cinq points.

« *Or l'évenement de semblables espèces de conformation d'involution est fréquent aux figures qui viennent de la rencontre d'un cone avec des plans en certaines dispositions entreux.* »

Desargues examine ici (page 128), le cas particulier des six points, où le point b' est uni au point c, où par conséquent celui b est joint à celui c'. Alors on a :

$$ob = ob' = oc = oc' = (oa \,.\, oa')^{1/2}.$$

D'où résulte $b'a \,.\, b'a' = ba \,.\, ba'$, ou $\frac{ba}{b'a'} = \frac{b'a}{ba'}$,

C'est-à-dire : la somme des trois segments consécutifs est au segment moyen, comme un des segments extrêmes est à l'autre extrême.

Lorsque le point a est séparé de la souche o, le segment moyen est inégal à chacun des extrêmes, mais si le point a est réuni au point o, alors a' est à l'infini, et on a :

$$ba = b'a,$$

c'est-à-dire le segment moyen est égal à celui extrême du côté du point intérieur restant.

« *Il y a nombre de proprietés particulières à ce*

cas de cette espèce de conformation, ou chacun peut s'égayer à sa fantaisie, mais il n'est pas ici du nombre de ceux qui constituent une involution. »

2. INVOLUTION DE QUATRE POINTS.

Maintenant l'auteur examine le cas où la souche étant *dégagée* d'entre les extrémités d'un même couple de segments, il y a deux points doubles, l'un étant d'un côté de la souche, et l'autre du côté opposé.

Ainsi le point b se confond avec b', et celui c avec c'.

En outre des propriétés communes au cas où la souche est engagée, il y en a d'autres évidentes.

D'abord on en tire :

$$\frac{c'a'}{c'a} = \frac{b'a'}{b'a}.$$

Ainsi on arrive à ce qu'on appelle maintenant le rapport harmonique de 4 points.

Dans ce cas se trouve compris celui où l'un des points se trouve réuni à la *souche*, et alors celui qui lui est couplé, est à l'infini ; alors les quatre points sont réduits à trois dont l'un *mypartil* le segment compris entre les deux autres.

Lorsque les quatre points a', b', a, c' forment une involution de quatre points, il faut remarquer que b' et c' étant des points doubles, la souche o *mi-partit* le segment $b'c'$.

Mais de même les deux points a', a' sont deux points doubles dont les points b', c' sont deux points de l'autre couple, dont alors une nouvelle souche o_1, mi-partira le segment $a'\,a$.

Ainsi dans une involution de quatre points, chacun des points qui mipartit chacun des points correspondants est une souche de ces quatre points. Ces deux souches sont dites réciproques entr'elles, d'où résulte que si trois points d'une telle involution sont donnés, le quatrième est connu.

Desargues fait voir ensuite que, dans cette involution de quatre points, on peut aussi considérer le point a comme souche des deux couples de points ou *nœuds* b',c' et a',o de sorte qu'on a $ab'.ac' = aa'.ao$ ou $\frac{a'b'}{a'a} = \frac{ao}{ac'}$.

Et de même celui a' comme souche des couples de points b', c', a, o et on aura $a'\,b'.\,a'c' = a'a.a'\,o$ ou $\frac{a'b'}{a'a} = \frac{a'o}{a'c'}$.

De cette involution, il en tire ensuite plusieurs

propositions que je vais simplement transcrire algébriquement,

$$\frac{a'c'}{a'b'} = \frac{c'o.c'a}{b'o.b'a} = \frac{ac'}{ab'} = \left(\frac{ac'.ac'}{ab'.ab'}\right)^{1/2}$$ à cause de $oc' = ob'$; d'où, etc. :

$$\frac{ac'}{ab'} = \frac{c'o.c'a}{b'o.b'a} \text{ et } \frac{a'c'}{a'b'} = \frac{c'o.c'a'}{b'o.b'a'}$$ et ce qui s'ensuit

$$\frac{c'o.ca'}{b'o.b'a'} = \frac{c'o.c'a}{b'o.b'a}$$ avec ce qui s'ensuit.

$$\frac{aa'}{ao} = \frac{a'c'.a'b'}{oc'.ob'} = \frac{a'c'.a'b'}{ob'.ob'},$$ à cause de $oc' = ob'$.

$$\frac{a'o}{a'a} = \frac{oc'.ob'}{ac'.ab'} = \frac{ob'.ob'}{ac'.ab'},$$ d'où suit :

$$\frac{c'a'}{c'o} = \frac{c'a'}{ob'} = \frac{ac'}{ao} = \frac{aa'}{ab'},$$ et alternant :

$$\frac{c'a'}{c'a} = \frac{oc'}{oa} = \frac{ob'}{oa},$$ et ce qui s'ensuit.

Ainsi $c'a'.ao = c'o.c'a$ et $a'c'.ab' = c'o.aa'$.

$$\frac{b'o}{ac'} = \frac{a'o}{a'c'} = \frac{a'b'}{a'a}.$$ Ainsi $b'o.a'c' = ac'.a'o$, et $b'o.a'a = ac'.a'b'$.

$$\frac{ac'}{aa'} = \frac{2.c'o}{2.b'a'} = \frac{c'b'}{2.b'a'},$$ « *et alternant, à l'envers, changeant, divisant, composant, et le reste.* »

$\frac{c'a}{{}^1/_2 c'b'} = \frac{c'a}{c'o} = \frac{a'a}{a'b'} = \frac{a'c'}{a'o}$. Ainsi $c'a.a'b = c'o.a'a$,

et $c'a.a'o = c'o.a'c'$, « *et à l'envers, alternant, changeant, composant, et le reste.* »

$$\frac{a'a.a'a}{a'a.a'o} = \frac{ao.aa'}{oa.oa'} = \frac{ab'.ac'}{ob'.ob'} = \frac{oc'.oc'}{ob'.ob'} = \frac{a'a}{a'o},$$

et ce qui s'en déduit.

D'où il suit que :

$$\frac{ab'}{ao} \cdot \frac{ac'}{oa'} = \frac{ab'.ac'}{oa'.oa} = \frac{aa'.ao}{ob'.ob'} = \frac{aa'.ao}{oc'.oc'} = \frac{a'a}{a'o}.$$

Mais $\frac{a'a}{a'o} = \frac{ab'.ac'}{ob'.oc'} = \frac{b'a}{b'o} \cdot \frac{c'a}{c'o}$; donc :

$\frac{ab'}{ao} \cdot \frac{ac'}{oc'} = \frac{b'a}{b'o} \cdot \frac{c'a}{c'o} = \frac{a'a}{a'o}$. « *Qui voudra poursuivre plus avant cette discussion y trouvera bien encore du divertissement.* »

Desargues ajoute encore les relations suivantes :

Puisque $\frac{a'a}{a'b'} = \frac{c'a}{c'o}$, $a'a.c'o = a'b'.c'a'$, et que

$\frac{c'b'}{c'a} \cdot \frac{c'a}{c'o} = \frac{c'b'}{c'o} = 2$, à cause de $c'b' = 2.co$,

on a $\frac{c'b'}{c'a} \cdot \frac{a'a}{a'b'} = \frac{c'b'}{c'a} \cdot \frac{c'a}{c'o} = \frac{c'b'}{c'o} = 2$, ou :

$$\frac{c'b'}{a'b'} \cdot \frac{a'a}{c'a} = 2.$$

Semblablement, puisque

$\frac{aa'}{ab'} = \frac{c'a'}{c'o}$, $aa'.c'o = ab'.c'a'$, et que

$$\frac{c'b'}{c'a'} \cdot \frac{c'a'}{c'o} = 2,$$

on a $\frac{c'b'}{c'a'} \cdot \frac{aa'}{ab'} = \frac{c'b'}{c'a} \cdot \frac{c'a'}{c'o} = \frac{c'b'}{c'o} = 2,$

et $\frac{c'b'}{ab'} \cdot \frac{aa'}{c'a'} = 2, \quad \frac{a'a}{a'c'} \cdot \frac{b'c'}{b'a'} = 2.$

Des relations ci-dessus, il en conclut que quatre points sont en involution :

1° Lorsque sur une droite trois segments tels que oa, ob, oa' jouissent de la relation

$$\frac{oa}{ob} = \frac{ob}{oa'}$$

et qu'on prend un quatrième segment $oc = ob$ les quatre points a', b, a, c' sont en involution.

2° Lorsque sur une droite les quatre segments aa', ab', ac', ao sont tels qu'on a $\frac{aa'}{ab'} = \frac{ac'}{ao}$ et que le point o mipartit le segment $c'b'$, les quatre points a', b', a, c' sont en involution.

3° Lorsque sur une droite, quatre segments $a'b'$, $a'a$, $a'o$, $a'c'$ sont deux à deux proportionnels, c'est-à-dire si on a

$$\frac{a'b'}{a'a} = \frac{a'o}{a'c'}$$

et que le point o mipartit le segment $c'b'$, les quatre points a', b', a, c' sont évidemmment en involution.

— Et beaucoup d'autres que l'on pourrait en déduire, et qu'il serait beaucoup trop long de donner ici.

— Il résulte aussi, de plusieurs endroits, que trois points quelconques d'une involution étant donnés, le quatrième point de la même involution, correspondant au quelconque de ces trois, est aussi donné de position.

Desargues termine sa théorie de l'involution par cette dernière proposition :

« Lorsque sur une droite, trois couples de points c,c' — b,b' — a,a' sont en involution, et que deux autres couples de points ou nœuds moyens unis, doubles ou simples PQ — XY font une involution de quatre points avec chacun de deux couples de points b,b' — a,a'; alors PQ, XY font encore une involution de quatre points avec le troisième de ces couples de nœuds cc'. »

Et il ajoute cette phrase :

« Mais, pour ce brouillon, c'est assez remarquer de propriétés particulières de ce cas qui en fourmille, et si cette façon de procéder en géométrie ne satisfait, il est plus aisé de la supprimer que de la parachever au net et lui donner sa forme complète. »

Nous n'ajouterons rien à l'exposition que nous venons de faire de cette belle théorie de l'invention, nous la regardons comme étant assez claire pour être comprise facilement. Nous observerons seulement que dans l'original, comme Desargues n'emploie jamais les expressions algébriques, mais que toutes ces propositions sont énoncées en langage parlé ou mieux écrit, il en résulte des longueurs et souvent de l'obscurité.

3. TRIANGLE COUPÉ PAR UNE TRANSVERSALE (*Théorème de Ptolemée, mais ici énoncé autrement*), (page 111).

Le deuxième théorème fondamental de Desargues peut s'énoncer ainsi :

Si par trois points H, D, G d'une droite H D G, passent trois autres droites quelconques, elles détermineront sur chaque droite deux points dont les distances aux points de départ H, D, G donneront deux segments, et on aura :

Le rapport de deux segments sur une même droite, est égal au produit des rapports entre les deux segments sur les deux autres.

« L'inverse de cette proposition bien énoncée concluant que trois points sont en une même droite est aussi vraie. »

Il n'y a rien à dire sur cette proposition anciennement connue, seulement Desargues ajoute :

« Il y a plusieurs choses à remarquer à cette énonciation. D'abord lorsque deux des trois rameaux sont parallèles entreux, et ensuite lorsqu'il y a deux des points de départ H, D, G, unis entreux et ce qui en dépend; alors, dit-il, *l'entendement n'y voit goute* »

4. FAISCEAU DE DROITES EN INVOLUTION (page 147).

Cette proposition peut s'énoncer ainsi :

Lorsqu'un faisceau de droites passe par six points en involution, toute transversale coupe ce faisceau en six points qui sont en involution.

Cette proposition est certainement une des plus belles due au génie de Desargues.

Pour la démontrer, il ne se sert pas des sinus des angles, formés par les droites ; il emploie une transversale auxiliaire passant par un des points de chacune des transversales et du théorème précédent.

A la suite Desargues ajoute :

Si la transversale est parallèle à un des rayons du faisceau, son conjugué, ou comme il le dit, l'*accouplé* de ce rayon parallèle donnera en cette transversale, la *souche* de cette involution.

Ici se trouve une remarque assez importante :

« Lorsqu'il n'y a point d'avis touchant la diversité des cas d'une proposition, *la démonstration en convient à tous les cas, si non il en est ici fait mention.* »

5. FAISCEAU DE QUATRE DROITES EN INVOLUTION (page 147).

Lorsque quatre droites d'un faisceau sont en involution, toute parallèle à un des rayons du faisceau coupe les trois autres en trois points, et le rayon conjugué à celui parallèle, mipartit le segment formé par les deux autres.

Réciproquement si l'un des rayons mipartit un segment pris sur une droite, cette droite est parallèle au quatrième rayon d'une involution.

Il donne deux démonstrations de cette proposition.

Voici encore d'autres conséquences qu'il tire de cette involution de quatre droites.

1° Lorsque deux des rayons conjugés ou ***correspondant entr'eux*** sont perpendiculaires entr'eux, ils mipartissent chacun un des angles formés par les deux autres rayons conjugués.

2° Lorsqu'un de ces rayons mipartit un des angles d'entre deux de ces rayons correspondants, ce rayon est perpendiculaire à son conjugué.

3° Lorsque parmi quatre droites d'un faisceau, deux sont perpendiculaires entr'elles et mipartissent les angles formés par les deux autres, toute transversale coupe ces quatre droites en quatre points disposés en involution.

4° Lorsqu'en un plan une droite F K (fig. 12), mipartit en *f* un des côtés G h d'un triangle B G h, et qu'au point K où elle rencontre un des deux autres côtés de ce triangle, passe une droite parallèle à celle qui est mipartie, les quatre points B, D, G, V que cette construction donne au troisième côté B G du même triangle, sont en involution.

5° Si par le sommet B de l'angle qui est opposé au côté Gh miparti, passe une droite parallèle à ce côté miparti Gh, les quatre points F.f, K, p que donnent en cette droite FK les trois côtés du triangle et la droite Bp parallèle, sont en involution.

6° Lorsqu'une droite FGB passe par un des points G du côté fh du triangle hfk, tel que Gh = 2.h.f. et qu'au point B qu'elle donne à un quelconque des deux autres côtés du même triangle passe une droite Bp parallèle au côté double *hf*, cette construction donne au troisieme côté K*f* quatre points F, f, K, p en involution.

7° Et quand par l'angle K opposé au côté doublé *hf*, passe une droite KD parallele au côté doublé *hf*, cette construction donne en la droite doublante F'B' quatre points F, G, D, B en involution.

Toutes ces propositions sont certainement très-intéressantes, surtout pour l'époque où elles ont été émises. Desargues termine ce sujet en disant :

« *Cette matière foisonne en semblables moyens pour conclure qu'en une même droite, quatre points ou bien trois couples de nœuds sont en involution, mais ceci peut suffire pour en ouvrir la minière avec ce qui suit.* »

6. GÉNÉRATION DES CONES ET CYLINDRES, ET INDICATIONS DES DIVERSES SORTES DE COURBES QUI RÉSULTENT DE L'INTERSECTION DE CES SURFACES PAR UN PLAN (page 157).

Desargues commence par énoncer ainsi la génération des cônes et des cylindres ; on remarque la généralité de ce mode ;

« Lorsqu'une droite, ayant un point immobile, se meut, en touchant tous les points d'une circonférence de cercle, il peut arriver :

« 1° Que le point immobile est au plan du cercle et il peut se trouver à distance finie ou infinie, et dans ces deux cas, cette droite en se mouvant au plan de ce cercle, donne un faisceau ou *ordonnance* de droites qui rencontrent le cercle et dont le sommet ou *but* est à distance finie ou infinie.

« 2° Le point immobile de cette droite peut être au-dehors du cercle et à distance finie ou infinie.

Dans le premier cas elle engendre un cone et dans le second un cylindre, d'où il conclut que ces deux surfaces sont des *sous-genres* d'un même genre de surface. »

Il donne les noms *rouleau*, *cornet*, *colonne*, à ces diverses surfaces.

Il fait ici remarquer que le cône est formé de deux parties réunies au sommet.

Considérant ensuite un plan coupant le cone, il fait voir que si le *plan de coupe* passe par le sommet, on peut avoir pour intersection, un point, une droite, ou deux droites, et si le sommet du cône est à l'infini, dit-il, la section est *inimaginable*.

Si le plan de coupe ne passe pas par le sommet, on obtient une courbe.

« *Si cette courbe à distance finie rentre et repasse sur elle-même, on aura une ellipse.*

« *Si la ligne courbe repasse sur elle-même à distance, ce sera une parabole.*

« *Et quand la courbe à distance infinie se mipartit en deux moitiés opposées dos à dos, la figure est nommée hyperbole.*

« Lorsqu'une droite dans le plan de la courbe rencontre la courbe, elle le fait en deux points qui parfois sont réunis, et dans ce cas elle touche la courbe. »

7. THÉORIE DES POLES ET POLAIRES (page 162).

La belle théorie des pôles et polaires, attribuée quelquefois au géomètre de La Hire, est bien due encore au génie de Desargues, comme va le faire voir l'analyse suivante de cette partie de l'ouvrage.

Dans un plan, supposons un faisceau de droites, soit F son sommet. Par un point N du même plan, soient menées deux transversales quelconques coupant aussi les droites du premier faisceau, de manière que sur chacun de ces rayons se trouvent trois points y compris le point commun F.

Si maintenant par le point N on mène une troisième droite coupant harmoniquement chaque trois points de chaque rayon, cette droite NG est la polaire du point F. Desargues lui donne le nom de *trauersale*.

Cette théorie lui donne occasion d'inventer un grand nombre de mots nouveaux ; parmi lesquels, outre celui de *traversale*, nous citerons celui d'*ordonnées* relatives à la transversale, qui sert à exprimer, sur chaque rayon du faisceau, les divers segments.

Il ajoute : « *Partant à ces mots de* TRAVERSALE, ORDONNÉES, *on concevra que les droites dont il est entendu parler, sont ainsi nommées à l'égard d'une section conique qui est au même plan que ces droites.* »

« *Un semblable événement de traversales et d'ordonnées est fréquent aux sections d'un cône par un plan.* »

Ainsi, dit-il : « *Le bord de la courbe, avec le but des ordonnées et leur traversale donnent en chacune des ordonnées, toujours quatre points en involution* »

C'est bien, comme on le voit, la propriété principale du pôle et de sa polaire dans les sections coniques.

Il fait observer que, de même que deux points conjugués, l'on peut se trouver réuni à la souche et l'autre à l'infinie, on peut aussi les supposer réunis en un seul, mais il faut considérer qu'alors trois points sont alors réunis en un seul.

« *Il y a beaucoup à dire au sujet des quatre points en involution d'une ordonnance de droites avec leur transversale et le bord de la figure, mais en ce brouillon, il suffira de dire quelque chose des espèce d'événements les plus généraux qui peuvent en faire voir plus aisément le particulier.*

Il fait ensuite les observations suivantes :

1° Le sommet du faisceau peut être sur la courbe, ou hors la courbe, et en chacun des deux cas, à une distance finie, ou infinie.

2° La polaire d'un point rencontre, ou ne rencontre pas la courbe et en chacune de ces positions elle est à distance finie, ou infinie,

Un peu plus avant, il a dit : « *Quand en un plan, aucun des points d'une droite n'y est à distance finie, cette droite y est à distance infinie.*

3° Si le sommet du faisceau est sur la courbe, sa polaire est la tangente à la courbe en ce point.

4° Si le sommet du faisceau est hors du bord de la figure, à distance finie, ou infinie et que tous les rayons du faisceau rencontrent la courbe, alors la polaire ne les rencontre pas ; et si tous ces rayons ne rencontrent pas la courbe, alors la polaire la rencontre.

5° Si les deux segments, sur chaque rayon, compris entre le sommet du faisceau et la courbe sont égaux, les deux autres le sont pareillement et au contraire, etc.

6° Et par contre lorsqu une polaire ne rencontre pas la courbe, toutes les ordonnées ou rayons du faisceau la rencontrent.

7° Si cette polaire rencontre la courbe en un seul point, ce point est le but des ordonnées, c'est-à-dire le sommet du faisceau.

8° Si elle la rencontre en deux points, toutes ses ordonnées, ou rayons du faisceau ne la rencontrent pas.

9° De même, si les deux segments, sur chaque rayon, entre les polaires et la courbe sont égaux ou inégaux, alors les deux autres segments de l'involution sont égaux ou inégaux.

8. QUADRILATÈRE COUPÉ PAR UNE TRANSVERSALE (page 171).

La proposition démontrée ici par Desargues est celle qui s'énonce actuellement ainsi :

Les quatre côtés et les deux diagonales d'un quadrilatère sont coupés par une transversale quelconque en six points qui sont en involution.

Il s'appuie pour sa démonstration, sur la proposition (2) du triangle coupé par une transversale.

Il en résulte, dit-il, qu'un faisceau en involution,

de six droites c'est-à-dire six droites passant par un même point, ou six droites formant les 4 côtés et les deux diagonales d'un quadrilatère jouissent de cette même propriété que coupées par une transversale, elles donnent six points en involution.

Il examine ensuite le cas où deux des côtés du quadrilatère sont parallèles et il en conclut cette proposition intéressante :

Lorsque dans un quadrilatère deux côtés sont parallèles, une transversale quelconque coupe ces deux côtés en deux parties, telles que le produit des deux segments sur l'un de ces côtés parallèles est au produit des deux segments sur l'autre comme le rectangle formé par les distances mesurées sur la transversale entre le premier côté et les deux points où elle rencontre les deux autres côtés non parallèles est au rectangle formé de même entre le deuxième côté parallèle et les mêmes points.

9. QUADRILATÈRE INSCRIT DANS UNE CONIQUE, COUPÉ PAR UNE TRANSVERSALE (page 186).

Tout le monde connaît maintenant cette belle

proposition due à Desargues et qui s'énonce ainsi :

Dans tout quadrilatère inscrit à une conique, toute transversale coupe la conique et les quatre côtés du quadrilatère, en six points en involution.

Desargues donne deux démonstrations de cette proposition, l'une s'appliquant au cas où la conique est un cercle, et l'autre quand la conique est quelconque.

La première, dans le cercle, s'appuie sur la proposition précédente. La seconde repose sur la considération d'un cône ayant un cercle pour base, et duquel la figure est une section ; alors, dit-il, les plans qui passent par le sommet du cône et par les côtés du quadrilatère, les droites qui joignent les divers points de ces droites et de la courbe avec ce sommet, donnent sur le plan de la base du cône des droites et des points correspondants pour lesquels les démonstrations ci-dessus existent, et comme les droites d'un même plan forment des faisceaux, il en résulte que les involutions formées sur la base du cercle donnent aussi des involutions correspondantes sur le plan de la conique, etc.; donc, etc., et il ajoute :

Cette démonstration bien entendue, s'applique en un grand nombre d'occasions et fait voir la semblable génération de chacune des droites et de points remarquables en chaque espèce de section du cône et rarement une quelconque droite, au plan d'une quelconque section, peut avoir une propriété considérable à l'égard de cette section, qu'au plan d'une autre section, la position et les propriétés d'une droite correspondante à celle-là ne soient aussi données par une semblable construction de droites formant un faisceau dont le sommet est celui du cône.

10. PROPOSITIONS PARTICULIÈRES SUR LE CERCLE (page 179).

Les propositions dont il s'agit sont difficiles à exposer sans une figure. Considérons donc la (fig. 15) donnée par Desargues ;

Soit un cercle et un de ses diamètres CIEA rencontrant la circonférence aux points C et E et soit pris sur cette droite deux points I et E conjugués relativement aux deux points C et E.

Joignons un point quelconque L de la circonférence aux quatre points C,I,E,A qui sont en involution.

Du point C abaissons sur les droites LA, LI, les perpendiculaires CP, CN et du point E sur les mêmes droites, les perpendiculaires ER, EO et du centre 7 les perpendiculaires 7B, 7D. On aura :

1° Le segment NO de la droite LI compris entre les pieds N et O des perpendiculaires CN, EO est égal à la corde LM, et de même le segment PR de la droite LA compris entre les deux pieds P et R des perpendiculaires CP, ER est égal à la corde LS.

2° Le rectangle PC, RE des des deux perpendiculaires PC et RE, est égal au rectangle LP, LR des deux segments LP, LR compris entre le point L et les pieds P et R des deux perpendiculaires. Et de même le rectangle NC. OE est égal au rectangle LN. LO.

Et la construction restant la même, on mène par le point I la droite IZ perpendiculaire aussi à AL et si par le point P on mène la droite PKQ de manière que le rectangle ZK, ZR $= \overline{ZI}^2$, on aura :

3° $$\frac{RP}{RQ} = \frac{BR.BP}{PC.RE} = \frac{BR.BP}{ZI\,.\,B7} = \frac{BR\,.\,BP}{MP.MR}.$$

A cause que B mipartit le segment PR, il en résulte que

4° $BR.BP = \frac{1}{4}\overline{RP}^2$, et par suite :

$$ER.CP = ZI\ B7 = LP\ LR = MP\ MR = \frac{1}{4}\ RP.RQ.$$

A quoi si l'on ajoute que la droite EL mipartit l'angle MLS et celle CM mipartit l'angle XML, alors on aura :

$$ES = EM \text{ et } CX = CL,$$

et la droite EIC mipartit et l'un des angles que les droites IL, IM font entr'elles et que la droite IGY perpendiculaire à EIC mipartit l'autre.

Desargues termine en ajoutant :

« *On verra bientôt en gros, quelles espèces de conséquences et de propositions inverses s'en suivent pour le sujet de ce brouillon et qui l'enfleront trop pour les déduire au long.* »

11. SUITE DE LA THÉORIE DES POLES ET POLAIRES (6) (page 186).

Desargues complète ainsi sa théorie des pôles et polaires. Ne pouvant, si nous voulons être intelligible, nous servir des mots nouveaux qu'il emploie, nous emploierons ceux connus et nous résumerons ainsi ce sujet.

Si dans un quadrilatère, on mène les trois diagonales, c'est à-dire les droites qui joignent deux à deux les points d'intersection des côtés opposés; ces trois droites se coupent en trois points, et la droite qui joint deux de ses points est la polaire du troisième. D'où résulte que toute droite partant d'un de ces points est coupée par les deux côtés opposés du quadrilatère et la polaire de ce point en trois points, lesquels avec ce point lui-même forment quatre points en involution.

De plus, si par les quatre sommets du quadrilatère passe une section conique quelconque, les droites menées par un de ces points seront coupées par la courbe et la polaire du point et son pôle qui est ce point, en quatre points en involution.

D'où il résulte la proposition déjà donnée, qu'une transversale coupe la courbe et les quatre côtés du quadrilatère en six points en involution. Deux de ces quatre côtés pouvant être deux diagonales.

La détermination de ces trois points, fort importante dans cette théorie, doit donc être attribuée à Desargues.

De cette théorie, il en déduit. Si un de ces trois points est à l'infini, sa polaire divisera en deux parties égales le segment de chacune des droites passant par ce point, compris entre les deux points d'intersection de la courbe, en deux parties égales et réciproquement et cette polaire sera donc un diamètre de la courbe.

D'où il suit, qu'au plan d'une section conique une droite quelconque est la polaire relativement à cette courbe, d'un certain point; cette droite, comme cas particulier, peut se trouver être un diamètre de la courbe.

D'où résulte : Si par un point quelconque de la polaire d'un point, on mène une droite coupant la courbe en deux points, et qu'on joigne ces deux points au pôle de cette polaire, les deux autres points d'intersection de ces deux droites avec la courbe seront sur une droite passant par le point pris sur la polaire. De sorte que si un de ses deux points était connu, il en résulterait l'autre, qui serait le sommet du quadrilatère inscrit à la courbe.

D'où il suit encore : Lorsque dans un plan, deux droites rencontrent une section conique, les droites qui joignent deux à deux ces quatre points, se coupent en deux points qui sont sur la polaire du point d'intersection des deux droites.

On voit encore, que chacune des droites d'un même faisceau est la polaire d'un point situé sur la polaire du sommet du faisceau.

Et réciproquement les polaires de points situés sur une même droite font partie d'un faisceau dont le sommet est le pôle de la droite.

D'où il suit qu'étant donné le sommet d'un faisceau de droites la polaire de ce sommet est aussi donnée de position.

Et qu'étant donnée une transversale quelconque, son pôle est aussi donné de position.

On voit en outre que les tangentes ne sont qu'un cas des sécantes.

D'où résulte que la droite menée d'un pôle au point où sa polaire coupe la courbe est une tangente.

Pour mener une tangente en un point d'une courbe, il suffit de mener par ce point une ordonnée à un diamètre de la courbe, la droite qui joindra le point de la courbe au point conjugué au pied de l'ordonnée, sera la tangente à la courbe.

Ou bien par le point menant une transversale quelconque, la tangente sera la droite qui joindra le point de la courbe au pôle de cette droite.

Si sur une transversale d'une section conique,

on prend des points quelconques et leurs conjugués, on aura des couples de points en involution; la souche de cette involution sera le point conjugué de celui de cette droite qui est à l'infini.

Desargues ajoute ici cette remarque : *Qui voudra se donner le divertissement, ainsi que M.* PUJOZ, *d'en faire une seule démonstration en un plan général de toutes especes de cas, devancera le nettoyement de ce brouillon dont la pluspart des choses ont été dabord démontrées par le relief.*

Il y a d'ailleurs, dit-il, deux manières de démontrer ces vérités : « 1° *Au plan du cercle, on la chose est évidente de la perpendicularité des diametrales et de leurs ordonnées.*

Et pour les autres coniques en retablissant le cone sur sa base circulaire, et se servant des faisceaux ayant pour sommet celui du cone.

2° *Ou bien de ce que dessus la chose est évidente en un diametre quelconque dont ensuite elle se conclst en quelqu'autre droite.*

Desargues ajoute encore les deux propositions suivantes :

Soit un point et sa polaire relativement à une conique quelconque; par le point menant des transversales coupant la courbe, chacune en deux points, joignons un point quelconque de la courbe à ces couples de deux points, on aura des couples de droites qui couperont la polaire en des couples de points en involution.

Réciproquement, si sur une transversale on a une suite de couples de points en involution, et qu on joigne un point de la courbe à ces couples de points, les deux autres points, qui résulteront de l'intersection de la courbe par chaque couple de ces droites, détermineront des droites qui passeront toutes par le pôle de la transversale.

Desargues termine en disant :

« *Il serait trop long d'assembler ici, non pas toutes, mais seulement les propriétés qui s'offrent à la foule, communes à toutes les especes de sections coniques, il suffira d'en dire seulement quelques unes des plus évidentes et qui servent à en découvrir des moins.* »

Desargues ajoute en remarque : Outre les involutions à souche engagée ou dégagée, il faut encore distinguer une autre, ce serait celle où chaque couple de points conjugués ne forment qu'un et sont réunis à la souche. Alors, l'*entendement demeure court de même qu'en plusieurs autres circonstances.* »

Ainsi *lorsqu'une transversale est à distance infinie, tout est inimaginable.* L'auteur ne dit pas que dans ce cas le pôle de cette droite est le centre de la courbe, etc.

Lorsque la transversale est à distance finie, elle rencontre, ou ne rencontre pas la courbe.

Lorsqu'elle la rencontre, c'est en deux points, si ces deux points sont unis en un seul, en ce cas elle est tangente ;

Lorsqu'elle ne la rencontre pas, l'involution formée sur cette droite par les poles et polaires réciproques est à souche *engagée.*

Si elle la rencontre en deux points, elle est à souche *dégagée ;* et si elle est tangente, ce sera le cas cité ci-dessus, où, dit-il, « *L'entendement ne peut comprendre comment sont les propriétés que le raisonnement lui a fait conclure.*

12. SECTIONS D'UN CONE PAR UN PLAN (page 56).

Voici la proposition capitale de l'ouvrage de Desargues et qui est, comme il le dit, « *un assemblage abregé de tout ce qui précède.* »

« *Etant donné, de grandeur et position, une section conique quelconque pour base d'un cone, dont le sommet est aussi donné de position, et qu'un autre plan, en quelque position aussi donnée, coupe ce cone et que l'intersection de ce plan coupant avec la base du cone soit aussi donnée de position ; la figure qui vient de cette construction, en ce plan coupant est donnée d'espece, de position, chacune de ses diamétrales, avec leur distinction, de conjuguées et d'axes ; comme encore chacune des espèces de leurs ordonnées et des tangentes à la figure et la nature de chacune, leurs transversales à un même sommet, avec les distinctions possibles sont données toutes de génération et de position.* »

Cette admirable proposition mériterait certainement, en recevant quelques développements, d'entrer dans l'instruction publique. Elle est la base de la méthode fondée sur la perspective, et elle conduit aux propriétés des sections coniques, par la simple comparaison avec celles connues d'un cercle qui servirait de base au cône.

Voici comment Desargues procède :

1° Par le sommet du cône, il mène un plan parallèle au plan de la section et détermine sa trace sur le plan de la base, trace qui est nécessairement parallèle à celle du plan coupant.

2° Il détermine le pôle de cette droite par rapport à la section conique, qui sert de base au cône.

3° Par ce pôle, on conçoit diverses transversales qui sont chacune coupées par la courbe et la polaire en trois points formant une involution de quatre points avec le pôle.

Il est évident, d'après cela :

1° Que les arètes du cône, et plus généralement toutes les droites qui se trouvent dans le plan parallèle au plan de la section, passant par le sommet du cône, ne rencontreront pas le plan de la section, d'où résulte que tous les points qui sont dans ce premier plan, auront pour correspondants respectifs dans le second, des points situés à l'infini. Il en résulte ainsi :

2° Si la trace du premier plan rencontre la base du cône en deux points, la courbe résultante aura deux points à l'infini, sera une hyperbole ; si elle est tangente, ce cera une parabole, et enfin si elle ne rencontre pas la courbe, on aura une ellipse.

3° Si par la droite qui joint le sommet du cône, au pôle de la trace ci-dessus, on fait passer des plans quelconques, ils donneront, par leurs intersections avec le plan de la section, des diamètres de la courbe ; car on voit qu'aux quatre points en involution qui sont sur la trace d'un de ces plans, correspondent les quatre droites en involution, qui joignent le sommet du cône à ces quatre points, et que le plan de la section est parallèle à une de ces droites, de sorte qu'on obtiendra seulement trois points, dont celui correspondant au pôle, partagera, en deux parties égales, la distance comprise entre les deux autres.

4° Si sur la trace du plan passant par le sommet, on prend deux points conjugués, c'est-à-dire tels que la polaire de l'une passe par l'autre, il résulte évidemment que les plans qui passeront par deux de ces points et par la droite qui joint le sommet au pôle, donneront deux diamètres conjugués, parallèles respectivement aux droites qui joignent le sommet du cône et ces deux points.

5° Si par chacune de ces deux dernières droites, on fait passer un faisceau de plan, il donnera un faisceau de droites parallèles au diamètre conjugué, etc.

6° Si par le pôle ci-dessus on peut mener deux tangentes à la base du cône, elles donneront les asymptotes de l'hyperbole, et il remarque aussi que chaque asymptote peut être considérée comme étant deux diamètres conjugués réunis en un seul.

7° Enfin, on obtiendrait les diverses tangentes à la courbe par des moyens évidents.

On pourrait encore, dit Desargues, en tirer diverses propositions d'Euclide concernant les intersections du cercle, par une transversale, une tangente, etc.

« *De ce qui est ici, on voit deja bien evidemment plusieurs propriétés communes à toutes les différentes sections coniques comme en outre :*

« 1° *Que sur une section conique peut être construit un cone qui sera coupé selon quelconque espece de section conique.* »

Cette proposition est évidente s'il ne s'agit que de l'espèce de la courbe, mais si on demandait que la courbe fût, par exemple un cercle, la proposition ne conduirait pas à ce résultat.

« 2° Si aux deux extrémités d'un diamètre, on mène les tangentes, le produit des parties de ces deux tangentes comprises entre leur point de tangence et une autre droite tangente à la courbe, est constant.

« 3° Que les rectangles des deux segments des ordonnées à un diamètre d'hyperbole contenus entre l'un des points de la courbe et chacun des points qui donnent ses asymptotes, sont aussi d'une même grandeur. »

13. DEUX CIRCONFÉRENCES ET DEUX CONIQUES DANS UN MÊME PLAN, SOUCHE COMMUNE A PLUSIEURS DROITES.

Desargues donne ici plusieurs propositions sur deux cercles et deux coniques, nous pouvons les énoncer ainsi :

1° Sur une droite (fig. 16), supposons deux couples de points C,G — B,H tels que AC . AG = AB. AH. Si sur les segments GG, BH comme diamètres, on décrit des circonférences, toute transversale menée par la souche A coupera les deux circonférences en deux semblables couples de points conjugués, ayant ce même point A pour *souche.*

2° A ne demeurant pas souche, au lieu de circonférences il peut y avoir sur les mêmes segments quelques autres sections coniques disposées en certaine façon que les courbes opèrent la même chose que deux cercles, évident au moyen d'un faisceau de droites passant par ces points.

3° Si les quatre points H, G, B, F (fig. 17) sur une droite, sont en involution, et que les deux segments GF, BH correspondants, sont chacun diamètre d'un cercle ; si par une des souches réciproques L et A on mène une transversale, ses intersections avec les deux cercles détermineront quatre points en involution qui auront pour *souche* le même point L ou A.

4° Le point A ne demeurant pas *souche*, si au lieu de deux cercles, il y a deux sections coniques disposées en certaine position, leurs courbes opèrent les semblables, comme les cercles (cela veut dire quelque chose d'analogue).

5° Lorsque (fig. 17) sur une droite BH, quatre points H, G, B, F sont en involution et que le segment FG est diamètre d'un cercle, et que le quelconque segment AH ou AB est aussi diamètre d'un autre cercle, et qu au quatrième point restant B ou H, on mène la tangente au cercle, cette tangente donne en une transversale quelconque menée par la *souche* A un point conjugué a à celui que donne cette transversale avec le deuxieme cercle et en involution avec ceux b, b' donnés par le premier, et ayant le point A pour souche; on a en effet $AH.AB = \overline{AF}^2 = \overline{Ab}^2$, et à cause des deux triangles semblables AHa et ABC on a $\frac{AH}{AC} = \frac{Aa}{AB}$ d'où

$AH.AB = \overline{Ab}^2 = Ab.Ab' = Ac.Aa'$ donc,

6° Au lieu de deux cercles, s'il y a deux autres sections coniques disposées en certaine façon, on obtient quelque chose d'analogue. »

Toutes ces propositions sont évidentes et résultent de considérations de faisceaux. Desargues termine en disant : « *Il y a plusieurs semblables propriétés communes à toutes les especes de sections coniques qui seraient ennuyeuses ici.* »

14. PROPOSITIONS SUR LES CORDES PARALLÈLES D'UNE SECTION CONIQUE, COUPÉE PAR UNE TRANSVERSALE, OU CORDE. — PARAMÈTRE DE LA COURBE.

Ces propositions me semblent peu connues sous la forme où elles sont ici présentées. On peut les énoncer ainsi (fig. 14).

Soit LM une corde quelconque d'une section conique BCDE, soient deux cordes parallèles BC, DE coupant la corde LM aux points I et K. Par l'extrémité L, soit menée une transversale quelconque LRST qui rencontre les deux cordes parallèles, en R et S. Soit de plus menée, par l'autre extrémité M de la première corde, une droite MT parallèle aux cordes BC, DE on aura :

1° $\frac{KS.KM}{KD.KE} = \frac{IR.IM}{IC.IB}$.

2° Si la droite LRS est tirée de manière que

$$KS.KM = KD.KE,$$

alors $IR.IM = IC.IB$,

et on aura $\frac{KL.KM}{KE.KD} = \frac{KL.KM}{KS.KM} = \frac{KL}{KS} = \frac{ML}{MT}$

= constante pour toutes les cordes parallèles à celles BC.DE.

3° Si la droite LM est un diamètre de la courbe et que les cordes ED, CB soient des cordes conjuguées alors la droite MP est constante, et se nomme le *paramètre*.

Ces propositions me semblent remarquables; elles conduisent évidemment à l'équation de la courbe.

15. RÉFELXIONS SUR LES DROITES PARALLÈLES.

Desargues fait ici, de nouveau, cette remarque que nous rapportons textuellement :

« *De ce qui est dit ci-devant, on aura concu que pour mener d'un quelconque point, une droite d'un même faisceau avec deux paralleles entr'elles, cela s'entend que cette droite soit menée aussi parallele à ces deux et de même que pour mener d'un point quelconque, une droite à un point à distance infinie en une autre droite, cela s'entend qu'il faut mener cette droite parallele à celle ou le point assigné est à distance infinie.* »

16. DES FOYERS.

Voici comment Desargues traite cette théorie importante des sections coniques.

D'abord il commence par démontrer cette proposition énoncée plus haut :

« Si aux extrémités C et E (fig. 18) d'un diamètre, on mène les deux tangentes CD et EB, le produit CD, EB des parties de ces tangentes comprises entre les points de tangence C et E et une droite LD tangente en un point quelconque L de la courbe est constant. »

Il entre dans de grands développements au sujet de cette proposition, il fait voir que le point A, intersection du diamètre et de la tangente, se trouve souche commune à des involutions de quatre points situés sur le diamètre EC, sur la tangente LBD et sur celle symétrique HAM et qu'enfin ce rectrangle

CD. EB est égal à $\frac{EC.EF}{4}$ c'est-à-dire au quart du du produit du diamètre EC par le paramètre EF.

Il a déjà donné ci-dessus la détermination du paramètre; voici, dit-il, un des moyens de l'obtenir facilement.

A une extrémité E du diamètre EC, on tire la droite EV bisectrice de l'angle de la tangente EN et du diamètre EC. Cette droite rencontre la courbe en V, on joint ce point V à l'autre extrémité C du diamètre par une droite qui rencontre la tangente EN au point NF, et alors EF est ce paramètre. Ce qui se démontre facilement.

Il ajoute ensuite : « Par une réciproque évidente de ce qui a été démontré, si le diamètre EC est le grand axe de la courbe, le segment BD de cette tangente LBD est diamètre d'un cercle qui passe en deux points P et Q de ce diamètre et qui sont les foyers de la courbe ; et on a, pour le quelconque de ces points P et chacun des points comme E et C :

1° $\quad PE.PC = \frac{1}{4} EC.EF.$

2°. — De plus le grand axe EC est égal à la somme, ou la différence des droites menées comme LP, LQ du point de tangence L à ceux P et Q.

3°. — La tangente LD partage en deux parties égales, un des angles de ces deux droites LP, LQ.

La première proposition est évidente et résulte évidemment de la comparaison des deux triangles semblables BEP et PCD.

(Je ne vois pas de quelle proposition précédente, il tire les 2 autres.) Il conclut pour l'hyperbole.

1°. — Qu'on peut prendre pour diamètre du cercle qui détermine les foyers la partie de l'asymptote contenue entre les deux tangentes au sommet de la courbe.

2°. — Que IL = IM et IS = IT, donc LS = MT c'est-à-dire que les segments d'une ordonnée, interceptés entre la courbe et les asymptotes, sont égaux.

3°. — Que dans une hyperbole, toute droite LIM conjuguée du diamètre EC coupe la courbe et chaque asymptote en des points tels que le produit LS, LT des deux segments compris entre le point L de la courbe et les deux points S et T des deux asymptotes, est constant et égal au quart du rectrangle EC. EF formé par l'axe et le paramètre.

17. CONSIDÉRATIONS SUR DEUX CONES TANGENTS.

Dans cet article Desargue examine la nature et la position des courbes qui résultent de l'intersection de ces deux cônes par un même plan.

Ainsi, dit-il : Si les cônes se touchent par une droite c'est par le concave de l'un et le convexe de l'autre, ou par le convexe des deux ; tout plan sécant parallèle au plan tangent commun aux deux cônes suivant cette droite, donne deux paraboles ayant un axe commun et qui ne se touche plus qu'à l'infini ; tout autre plan sécant donne deux coniques qui se touchent à distance finie ou infinie.

Si les deux cônes se touchent en deux droites séparées, c'est de même par le concave de l'une et le convexe de l'autre, ou bien par le convexe de chacun d'eux. Ces deux cônes auront donc deux plans tangents communs, et tout plan sécant parallèle à l'un de ces plans tangents, donnera deux paraboles qui se touchent en un point et pour tout autre plan sécant, on aura deux coniques tangentes en deux points à distance finie ou infinie ; si ces cônes se touchent par le concave de l'un, il en sera de même des deux coniques si ils se touchent par le convexe de chacun, il en sera de même des deux courbes. Si le plan sécant est parallèle au plan des deux droites communes, on aura deux hyperboles, ou l'une dans l'autre, ou l'une hors de l'autre, ayant les unes et les autres mêmes asymptotes et ne se rencontrant pas à distance finie, mais à l'infini, etc.

18. POLE ET PLAN POLAIRE.

La belle théorie des pôles et polaires relativement aux coniques, et qui est de l'invention de Desargues lui avait aussi fait concevoir qu'une théorie analogue existait pour l'espace, on le voit par cet article, où on y trouve, très-succinctement il est vrai, ses idées sur ce sujet.

De même, dit-il (en se servant d'autres mots) qu'on conçoit dans le plan la polaire d'un point, de même dans l'espace, on voit que si on considère une sphère et un plan fixe, à ce plan correspondra relativement à la sphère, un point tel que toute droite passant par ce point sera coupée par la sphère et le plan polaire en trois points formant avec ce pôle, une involution de quatre points.

Réciproquement le point ou pôle étant donné, la position du plan polaire est aussi connue.

Si on regarde divers points d'un plan, comme les sommets de cônes tangents à la sphère les plans des cercles de contact passent par un même point qui est le pôle du plan.

Et semblables propriétés se trouvent à l'égard d'autres solides qui sont relativement à la sphère, ce que les coniques sont au cercle. »

19. PROPOSITION SUR UNE CONIQUE ET UNE DROITE SITUÉE DANS LE MÊME PLAN.

Cette proposition est curieuse et d'autant plus intéressante, que 1° je la crois inconnue actuellement, et 2° qu'elle conduit à trouver les foyers par le moyen du cone sur laquelle cette courbe est tracée.

Voici comment on peut l'exprimer en se servant de la figure (19) :

Étant donnée, dans le plan d'une section conique, une droite quelconque AV. On détermine, par rapport à la section, le pole F de cette droite.

Par ce point F on trace une transversale quelconque FA, rencontrant la droite donnée au point A.

Sur cette droite FA, on prend deux points X et Q

conjugués harmoniques par rapport aux deux points F et A. Ces deux points seront tous les deux intérieurs à la courbe, ou extérieurs, ou sur la courbe. Prenons les comme dans la figure 19, intérieurs à la courbe, c'est à-dire du côté du concave.

Sur cette droite FA, sur laquelle se trouvent déjà les quatre points F, A, X, Q, prenons deux autres points Z et R conjugués harmoniques des deux points X et Q.

Par le point Z menons la tangente ZG à la courbe et joignons, par une droite, le point de tangence G au point R conjugué de Z.

Les deux droites GZ, GR étant prolongées rencontreront la droite donnée AV aux points B et E.

Si on prend sur AV d'autres couples de points tels que Z et R, sa proposition consiste en ce que :

1° Les couples de points tels que B et E formeront sur la droite donnée un involution.

2° — Si on joint le centre 7 de la conique et le point P milieu du segment XQ, cette droite 7 P rencontrera celle AV au point C qui sera le centre de l'involution.

On voit, par cette construction, que si le point Z est en A sur AV, la tangente sera AH et la droite HF polaire du point A sera la seconde droite, de sorte que A et D seront un couple de ces points en involution.

A chaque point de tangence tel que H on peut concevoir quatre droites, HX, HF, HQ, HA formant une involution.

20. DÉTERMINATION, DANS LE CONE, DES FOYERS, DES DIAMÈTRES ETC. DE LA COURBE QUI RÉSULTE, SON DE INTERSECTION AVEC UN PLAN.

Cette proposition fait suite à la précédente, et en devient une très belle application. Voici en quoi elle consiste :

Si on considère la conique donnée, comme la base d'un cône dont le sommet serait sur une droite élevée au point *c*, perpendiculairement à la droite AV, et à une distance de *c* égale à la moyenne des segments conjugués de l'involution, et cette perpendiculaire C*θ* étant avec la droite AV dans un plan ayant une inclinaison quelconque sur celui de la base, il arrivera que tout plan secant parallèle à ce dernier plan, coupera le cône suivant une conique, dont les foyers seront sur les droites qui joignent ce sommet *θ* et les points X et Q.

Ce résultat tient à ce que : aux quatre droites

HX, HF, HQ, HA correspond dans le plan θAV des droites $\theta\gamma$, θD, θb, θA dont les deux θD et θA, sont rectangulaires et comme ces quatre droites sont en involution ces deux droites θD, θA divisent donc en deux parties égales, les angles des deux autres; or par la construction, on voit que dans la conique qui résulte de la section du cone par un plan paralèlle à celui de ces droites, aux quatre droites HX, HF, HQ, HA, correspondront quatre droites paralèlles à celles , θD, θb, θA, et dont celle correspondante à HA sera une tangente; d'où il résultera que celles correspondantes à HX, HQ feront avec la tangente des angles égaux, cette propriété étant la même, quel que soit le point de tangence sur la courbe il faut que les points correspondants à ceux X et Q soient les foyers de cette courbe.

Il en résulte, dit Desargues que :

Étant donnée, une conique quelconque pour base d'un cone, et en son plan, une transversale regardée comme la trace d'un plan passant par le sommet du cone et faisant avec celui de la base, un angle donné, et de plus étant donné, sur cette droite, le point central c de l'involution, ou bien deux couples de points conjugués; ou bien encore hors de cette droite le point tel que P, ou un des points tels que X et Q, ou bien deux couples de points conjugués sur cette droite XQ, alors il résulte que :

1° Le sommet du cone est donné de position.

2° Le cone est donné d'espace et de position.

3° Tous les diamètres conjugués de la section, les axes, le paramètre, etc., sont donnés.

4° Et enfin les foyers y sont connus.

Si on donne le sommet du cone, la base, et la transversale et le plan coupant, alors tout le reste est donné semblablement de génération, d'espèce et de position.

On voit l'importance de ces deux propositions qui demanderaient plus de développement qu'en a donné l'auteur.

21. RAPPORT DE LA LIGNE DROITE ET DE LA CIRCULAIRE.

Concevons, dit Desargues, une droite sur laquelle se trouvent des points en involution, supposons que cette droite se meut dans un plan ayant le milieu de deux points conjugués, immobile, et alors il dit : si ce point est à distance finie, chaque point engendrera une circonférence, si ce point est à l'infini, comme par exemple, il est conjugué au point central de l'involution, et si cette droite se meut parallèlement à elle même, ce point central engendre une ligne droite perpendiculaire à ce tronc et il en conclut « en laquelle droite se trouvent, dans cette circonstance, les mêmes propriétés qu'aux lignes circulaires aux points *que tracent les sommets de chacun des autres couples de points conjugués.* »

L'auteur ne donne aucune explication qui puisse servir à expliquer ce que ce sujet présente de peu clair, il termine en disant :

« Cette seule proposition fournirait matière pour un livre entier à qui voudrait en bien éplucher toutes les conséquences évidentes de ce qui est démontré ci devant. »

On peut, dit-il, tirer des principes ci-dessus, divers moyens de tracer chacune des espèces de conique. Il n'entre pas dans d'autres explications; il cite seulement M. Chauveau qui, dit-il, depuis quelques jours en a conçu une bien simple et d'autant plus gentille.

22. DIVERSES PROPOSITIONS ÉLÉMENTAIRES.

Il donne ici l'explication de quelques propositions élémentaires qu'il avait énoncées au commencement de l'ouvrage :

1° Si une droite AH fig. (20) est coupée en un point B, on aura :

$$(AH + AB)(AH\text{-}AB) = HF.HB = \overline{AH}^2 - \overline{AB}^2,$$

et encore

$$\overline{HF}^2 + \overline{HB}^2 = 2(\overline{AH}^2 + \overline{AB}^2) = (HA + AB)(HA - AB)$$

2° Les propositions connues sur les segments formés sur une transversale coupant ou touchant un cercle, et correspondantes aux 35, 36 du IIIe livre des Éléments d'Euclide.

23. RÉFLEXIONS SUR QUELQUES-UNES DES PROPOSITIONS ICI DÉMONTRÉES.

Desargues dit à ce sujet : « Il y a telle des propositions ici démontrées, ou telle des conséquences qui s'en suivent, laquelle comprend ensemble plusieurs des propositions des coniques d'Apollonius, même de la fin du IIIe livre, et après les lemmes ou prémices, quatre de ces propositions contiennent la disection entière du cône par le plan. »

24. NOUVELLE MANIÈRE D'ENGENDRER LES CONIQUES.

Lorsqu'une droite, ayant un point immobile se meut en un plan un quelconque de ses autres points engendre une circonférence, ou une droite, mais on peut concevoir que cet autre point, outre le mouvement que cette droite lui donne, se meut encore d'un autre mouvement, allant et venant le long de cette droite en façon qu'il trace une conique quelconque.

Desargues n'indique point la loi du mouvement de ce point, il se contente d'indiquer ce moyen.

25. SUR LA CONSTRUCTION DU PARAMÈTRE D'UN DIAMÈTRE.

On peut énoncer ainsi sa proposition.

Etant donné un cône ayant pour base une conique quelconque, et la trace sur cette base d'un plan coupant le cône, on peut avoir en ce plan et sur une tangente à la base, le segment correspondant au paramètre du diamètre de cette section, diamètre relatif à cette tangente. Il se contente de cette indication ; on peut arriver facilement à la construction seulement indiquée, en s'appuyant sur la méthode simple qu'il a donnée ci-dessus, pour trouver le paramètre d'un diamètre.

26 RÉFLEXIONS MÉTAPHYSIQUES DE L'AUTEUR SUR L'INFINI.

On ne peut qu'indiquer ce sujet aux lecteurs.

27. CONCLUSION.

Enfin il termine son ouvrage en disant :

« Du contenu dans ce brouillon, il résulte quelques observations : 1° touchant la perspective ; 2° touchant les montres de l'heure au soleil ; 3° touchant la coupe des pierres de taille.

Puis il ajoute : « Ceux qui ne trouveront pas ici toutes les propositions dont ils peuvent avoir eu ci devant communication, jugeront bien que le volume en serait *devenu* excessif.

« Quiconque verra le fond de ce brouillon est invité d'en communiquer de même ses pensées.

Loué soit Dieu.

TABLE DES MATIÈRES

CONTENUES DANS L'ANALYSE DU TRAITÉ DES CONIQUES.

OEUVRES DE DESARGUES.

COUPE DES PIERRES, PERSPECTIVE, GNOMONIQUE,

ayant pour titre :

BROVILLON PROIECT D'EXEMPLE
D'VNE MANIERE VNIVERSELLE DV S. G. D. L.
TOUCHANT LA PRACTIQUE DU TRAIT A PREUUES POUR
LA COUPE DES PIERRES EN L'ARCHITECTURE; ET DE L'ESCLAIR-
CISSEMENT D'VNE MANIERE DE RÉDUIRE AU PETIT
PIED EN PERSPECTIUE COMME EN GÉOMETRAL
ET DE TRACER TOUS QUADRANS PLATS
D'HEURES ÉGALES AU SOLEIL.

Paris en aout 1640 avec privilege.

Note. — D'après l'imprimé qui se trouve à la Bibliothèque de l'Institut. — Les planches ont été recomposées d'après le texte.

A Paris, en août 1640, avec privilége.

BROVLLON PROIET D'EXEMPLE D'VNE MANIERE VNIVERSELLE DU S. G. D. L. TOUCHANT LA PRACTIQUE DU TRAIT A PREUUES POUR LA COUPE DES PIERRES EN L'ARCHITECTURE; ET DE L'ESCLAIRCISSEMENT D'VNE MANIERE DE RÉDUIRE AU PETIT PIED EN PERSPECTIVE COMME EN GÉOMÉTRAL, ET DE TRACER TOUS QUADRANS PLATS D'HEURES EGALES AU SOLEIL.

Cette maniere de practiquer le trait pour la coupe des pierres est de la mesme production que la maniere de practiquer la perspectiue, sans employer aucun tiers poinct de distance, ou d'autre nature qui soit hors du champ de l'ouurage, dont vn exemple est imprimé dès le mois de may 1636 Et pour euiter s'il y a moyen que cet exemple icy du trait soit comme a esté celui dẽ la perspectiue, une matiere d'achopement à plusieurs, dont aucuns le reiettent à faute de l'entendre, les autres, pour dire qu'ils l'entendent, asseurent qu'il ne contient aucune chose nouuelle et qui ne fust desia par tout imprimée et en vsage. Il faut estre aduerty que la pluspart du discours de ces deux traitéz est vne simple explication des termes que chacun, après les auoir entendus, pourra changer à sa volonté; puis vne explication de chacune des particularitéz et circonstances de chacune des figures, auec vn dénombrement des premices ou choses qu'il est nécessaire qu'on sache desia lorsqu'on les veut lire. C'est pourquoy l'on prendra garde à sçauoir ce qu'il faut sçauoir auparauant, puis à s'accoustumer aux termes et aux particularitéz de ces figures, auant que passer à leur matiere, et on trouuera le reste de leur practique bien facile, et que dans celuy de la perspectiue il n'y a rien qui tende à le faire passer pour une perspectiue nouuelle ou autre que celle qui est partout imprimée, non plus que celuy cy du trait ne tend pas à passer pour vne nouuelle coupe de pierres, et que tous deux ne tendent à passer que pour exemple d'vne maniere de practiquer chacun de ces arts, nouuelle au moins en quelque circonstance et sur tout aysée et en main au commun des ouuriers, auxquels ce n'est pas le meilleur de proposer vne tant sublime geometrie.

Et comme en tous les autres arts, pour sans

moule ou calibre, faire, réduire, ou représenter en géometral, vue quelconque chose proposée de patron, soit en nature, soit en deuis, ce qu'on a iusques icy cogneu de plus commode à la practique et mieux en main au commun des ouuriers, est en premier lieu d'auoir vne certaine mesure qui s'ajuste à la grandeur, scituation et disposition de chacune des parties de la chose proposée en patron, laquelle mesure est vn patron de mesure nommée en France communement *thoise*, *pied*, *pouce*, *ligne*, en matiere de plusieurs choses, et *module* en matiere des cinq ordres d'architecture antique, et *eschelle* en matiere d'architecture commune, de fortification, géographie et semblables : et en second lieu, d'auoir encore vne autre mesure ou plus grande, ou égale, ou plus petite que la premiere, mais qui ait correspondance et rapport à cette premiere patron : ce qui est à dire reduire premierement la mesure patron, à laquelle autre mesure ainsi réduite on ajuste après la grandeur, la scituation et disposition de chacune des parties de la chose qu'on fait ou réduit, tout de mesme que leurs correspondantes de la chose proposée en patron, sont ajustées à la mesure patron, et laquelle autre mesure réduite aux matières susdites est nommée en France encore communement des mesmes noms que la premiere, à sçauoir, thoise, pieds, pouces, ligne, module, eschelle, et quelquefois elle est aussi nommée *petit pied*, comme alors qu'on en forme une grille ou treillis, qui reuient à mesme chose que de s'en ayder sans en former vne grille ou treillis. L'exemple de perspective tend à faire voir qu'en cet art aussi, pour faire, reduire ou représenter en perspective vne quelconque chose proposée de patron en nature, ou en deuis, suiuant toutes les conditions qui s'y rencontrent, on n'a iusques icy rien cogneu de si commode à la practique et en main au commun des ouuriers que d'auoir en premier lieu tout de meme vne certaine mesure y nommée *eschelle* qui s'ajuste à la grandeur, scituation et disposition de chacune des parties de cette chose patron, laquelle mesure est un patron de mesure. Et en second liëu, d'auoir de mesme encore vne autre mesure aussi nommée eschelle, qui ait correspondance et raport à cette mesure patron, ce qui est à dïre, réduire premierement la mesure patron, à laquelle autre mesure ou eschelle ainsi réduite. on vienne à ajuster la grandeur, scituation et disposition de chacune des parties de la chose qu'on fait en perspective, tout de mesme que leurs correspondantes en la chose proposée en patron sont ajustées à cette premiere mesure ou eschelle patron, en façon qu'il n'y ait difference aucune, entre la maniere de figurer, réduire, ou représenter vne quelconque chose en perspective, et la maniere de la figurer, réduire, ou représenter en géometral, aussi le géometral et le perspectif ne sont ils que deux especes d'vn mesme genre, et qui peuuent estre énoncées et démonstrées ensemble, en mesme paroles, et que de mesme qu'on figure, reduit, ou représente en géometrie au moyen d'eschelle, petit pied, grille, ou treillis perspectif qui ne sont tous qu'vne mesme chose. C'est pourquoy dans l'exemple de la perspectiue, entre autre advertissement, il y a, qu'il est supposé qu'on sache la façon et l'vsage de l'eschelle géometrale au géometral, et quelle chose c'est qu'on nomme perspectiue, sans quoy l'on ne doïbt pas esperer d'entendre cette maniere de la practiquer. Il est vray qu'il y a de la différence entre la maniere de faire l'eschelle géometrale pour la practique du géometral et la maniere de faire l'eschelle perspectiue pour la practique du perspectif; ensemble en ce que les parties égales entre elles d'vne simple, seule et mesme eschelle géometrale, mesurent toutes choses en tous endroits en vn mesme géometral, et qu'au perspectif il y a des choses mesurées auec des mesures inégales entre elles, pour lesquelles il faut vne espece particuliere d'eschelle diuisée en parties inégales, et d'autres mesurées auec des mesures égales entre elles, pour lesquelles il faut vne espece d'eschelle diuisée en parties égales. Et parce que les parties égales d'vne seule, et mesme de cette espece d'eschelles, ne mesurent pas en tous les endroits d'vn mesme perspectif toutes les choses de parties égales, cette eschelle de parties égales change continuellement de grandeur pour un mesme perspectif, et toutes ces eschelles d'vne espece et d'autre pour vn mesme perspectif ont une telle alliance entre elles qu'elles semblent comme les diuers membres d'vn mesme corps Mais ces eschelles estant faites, il n'y a plus aucune différence entre la maniere de s'en ayder en la practique de la perspectiue et la maniere de s'ayder de l'eschelle géometrale en la practique du géometral.

Et comme en matiere du géometral vne mesme eschelle géometrale ne sert pas en toute occasion, et qu'aux diuerses occasions il faut faire diuerses eschelles géometrales; de mesme en matiere de perspectif mesmes eschelles de perspectiues ne seruent pas en toutes occasions, et faut aux diuerses occasions faire diuerses eschelles perspectiues. Et comme le temps qu'on emploie à faire les eschelles pour le géometral n'entre pas en compte du temps qu'on demeure à en faire vne chose en géometral, de mesme le temps qu'on employe à faire les eschelles perspectiues n'entre pas en compte du temps qu'on employe à en faire vne chose en perspective. Et afin que comme la façon de l'eschelle géometrale est familiere au commun des ouuriers qui sçauent reduire au petit pied, la façon des eschelles perspectiues leur soit aussi familiere. En l'exemple de la perspectiue, il y a principalement vne ***maniere nouuelle*** et ***familiere de faire aysement en toutes occasions les eschelles perspectives auec la règle et le compas commun ;*** et en suitte il y a la maniere de s'ayder après de ces eschelles en la practique de la perspectiue, tout de mesme qu'on s'ayde de l'eschelle géometrale en la practique du géometral. On peut aussi faire ayse ent ces eschelles perspectiues auec le compas de proportion, mais outre que ces compas là sont communement petits, les ouuriers d'ailleurs n'en sçauent communement pas l'vsage, et auraient bien de la peine à l'aprendre, au lieu qu'il y en a peu qui ne sachent ou ne puissent aprendre à réduire au petit pied, et ne s'aydent passablement de la reigle et du compas commun. Or les figures à treillis d'vne stampe icy jointe et celles de la stampe de l'exemple de la perspectiue estant veuës ensemble monstrent à l'œil cette conformité d'entre la maniere de réduire en géometral au moyen de l'eschelle, petit pied, grille, ou treillis géometral, et la maniere de réduire en perspectiue au moyen de l'eschelle, petit pied, grille, ou treillis perspectif, en façon que les moins clairs-voyans l'y pourront voir, et que des ouuriers qui sçauent réduire au petit pied, les communs pourront aprendre la perspectiue en peu de jours et les bons en peu d'heures; comme entre autres ont fait à Paris monsieur *Buret* maistre menuisier sculpteur, monsieur *Bosse* graueur en taille douce, monsieur de la *Hyre* peintre, chacun des plus excellents hommes du temps en son art, et depuis eux monsieur *Hureau* maistre maçon, et autres qui tous l'ont entenduë et sçeu practiquer en moins de deux heures, desquelles messieurs *Bosse* et de la *Hyre* et autres, qui la mettent chaque iour en éxécution, sçauent s'il ne leur est pas aussi facile et plus court de mettre par cette maniere tout d'un coup en perspectiue, soit en grand, soit en petit, sans auoir aucun plan, sur vn simple deuis, ou bien à mesure qu'ils inuentènt ce qu'ils ont à faire, que de le mettre en géometral. Et bien que ces deux figures suffisent à ceux qui ont de la disposition à aprendre la perspectiue, rien n'empesche néantmoins que si l'on met ce brouillon au net auec vn nombre d'autres exemples en d'autres stampes ou n'en particularise chaque circonstance encore plus au long par le menu.

Ensemble de celles des ombres et des ombrages qui se font en campagne à la lumiere du soleil, dont la perspective se fait d'vne manière autrement aisée que celle d'vne figure qye Monsieur ***Poussin*** très excellent peintre français a envoyée cette année de Rome pour faire uoir à Paris, en laquelle ces ombrages estaient représentez au moyen de la perspective du corps du soleil, des points de sa surface dont les rayons illuminent le sujet, et de celle de ces mesmes rayons : laquelle perspective des corps, poincts et rayons du soleil y estoit faite au moyen de leurs assiettes aux plans du niveau et du tableau ; c'est-à-dire au moyen des plans et profils, ou elléuation des mesmes corps, poincts et rayons du soleil, qu'on auoit supposez estre derrière entre le sujet et le tableau, et qui peuuent estre en nombre d'autres diuerses positions, qui font que cette perspective du soleil vient en des figures si diverses que de vouloir qu'on practique la perspective de ces ombrages en cette maniere c'est multiplier grandement l'embaras de cet art aux ouuriers, au lieu que sur vn autre fondement aussi démonstratif que celuy la, cette manière de pratiquer la perspective a pour ces ombrages vne reigle vniuerselle que les ouuriers peuuent entendre et practiquer auec plus d'aduance en vn jour qu'en quinze à la façon de cette figure envoyée de Rome. Cette maniere icy quoy qu'on en vueille dire, donne encore cognoissance de la raison des effects généralement de toutes les choses ausquelles tous les peintres, sculpteurs et semblables essayent de paruenir à force de practiquer en tastonnant, qu'ils nomment estudier, excepté ce qui est de la nature et du meslange des couleurs : mais comme de ce qui fait que les ouurages en grand, sur les dessins en petit, réüssissent ou ne réüssissent pas, de ce qui en l'ouurage fait aduancer, reculer, arrondir, applatir, hausser, baisser, alonger, accourir, grossir, diminuer, agrandir, apetisser, reposer, agir, respirer, viure, veiller, dormir, et autres semblables, tant en l'illuminé qu'en l'ombré, soit à la lumière du soleil, soit à la lumière des flambeaux. Elle donne encore la cognoissance de la raison de ce qui fait paroistre l'ouurage, fraiz, meurtry, fort, faible, sec, tendre, gras, maigre, dur, mol, et semblables, et mesme de ce qui fait que l'œil a tant de satisfaction en voyant les ouurages antiques ; en façon que tout ce qu'on a intention de faire en cela s'y trouuve réduit en arts que sçavent lesdits sieurs *Bosse* et *de la Hyre* et faut la-dessus penser qu'en cette seule intelligence ne fait pas un ouurier habile sans la disposition naturelle et habitude par fréquent exercice et que seulement elle luy facilite et perfectionne l'exécution plus que ne sçauroit faire la seule routine et pratique tatonneuse.

Et l'on en pourra faire autant de cette maniere de trait si les mesmes excellens hommes en geometrie et autres sciences, qui ont donné les mains aux démonstrations de cette maniere de perspective, en font autant aux démonstrations de cette maniere de trait, qu'ils sont tous suppliez d'examiner de mesme à leur loisir, au moyen du nombre qu'il y a d'exemplaires de ce brouillon à cet effet : et pour ce qui est des ouuriers ils pourront attendre à en parler après qu'ils l'auront souuent mis en exécution, sans s'estonner de voir aux figures cy jointes des lignes qu'il a fallu tracer afin de le donner à entendre, et qu'après on ne trace plus quand on le sçait, ils n'y trouueront pas l'explication de tous les mots, n'y comment c'est qu'il faut faire aucun trait de la commune pratique de géometrie. Il y est supposé qu'on les scache auant que les lire, afin que ceux qui ne sçavent pas encore tout cela ne pensent pas de pouuoir entendre cette maniere icy de trait, dont la figure d'vne porte, en la face plate d'un mur à talus, pour une descente biaise, ayant l'arc rampant, ou tous les joints sont en ligne droicte, et ou ceux de face, front, ou teste ne tendent pas tous ensemble a vn mesme poinct ou but. Contient en vn seul exemple généralement tout ce qui se peut rencontrer en quelconque ouuerture dont les joints sont en ligne droicte, et n'y a qu'un seul et mesme trait pour toutes. sans qu'il y ait plus de façon à l'une qu'en l'autre. Et cette manière de trait bien entenduë ameine à l'intelligence des traits pour toutes ouuertures en mur à surface courbée.

Puisque le chef-d'œuure qu'on a jusques icy fait à Paris pour y estre receu maistre maçon est une piece du trait de la coupe des pierres, les ouvriers ne s'estonneront pas s'ils ne trouuent icy le trait déduit en six lignes, ou s'ils ne l'y peuuent apprendre en vn moment : et les entendus en la maniere de trait qu'ils ont receu de tradition, ou descouuert en tatonnant, auront de la peine à se persuader qu'il y ait quelque chose à désirer en la maniere du trait dont à Paris on fait les chefs d'œuvres pour la maistrise de l'art de maçonnerie et qu'il n'y doiue auoir rien à désirer en celle de ce brouillon aduenant qu'on le nettoye : et ceux qui n'entendent pas à fonds l'vne et l'autre de ces deux manieres de trait, assauoir la commune des ouvriers et celle de ce brouillon, pourroient bien demeurer en cette erreur qui ne fera pourtant pas qu'il ne soit autrement qu'en trouueront les habiles contemplatifs qui ont veu la perspective, et sont tous suppliez d'honorer encore ce brouillon aussi de leur bon examen. Quand à ceux qui pour faire croire qu'ils l'entendent auanceront qu'il y a plus de lignes à mener, et qu'il est plus long et difficile, ou qu'il n'en est rien de différend de celui qu'ils sçauoient, l'expérience et le temps descouuriront s'ils auront en cela dit la vérité, comme il est aduenu de la perspective, et s'il n'est pas conceu tout à fait aux termes dont les maçons uisent en leur maniere de trait — le verront à fonds, en verront aussi les causes et pourront après l'exprimer en autres termes à leur volonté.

Cette porte assez cognoissable par sa figure sans le chiffre de l'ordre des stampes est faite pour y discerner les choses qui concernent le trait pour y faire quelques démonstrations, et pourtant on ne s'arrêtera point à ce qu'il y a de disproportionné, mais seulement on remarquera qu'elle monstre assez passablement à l'œil chacune de ses *diverses* circonstances pour les y cognoistre et distinguer toutes l'vne d'avec l'autre à leurs noms vsitez en diuers endroits, surquoi les ouuriers en pourront faire des modelles, afin que le relief les touche encore mieux que ne sçauroit faire la veue d'une perspective plate, quand même elle seroit en sa perfection, ils y verront l'*alignement nivelé* en face du mur au rez de chaussée ou seuil d'en bas CD, les *montans*, *iambages* ou *pieds droits* CTF et DIL, dont CF et DL, sont les *devans*, *face* ou *front*; CT, DI, les *costez*, *flancs* ou *tableau*, CP l'areste en face, .. le *cartier* ou *carreau*, IL, TF les *impostes* ou *coussinets*; POQ *le contour en face de l'arc par dedans*, LSF *le contour en face de l'arc par dehors*, qu'aucuns nomment *Estradosse*, TPFKLQI *le corps de l'arc*, MOS *cartier* ou *voussoir de l'arc*. — La figure

OS forme de la *teste de l'arc*, la figure OM forme de doüele en dedans l'arc, qui suffit pour donner à cognoistre la forme de la *doüele en dehors*, sans qu'elle paroisse qu'en lignes poinctées en un voussoir, R* *joint en face du pied droit*, RV, *joint du costé, flanc ou tableau du pied droit*, VS *joint de teste en l'arc ;* VM *joint de doüele en dedans l'arc*, qui suffit pour donner à cognoistre les *joints de doüele en dehors*, sans qu'ils paroissent qu'en lignes poinctées en vn voussoir, l'angle DYR, *calibre ou panneau des nivelés en face et ligne du biaiz*, l'angle DCP *calibre ou panneau des alignements nivelés en face et areste du pied droit*, VRP *calibre ou panneau des joints du costé, flanc ou tableau et areste en face du pied droit*, l'angle TPR *calibre ou panneau d'imposte ou de coussinet*, l'angle OVS *calibre ou panneau de teste, front ou face de l'arc*, l'angle MVS *panneau de joint de l'arc*, l'angle MVO *panneau de doüele en dedans l'arc*, qui suffit pour donner à cognoistre *les paneaux de doüele en dehors*, sans qu'ils paroissent qu'en lignes poinctées en un voussoir.

Après cette porte ainsi déchiffrée, et mesme sans qu'elle fut déchiffrée, pour donner à entendre cette maniere de trait aux contemplatifs, il n'y auroit qu'vne seule proposition de trois lignes qu'ils ont desia veüe en un brouillon de coupe de cone, à démonstrer en peu de paroles, mais il n'en est pas de mesme pour le donner à entendre au commun des ouuriers ; le surplus de la figure en cette porte y représente certains plans, certains angles et certaines lignes remarquables, en la disposition et fonction naturelle desquelles choses est establie et fondée cette manière de trait, en façon que pour bien entendre la practique il faut entendre les dispositions et fonctions naturelles de chacune de ces choses, les cognoistre et distinguer l'vne de l'autre, sans jamais en confondre ensemble aucunes d'eux encore qu'elles semblent n'estre qu'vne seule et mesme chose en la nature : ainsi que sçavent à Paris le mesme monsieur *Hureau* maistre maçon et maistre *Charles Brossi* l'vn des appareilleurs en ce que le Roy fait continuer à bastir du grand dessein du Louvre, qui l'entendent et sçavent mettre en practique, et pourront dire si elle preuaut ou non à celle qu'ils sçauoient.

On nottera que deux plans entendus paralels entre-eux à quelconque distance qu'ils soient l'vn de l'autre, sont icy nommez d'vn mesme nom l'vn que l'autre, et que des plans remarquables *le plan horizontal ou a niveau* de l'endroit ou l'on trauaille est vn, que la figure RCD représente au rez de chaussée deuant la porte *le plan de la face* du mur auquel on trauaille en est vn autre, que les fronts des pieds droits et de l'arc de la porte représentent *le plan du chemin* sur lequel on doit cheminer alant par cette porte à trauers le mur en est vne autre, que la figure DCGE représente en glacis ou pente au bas du paysage dans la porte *le plan à plomb vertical ou de sommet*, en la route ou au long duquel on doit cheminer en allant par cette porte à trauers le mur en est vn autre, icy nommé *plan de route*, que l'interualle ou entre-deux des fisselles des plombs pendans à K et Z représente *le plan à plomb vertical du sommet*, qui est perpendiculaire à l'vn et à l'autre, ou bien à chacun des deux plans de niueau et de face, en est vn autre icy nommé *plan droit aux face et niueau*; que l'interualle ou entre-deux de la fisselle du plomb pendant K et de la droite HB, représente, et lequel est euidemment aussi perpendiculaire au plan du chemin et des cinq plans *de niueau*, *de face*, *de chemin*, *de route*, *et droit aux face et niueau*, les trois seulement *de face*, *de route et de chemin* sont matériels et manifestes aux matieres et planure du mur.

des costez, flancs ou tableaux des pieds droits et du passage en bas dans la porte et d'ailleurs, chacun d'eux est mobile, les autres deux de ces cinq plans, assauoir celuy de *niueau* et le *droit aux face et niueau* sont purement imaginaires et d'ailleurs immobiles.

L'on imagine le plan niueau pour auoir la disposition des plans de *chemin et de face*, à son égard, ou bien à l'égard l'vn de l'autre, puisqu'vne mesme droicte comme CD nivelée au plan de face est la commune entrecoupeure des trois plans de *niueau, de chemin et de face*, l'on imagine le plan *droit aux face et niueau* pour auoir les angles d'entre les trois plans de *niueau, de chemin et face*, ensemble la disposition du plan de route, à son égard et de suitte les angles d'entre les entrecoupeures de plans *de route et de niueau* et des plans de *route et de chemin*, avec la *nivelée* au plan de *face*, puis qu'vne mesme droite perpendiculaire au *niueau* est la commune entrecoupeure des *plans de route*, et *droict* aux *face et niueau;* l'on distinguera tellement ces cinq plans et tous les autres spécifiez en ce brouillon, sans en confondre iamais aucuns d'eux ensemble qu'allors mesme que trois ou dauantage se trouuent par occasion de la nature ou du trait unis en un seul et mesme plan, il faut neantmoins les y distinguer l'vn de l'autre, en considerant diversement ce seul et mesme plan ainsi que plusieurs plans diuers.

Afin qu'on ne s'embroüille pas, tous les plans remarquables pour le trait, ou leurs paralels, qui est mesme chose, peuuent indifferemment estre ensemble haut et bas en tous les endroits du mur, et en quelle part qu'ils y soient, les *angles* d'entre les plans de *niveau* et de *face*, et d'entre les plans de *chemin et de face*, ou d'entre les plans de *chemin et de niueau*, et d'entre les plans de *route et droit aux face et niueau*, sont toujours également à remarquer et distinguer, et les *angles* aussi que leurs communes entrecoupeures font entre-elles et de mesme des autres plans de ce brouillon, que si l'on n'entend, imagine, conçoit et distingue nettement toutes ces choses il ne faut pas esperer d'entendre cette maniere de trait en cet exemple d'vne seule porte, ou la droite CD représente l'alignement nivelé en face au rez de chaussée, et partant y est la commune entrecoupeure des trois plans de *niueau* CR, de *chemin* EC et de face DF, la droicte RY représente l'entrecoupeure des plans de route et de niueau, nommée icy *route au niueau* que les maçons en cet exemple nommeront ligne du biaiz, laquelle est vne des lignes remarquables en cette maniere de trait; la droite XY represente l'entrecoupeure des plans de route et de chemin, icy nommée *route au chemin*, laquelle est vne autre des lignes remarquables en cette maniere de trait, voire la plus remarquable de toutes, en ce qu'elle s'accommode et dispose generalement au sens et paralelisme de chacun des ioints de costé, flanc, ou tableau du pied droict et des doüeles dedans et dehors l'arc par où necessairement elle oblige le plan du chemin à la position qu'elle a, suiuant le commun vsage à faire des portes en vn mur à face plate, non pas cela soit absolument necessaire en tout et par tout, ainsi qu'on verra par le résultat de ce brouillon.

Et plus haut aussi bien qu'au rez de chaussée la droicte AB' qui passe au centre de l'arc estant niuelée au plan de face est aussi bien que DC, vn alignement niuelé en face et vne entre-coupeure du plan de *face* que les contours dedans et dehors l'arc représentent, de *niueau* que le *triangle* ABN, représente et de *chemin* que le *triangle* ABK' représente et la fisselle KN du plomb pendant K', estant perpendiculaire au plan niueau, est l'entrecoupeure des deux plans de route, de costé, de flanc, ou de tableau, que le triangle K'NA représente et droict aux face et au niueau, que les maçons nommeroient en cette occasion la *ligne du biaiz*, au plan du pied droit, et l'angle NAB représente l'angle d'entre les routes au niueau NA et la niuelée en face AB, que les maçons nommeroient en cette occurence l'*angle du biaiz*, autrement le *plan du pied droit* lequel angle est des remarquables au traict, et communement donné, la droite que le baston KAZ représente y est l'entrecoupeure des plans de route et de chemin, et l'angle K'AB représente l'angle d'entre la route au chemin K'A et la niuelée en face AB, qui comprend ensemble en vn mot ce que les maçons nomment en deux fois *le biaiz et la rampe*, lequel angle est des plus remarquables en cette maniere de trait et est communement aussi donné; mais d'autant qu'en cet endroit cette route au chemin K'A passe au centre de l'arc, afin de la distinguer d'auec tous les autres endroits ausquels elle passe encore, elle est nommée *essieu de l'arc*, auquel centre en s'accomodant au quelconque sens ou paralelisme de quelconque droicte qui trauerse le corps de l'arc elle l'y représente, c'est pourquoy l'on rendra cet essieu bien cognoissable par des marques à chaque bout. Par le point K' en l'essieu hors le centre de l'arc est menée une droicte que la verge KH représente au long d'vn des costez d'vn equierre perpendiculaire au plan de face qu'elle rencontrera en H, et par les points H et A est menée au plan de face une droite AH, icy nommée ***sous-essieu***, des plus remarquables encore, et qu'aussi l'on rendra cognoissable par des marques en chaque bout, ainsi l'*angle* K'AH représente l'*angle d'inclination* de l'essieu au plan de face, qui est l'angle duquel et de sa position dépend cette maniere de trait. Par le poinct H est menée au plan de face vne droicte HD perpendiculaire à l'alignement niuelé en face AB qu'elle rencontre en B, et du point N est menée au plan-niueau vne droite que la verge NB représente d'vn des costez d'un equierre perpendiculaire au mesme alignement niuelé en face AB, qu'elle rencontre de mesme euidemment au mesme point B, d'ou suit que la droite que la verge NB représente, est ensemble au plan droict aux faces et niueau, et au plan du chemin, et qu'elle est aussi perpendiculaire au mesme alignement niuelé en face AB ; deux mots icy de demonstration aux ingenus contemplatifs, puis que les droictes KH et KN ont vn commun but au poinct K, elles sont ensemble en vn mesme plan, et puisque KH est menée perpendiculaire au plan de face et KN menée perpendiculaire au plan niueau, le plan de ces droictes KH, KN est perpendiculaire à chacun des plans de face et de niueau, dont l'entrecoupeure AB lui est consequemment perpendiculaire; ainsi les droictes menées d'H, d'N et de K' perpendiculaires à AB sont ensemble en ce plan HK'N et ne donnent qu'vn seul et mesme poinct en AB, pour les scrupuleux, ayant menées seulement les droictes NB et K'B, selon qu'il est dit, et puis en AB fait BÆ égale à BA, puis mené les droictes NÆ, KÆ, à cause des angles droicts NBA, NBÆ, KNA, KNÆ, les droites NA et NÆ sont égales entr'elles et les droictes KA, KÆ egales entre elles, ainsi la droicte K'B venant du sommet du triangle isocele AKÆ sur le milieu B de sa base Æ, luy est perpendiculaire : et d'ailleurs ayant menées comme à vn autre poinct B seulement les droites HB et KB, selon qu'il est dit, et en cette construction fait BÆ egale à BA, puis mené les droictes HÆ et KÆ par vn semblable raisonnement, on conclud qu'en cette construction, K'B de mesme est perpendiculaire à AB, par ainsi l'*angle* HBN represente l'angle d'entre les plans de face et de niueau, que les maçons en cet exemple nommeroient l'angle du *talus*, lequel angle est des remarquables et d'ordinaire donné : l'angle K'B'N' représente l'angle d'entre les plans de chemins et de niueau que les maçons en cet exemple nommeroient l'angle de la *rampe*, lequel angle est aussi des remarquables et ordinairement donné : l'*angle* K'BH représente l'angle d'entre les plans de chemin et de face, aussi des remarquables et euidemment donné avec l'angle d'entre les plans de chemin et de niueau : que si l'vn ou l'autre des angles d'entre la niuelée en face AB, et les routes an niueau AN, et au chemin AK n'est pas donné, tous les autres specifiez estans donné on le trouue avec le trait comme on verra cy après.

Il faut encore conceuoir vn autre plan aussi purement imaginaire et perpendiculaire à l'essieu, icy nommé *plan droict à l'essieu*, et lequel passant au centre de l'arc donne au plan de face vne entrecoupeure que la droicte AM représente et laqu'elle est naturellement perpendiculaire à chacune des droictes essieu et sous-essieu qu'elle traverse ensemble au centre de l'arc, et laquelle est icy nommée *trauersieu*, des remarquables, et qu'on rendra cognoissable par des marques à chaque bout : le mesme plan droict à l'essieu qui est conséquemment perpendiculaire à tous les plans de l'essieu, donne au plan des droictes essieu et sous-essieu vne entrecoupeure que la *droicte* AI représente, laquelle est naturellement perpendiculaire à chacune des essieu et trauersieu et est icy nommé contre-essieu, des remarquables et qu'on rendra cognoissable aussi par des marques à chaque bout. Il y a donc quatre droictes à rendre cognoissables par des marques à chaque bout, ici nommées *essieu*, *sous-essieu*, contre-essieu et trauerssieu, desquelles il y a deux naturellement tousiours au plan de face, assauoir les sous-essieu et trauersieu et les deux autres n'y sont pas tousiours naturellement, et l'on les y meine pour cette manière de trait, c'est-à-dire qu'outre les sous-essieu et trauersieu on meine au plan de face encore deux autres droictes ainsi qu'on verra, l'vne qui représente l'essieu A K en sa position naturelle auec la sous-essieu, l'autre qui représente la contre-essieu AL en sa position naturelle auec l'essieu : qui voudra pourra mettre à ces quatre droictes pour marque plus familière la première lettre de leur nom, et pour vne commodité, l'on nomme le plan des essieu, sous-essieu et contre-essieu, *plan sous* essier et le plan des essieu et trauersieu, plan trauersier : il faut encore imaginer et conceuoir la figure que le corps de l'arc par ses doüeles et licts de pierres estendus au besoin impriment ou bien engendrent en ce plan droict à l'essieu, laquelle figure est un arc dont tous les panneaux de ioinct sont à angles droicts, icy nommé *arc droit*, lequel est ce qu'aucuns nomment *cintre*, auquel arc droit, il est éuident que toute droicte menée par le centre est ensemble et corde d'arc et sous-essieu et contre-essieu, de sorte que toute la façon de cette manière de trait consiste à sçavoir, au moyen des angles donnez, trouver l'angle d'inclination de l'essieu au plan de face ; et sa position à l'égard de l'alignement niuelé en face, en quoy non plus qu'au reste on n'emploie que les traits communs de la pratique plus simple de géometrie, et que les ouuriers en la mechanique executent aisement auec *la regle*, *le compas*, *l'esquierre*, le plomb, et *la sauterelle* ou *beuueau*. Dont au nettoyement de ce brouillon, si on veut l'estendre, on pourra particulariser iusques à la moindre circonstance du maniement et de l'vsage de chacun de ces instrumens que les ouuriers cognoissent tous, en descriuant en leur langue au long et par le menu comment afin d'expédier plus habilement l'ouurage, il se faut seruir de ces regles, compas, esquierre, plomb, et sauterelle ou beuueau, depuis le commencement, au long et iusques à la fin de la practique de chaque exemple de cette maniere de trait, et si l'on veut encore de l'ancienne après l'auoir esclaircie et ajustée pour toutes sortes d'occasion et si l'on veut aussi tout d'vn temps on y pourra mettre des manieres uniuerselles de trait pour la coupe du bois aux arts de *charpenterie* et *menuiserie* mais reuénant au moyen de

Trouver l'angle d'inclination de l'essieu au plan de face et sa position.

Pour ce faire comme en la 2e stampe fig. 1 en vn plan que la feuille de papier représente, il faut mener une droicte AB laquélle représente une niuelée en la face plate du mur, et par vn quelconque point A de cette niuelée en face, il faut mener une droicte AN laquelle représente la route au niveau, que les maçons en cet exemple nommeroient la ligne de biais, et qui fasse avec AB l'angle donné d'entre les niuelées en face et route au niueau, ou bien le plan du pied droict, puis par vn quelconque poinct N, hors A, de cette route au niveau AN, il faut mener une droicte NH perpendiculaire à la niuelée en face AB qu'elle rencontre en B, laquelle NH repré–

sente le plan droict aux face et niueau, et conséquemment elle représente à mesme temps les entrecoupeures de ce plan droict aux face et niveau, avec chacun des plans de niueau, de face, et de chemin, par ou de suite elle représente aussi chacun de ces trois autres plans, puis en la considérant particulierement comme vne ligne simplement de plan de face, il faut par B, mener vne droicte BN′ laquelle représente particulierement le plan niueau et fasse auec la droicte de face NH, l'angle donné d'entre les plans de niueau et de face que les maçons en cet exemple nommeroient l'angle du talus, puis encore par le mesme point B faut mener une droicte BK, laquelle représente particulierement le plan de chemin et fasse auec la droite de niueau BN′ l'angle donné d'entre les plans de chemin et de niveau et avec la droicte de face NH l'angle donné d'entre les plans de chemin et de face que les maçons en cet exemple nommeroient l'angle de la rampe; cela fait en la droicte de niueau BN′, à commencer du poinct B, faut faire vne pièce BN′ égale à la piece BN de la droicte NH, puis par ce poinct N′ en la droicte du niueau mener vne droicte NK, perpendiculaire à la droicte de niueau BN′, et qui rencontre la droicte de chemin comme en K, puis par ce poinct K mener une droite KH perpendiculaire à la droicte de face NB, qu'elle rencontre comme en H, puis par les points H et A mener une droicte AH, laquelle est la sous-essieu de cet exemple naturellement ainsi placée au plan de face à l'égard de la niuelée en AB, cela fait par le poinct H il faut mener une droite HK', laquelle soit ensemble perpendiculaire à la droite AH, et égale à la droite HK', puis par les poincts K' et A mener une droicte AK' laquelle est l'essieu tracé au plan de face en sa position naturelle à l'égard de la sous-essieu, d'autant qu'en cette figure chacune des deux droictes BK et Ak a quelque rapport à l'essieu, chacune d'elle a quelque semblance de marque d'essieu, mais il n'y a que AK' d'essieu véritable, chacune des autres n'étant qu'un faux essieu ; quand on a comme cela bien placé les sous-essieu et essieu et marqué chacune d'elles à ses deux bouts, il faut par A, mener une droicte perpendiculaire à la sous-essieu et elle sera la trauersieu placée comme il faut, puis encore par A, faut mener vne droicte perpendiculaire à l'essieu, et elle sera la contre-essieu placée comme il faut au plan de face; et voilà toute la façon qu'il y a à placer ces quatre droictes essieu, sous-essieu, contre-essieu, et trauersieu, comme il faut au plan de face pour cette maniere de trait. Après quoy faisant en la droicte BN, à commencer de B, vne piece B*k* égale à la piece BK de la droite de chemin, et menant puis la droicte Ak, l'angle kAB est égal à l'angle d'entre les routes au chemin et niuelée en face AB, qui seruira pour le trouuer, s'il n'est donné, et s'il est donné seruira de preuve, si l'on a bien pratiqué; d'auantage la droicte A*k* est égale à la droicte AK' qui seruira de preuue encore si l'on a bien pratiqué; et si au lieu de commencer avec l'angle d'entre les niuelées en face et route au niueau qui est l'angle BAN, on veut commencer auec l'angle d'entre les niuelées en face et route au chemin qui est l'angle BAk, ia figure monstre à l'œil comment par vne procédure semblable et en partie à rebours de la précédente, on vient à placer tout de mesme les quatre droictes sous-essieu, essieu, trauersieu et contre-essieu, et finalement auoir l'angle NAB, d'entre les niuelées en face et route au niueau, et tousiours A*k* égale AK' pour seruir de preuve si l'on a bien pratiqué : le placement de ces quatre droites correspond à ce que font les maçons en leur manid e de trait, quand ils placent leurs lignes de biais, leurs lignes de rampe, leurs lignes de talus et plusieurs autres lignes nécessaires avant que de venir à leurs lignes des panneaux. Cela donc estant acheué, par le mesme poinct A faut mener une droicte AQP, laquelle représente la corde de l'arc luy soit égale, soit my partie en A, et fasse avec AB l'angle naturel d'entre les niuelée en face et corde de l'arc, puis sur les poincts Q et P, comme hault ou dessus des impostes, ou coussinets descrire et diuiser les contours de l'arc tout de mesme qu'on le veut auoir au naturel : car cette maniere icy de trait le donnera précisément tel qu'on l'aura figuré, ce que ne fait pas tousiours la maniere du trait des maçons. Avec cette simple et seule préparation en cette maniere de trait, on trouve généralement toutes especes de panneaux en toutes especes d'ouvertures où les joints sont en lignes droites; soit comme les maçons parlent, avec biais, rampe et talus, et sans biais, rampe, n'y talus, soit auec l'vn ou l'autre seul, ou bien auec les deux quelconques des trois ensemble : et de plus elle meine à la cognoissance du traict pour faire que tous les membres des ornemens d'architecture aux degrés regnent en tous les endroits, chacun suivant les arcs, rampes et niueaux qu'il y a de fonds à cime, sans aucune interruption n'y fausse rencontre, et pour trouuer les panneaux de toutes ouvertures en quelconque surface courbee aussi bien alors qu'on en a figuré l'ouuerture telle qu'on la veut avoir, ce que ne fait pas le trait commuu des maçous qu'alors qu'ou ne la pas figurée, trait la doibt donner, comme le commun trait des maçons ; bref elle meine à la cognoissance de tout ce qui est humainement faisable avec le trait. Cette préparation achevée, on vient à la pratique de

Trouver les panneaux des joints et areste du pied droit.

En construisant une porte on commence par ses piedsdroits et cette manière de trouver les panneaux d'une porte commence par trouuer les panneaux de nivelée et areste en face du pied droit et des routes au niveau et mesme areste en face du mesme pied droit de cette porte ; et pour ce faire, en conceuant pour une espece de commodité, que les droites désormais inutiles AK, BK, HK, HK, sont disparuës, et que les droites AN, BN et BN′, sans changer leur position à l'égard de la niuelée en face AB, sont tournées à l'entour de cette niuelée en face AB comme en la mesme seconde stampe en la 11 figure, ou les poincts N et N′ sont au regard de l'œil d'une autre part d'AB, qu'ils ne sont en la 1 figure, ce qui bien entendu n'est qu'une mesme chose en l'une qu'en l'autre de ces figures : Par le point N, en cette 11 figure, il faut mener une droite parallele à AB, qui aille remontrer BN', comme en G, puis en BN, faut une piece BE, égale à la piece BG, de la droite de niueau BN', puis par les points E et A, mener une droite AE, et alors l'angle comme BAE est le panneau des niuelée et areste en face du pied droict, puis ayant par le poinct N, mené une droite NL perpendiculaire à AN et égale à NG, faut par les points L et A mener une droicte AL et l'angle comme NAL et le panneau des routes au niueau et areste en face du pied droict, et AL est égale à AE, si l'on a bien pratiqué; la figure monstre à l'œil qu'en cas d'une encoigneure dont AB fust une des faces et AB' l'autre et AN l'assiette au niueau, sur laquelle s'éleue et regne l'areste de cette encoigneure, on trouve les panneaux de l'autre face AB′, tout de mesme qu'on a trouué les panneaux pour la face AB. Cecy pouroit estre plus euident aux ouuriers s'ils conçoiuent que l'entre-deux d'AB et d'NG, sçauoir BN, est l'espoissseur niuelée du pied droict de la porte ou du mur de l'une des faces de l'encoigneure et que BN est la face esleuée, comme ils parlent, en talus sur BN. Quand on a trouué ces panneaux reuenant à la I figure, il faut par les poincts Q et P comme haut ou dessus d'impostes ou coussinets, mener deux droites QD, PC paralelles entre-elles, et qui fassent auec la niuelée en face AB conuenablement chacune l'angle trouvé par le trait en la II figure d'entre l'areste en face du pied-droict en façon que les forts et faibles, ou comme les maçons parlent entre-eux, le gras et le maigre de ce panneau, soit tourné de la part qu'il faut à l'égard de la niuelée en face AB, puis d'autant que cette manière de trait est en main à ceux qui l'entendent, non-seulement pour expédier habilement, mais aussi pour mesnager la pierre, et que l'un et l'autre despendent entre-autres choses d'auoir les panneaux de l'arc droict, elle commence par la pratique de

Trouuer en deux façons l'arc droict, nommé d'aucuns le cintre.

Il a esté dit que la sous-essieu est au plan de l'arc face, et que les contre-essieu et trauersieu, naturellement sont toutes deux au plan de l'arc droict, d'ou suit qu'auec l'une ou l'autre des contre-essieu et trauersieu, ensemble auec la sous-essieu, l'on peut trouuer cet arc droict, et quand par l'un ou l'autre des deux moyens ou sçait trouuer en l'arc droict un point correspondant à l'un des poincts de l'arc face, on y sçait trouuer tous les autres, attendu que pour les trouuer tous l'un après l'autre, il n'y a qu'a faire pour chacun la mesme chose qu'on a fait pour en trouver un. Quand on y employe la contre-essieu, comme en la 3 stampe figure I, en conceuant que toutes les droictes inutiles desormais estant disparuës, il n'y reste que les quatre droictes sous-essieu, essieu, contre-essieu et trauersieu, marquées à chaque bout, et qu'on veut trouuer en l'arc droict le poinct correspondant par exemple au poinct P, de l'arc face, par ce poinct P, faut mener une droicte P*p*, perpendiculaire à la sous-essieu qu'elle rencontre en *p*, puis de ce poinct *p*, en la sous-essieu faut mener une droicte *pp'*, perpendiculaire à la contre-essieu qu'elle rencontre en *p'*, puis à commencer de la contre-essieu et de la mesme part d'elle que P*p* est de la sous-essieu, faut en la perpendiculaire de la contre-essieu faire une pièce comme *p'*P' égale à la pièce comme *p*P de la perpendiculaire à la sous-essieu, et alors le poinct comme P′ est en l'arc droict le correspondant au poinct P, de l'arc face. La figure monstre à l'œil qu'on en a fait de mesme pour auoir en l'arc droict les poincts G′,B′,F′ correspndants aux poincts G,B,F de l'arc face, et que vraysemblablement on en à fait de mesme pour auoir en l'arc droict chacun des autres poincts H′,S′,L′, Q′,O′,V′ correspondans aux poincts H,S,L Q,O,V de l'arc face, et quand par deux semblables moyens on a trouué en l'arc droict deux poincts correspondans à deux poincts d'une quelconque droicte doüele ou joint de l'arc face, la figure monstre qu'en menant une droicte par ces deux points de l'arc droict on y a la droicte correspondante à celle de l'arc face, doüele ou joint, en laquelle sont les poincts dont on a trouué les correspondants : par exemple, quand on a trouué en l'arc droict le poinct P′ correspondant au poinct P de l'arc face et puis le poinct F′ correspondant au poinct F de l'arc face, en menant la droicte P′F′, elle est en l'arc droict la correspondance à la droicte PF, en l'arc face et ainsi des autres : mais les experts aux arts sçauent qu'en l'exécution mechanique sur deux seuls poincts d'une droicte, il est aisé d'en varier la position, et que trois poincts l'asseurent et s'entre vérifient l'un l'autre; partant quiconque veut être exact en l'opération mechanique doibt auoir trois poincts en vue mesme droicte auant que la tracer afin de la pouuoir mettre au plus près de sa position. Et pour en cette manière de trait auoir en l'arc droict trois poincts d'une même droicte, par exemple de Q'L' correspondante à la droicte QL de l'arc face, il n'y a qu'à prendre en cette QL un troisiesme poinct autre que Q et L et pour ce troisiesme poinct faire la mesme chose qu'on aura fait pour chacun des autres deux; et pour auoir ce troisiesme poinct encore en deux autres façons, il faut comme la figure monstre, allonger cette droite QL jusques à ce qu'elle vienne à rencontrer commodément l'une ou l'autre des sous-essieu ou trauersieu : quand elle rencontre commodement la sous-eesieu comme en *l*, il faut par ce poinct *l* mener une droicte *l ll'*, paralelle à l'essieu, jusques à ce qu'elle rencontre la contre-essieu comme en *ll'*,et ce poinct de la contre-essieu *ll'* est en l'arc droict en uue mesme droicte auec les deux points Q'L', si l'on a bien pratiqué, tout ainsi que le poinct *l* de la sous-essieu est au plan de face en vue mesme droicte auec les deux points Q, L; quand QL allongée rencontre commodement la trauersieu comme en I, il faut en la partie de l'essieu comme A*ll'* faire A*ll'* égale à A*l*, de la semblable partie de la trauersieu, le poinct *ll*, de l'essieu est en l'arc droict en uue mesme droicte auec les deux points Q'L, si l'on a bien pratiqué, de mesme que le poinct I de la contre-essieu est en l'arc face en vue mesme droicte avec les deux poincts LQ; la figure monstre à l'œil qu'on en a fait de mesme pour la doüele 3 et que vray semblablement on en a fait de mesme aussi pour chacune des autres doüeles et joints de l'arc, en façon que les droictes qui forment et constituent la figure de l'arc droict, représentent chacune un des plans de doüele ou de lict des voussoirs de l'arc et de plus elles contiennent les *angles* d'entre ces *plans de doüéles* et *de lits de voussoirs,* lesquels angles servent aux appareilleurs à expédier habilement et à mesnager la pierre, en faisant auec ces angles d'abord *couper la doüele en dedans*, puis les *licts* et *la teste* du voussoir au plus juste.

La mesme figure monstre encore à l'œil qu'ayant l'arc droict, la position de l'essieu à l'esgard de quelconque plan de face et la position en l'arc droict de la contre-essieu de cette construction, par une opération directement à rebours de la précédente, on trouue la figure de l'arc en ce plan de face auec les semblables preuves de trois poincts en une mesme droicte : et pendant qu'on est sur cette figure, elle monstre d'abondant qu'au moyen encore de cet arc droict, et des mesmes choses susdites ou trouue aussi les panneaux des doüeles et joints de l'arc face, et pour ce faire, des deux bouts de chacque doüele ou joint de l'arc droict, par exemple des deux bouts du joint P'F' il faut mener des perpendiculaires à la contre-essieu qu'elles rencontrent en p' et f' et qui aillent rencontrer la sous-essieu comme en p et f et de ces poincts p et f, ainsi faits en la sous-essieu, faut mener deux perpendiculaires à l'essieu qu'elles rencontrent comme en pp et ff, puis à commencer de l'essieu, en l'vne de ses deux perpendiculaires par exemple en ff, f, il faut faire une pièce comme $ff'\,ff'$ égale à la longueur de ce joint P'F', puis par les points comme pp et ff', il faut mener une droicte $pp.'\ ff$ et alors l'angle d'entre l'essieu comme App, et cette droite $pp\ ff$, sçauoir l'angle comme A$pp\ ff$ est le panneau du joint de l'arc face correspondant au joint P'F'' de l'arc droict, et la droite $pp\ ff$ est égale à la droicte PF si l'on a bien pratiqué et ainsi de chacun des panneaux, de chacun des autres joints et doüele, ce qui reuient à la manière de trait commun aux maçons, auec lequel faute d'intelligence, ils font souuent une chose autre que celle qu'ils ont intention de faire, d'ou vient que souuent il faut retondre les pierres coupées sur les panneaux qu'on a trouvez auec leur manière de trait, si l'on veut qu'elles conuiennent précisement en œuvre, au lieu que jamais il n'y a rien à retondre quand elles sont coupées sur des panneaux trouués par cette manière icy.

Pour la deuxieme façon de trouuer l'arc droict et que pour ce faire on employe la trauersiere, comme en la mesme 3 stampe figure II pour auoir en l'arc droict vn poinct correspondant à vn poinct de l'arc face, par exemple du poinct P, il faut pour ce poinct P mener vne perpendiculaire à la traversieu qu'elle rencontre en p et vne perpendiculaire à la sous-essieu qu'elle rencontre en p′ et de ce poinct p′, en la sous-essieu mener vne perpendiculaire à l'essieu qu'elle rencontre en pp″, puis à commencer de la trauersieu faire en sa perpendiculaire vne piece comme pP′ égale à la piece comme pp. p′ de la perpendiculaire à l'essieu contenuë de l'essieu à la sous-essieu et le poinct P′ est en l'arc droict le correspondant au poinct P de l'arc face :

La figure monstre qu'on en a fait de mesme pour auoir semblablement en l'arc droict le point F′ correspondant au poinct F de l'arc face et par ce moyen auoir en l'arc droict la droicte P′F′ correspondante à la droicte PF en l'arc face et qu'aussi vray semblablement on a fait ainsi pour le reste des joints et doüeles de l'arc. Ou si l'on veut encore avec la contre-essieu trouuer le mesme arc droict en vne autre façon qui reuient à la mesme chose que celle d'auec la trauersieu par exemple, afin d'auoir en cette autre façon en l'arc droit le poinct *o* correspondant au poinct O de l'arc face, il faut par le poinct O de l'arc face mener vne perpendiculaire à la sous-essieu qu'elle rencontre en *o*, puis de là par vne parallele à l'essieu filer jusques à la contre-essieu en *oo*, puis de là par un cercle ou rond sur le centre A tourner jusques à la sous-essieu *oo*, puis de là mener une perpendiculaire à la sous-essieu comme oo. O, laquelle soit egale à l'autre perpendiculaire de la mesme sous-essieu oO et le poinct O′ est en l'arc droict le correspondant au poinct O de l'arc face et pour en vne autre maniere auoir un troisieme poinct d'vne droicte, il faut alonger cette droicte en l'arc face par exemple LQ jusques à ce qu'elle rencontre commodement l'vne ou l'autre des sous-essieu, ou contre-essieu, quand elle rencontre commodement la sous-essieu comme en l, il faut de là mener une perpendiculaire à l'essieu qu'elle rencontre en ll, puis en la sous-essieu de la mesme part faire All'' egale à ll', ou si l'on veut, comme la figure monstre dl, en la sous-essieu, par vne paralelle à l'essieu filer jusques à la contre-essieu, et de là par vn cercle ou rond sur le centre A, tourner jusques à la sous-essieu en ll'', qui est en l'arc droit en vne mesme droite auec les deux points LQ si l'on a bien pratiqué ; quand LQ alongée rencontre commodement la trauersieu comme en I, ce poinct I est en l'arc droit en vne mesme droite auec QL si l'on a bien pratiqué, ce qui se verifie encore en vne autre maniere, et pour ce faire par exemple du poinct F' en l'arc droit, il faut du poinct F, en l'arc face tourner sur le centre A, par un cercle ou rond iusques à la perpendiculaire à l'essieu ff, f, comme jusques en ff, et si l'on a bien pratiqué, la piece comme ff ff de cette perpendiculaire à l'essieu est égale à l'interuale AF. La figure monstre qu'on en a fait de mesme par la vérification du point p, comme aussi vray semblablement pour la vérification de chacun des autres, la mesme figure monstre à l'œil qu'ayant l'arc droict et le reste cy devant dit, par vne procedure directement à rebours de celle-cy, l'on trouue la figure de l'arc face et le troisième poinct en vne droicte auec la maniere de vérification derniere expliquée, et ayant ainsi trouué l'arc droit il reste encore la pratique de :

Trouver les panneaux de coussinet de doüele et de joint.

Qui se trouuent l'vn en la mesme de l'autre, et qui en sçait trouuer vn, les sçait trouuer tous indifferemment, et pour se moins embroüiller on les distingue en deux especes, qu'on nomme, vne de doüele et l'autre de joint, et celuy de coussinet est compris entre ceux de doüele, et pour les mieux discerner à l'occasion de chaque doüele et chaque joint est particulierement encore marqué d'vn chiffre. Pour donc en trouuer les panneaux, par exemple pour trouuer le panneau du coussinet PC, 4 stampe figure I ayant déterminé la longueur PC telle qu'on veut, comme de l'vne des doüeles, par les deux bouts de cette longueur là PC, il faut mener deux perpendiculaires à la sous-essieu qu'elles rencontrent en p et c, puis par les poincts ainsi faits en la sous-essieu p et c, faut mener deux perpendiculaires à l'essieu qu'elles rencontrent en p′ et c′, puis sur l'vn ou l'autre des points p′ et c′ que ces perpendiculaires donnent à l'essieu, par exemple sur le poinct c′, comme centre et de l'interuale ou ouuerture de la longueur de PC, faut tourner par vn cercle ou rond vers l'autre perpendiculaire à l'essieu qui le rencontre à l'autre poinct p′, jusqu'à ce que ce rond rencontre cette autre perpendiculaire comme en pp, puis par les poincts comme c et pp, faut mener vne droicte c,pp, et alors l'angle A,c′,pp, d'entre l'essieu et cette droicte comme c,pp, est le panneau de cette doüele PC. La figure monstre qu'il a esté procédé tout en la mesme façon pour auoir l'angle Aoh, panneau du joint OH, et aussi pour auoir chacun des autres panneaux : mais pour vne commodité que monstre en la mesme 4 stampe la figure II, on peut en quelque endroit hors la figure de l'arc tracer d'autres sous-essieu et essieu en la mesme position qu'elles sont en la figure de l'arc, puis prendre en la sous-essieu de la I figure la grandeur cp, et la porter en la II figure en la sous-essieu comme d'A en p, et de ce p mener vne perpendiculaire à l'essieu, puis prendre en la I figure la grandeur PC, et la porter en la II figure d'A en la perpendiculaire à l'essieu, laquelle vient de p, de la sous-essieu, puis tousiours de mesme à commencer du centre A de cette II figure y faire en la sous-essieu des pieces égales à toutes les pieces de la sous-essieu de la 1ᵉ figure, qui sont contenües entre les deux perpendiculaires venants des deux bouts d'vne mesme doüele ou joint, en mettant les doüeles d'vne part d'A et les joints de l'autre, puis par tous ces pointcs ainsi faits hors A, en la sous-essieu de cette II figure mener des perpendiculaires à l'essieu, puis sur A, centre et interuale de chacune de ces doüeles ou joints, tourner en rond iusqu'a ce qu'on rencontre sa correspondante perpendiculaire venant de la sous-essieu, et mener finalement du poinct A, des droictes à chacun des poincts que ce rond a fait à cette correspondante perpendiculaire et ainsi à tous les panneaux distinctement, comme la figure monstre, ou pour abreger, toutes les doüeles et coussinets sont faites égales entre-elles, et partant il n'y a qu'vn seul tour de rond pour toutes, et de mesme tous les joints sont faits égaux entre-eux, et partant il n'y a qu'vn seul tour de rond pour tous; et d'auantage les chiffres y font voir les rapports qu'il y a des panneaux de la II figure aux doüeles et joints de la I figure, et en la II figure la piece de la perpendiculaire à l'essieu contenüe entre le mesme essieu et le rond ainsi descrit sur le centre A, est égale à la doüele ou joint de l'arc droict qui luy est correspondante, et que les chiffres de mesme nous monstrent à la veüe, et qui seruira de preuue si l'on a bien tout pratiqué. Les contemplatifs verront bien que les droictes alongées aux plans des arcs y représentent des plans ausquels on conçoit que l'essieu est paralel, et que les droictes menées par les bouts des deux doüeles y représentent des plans de ces deux doüeles, à sçauoir, les perpendiculaires à la sous-essieu, des plans perpendiculaires au plan sous-essier, et les perpendiculaires à la trauersieu, des plans perpendiculaires au plan trauersier; ils y verront aussi qu'ayant un arc et la disposition de l'essieu à l'esgard de la face de cet arc, et la disposition encore du même essieu, à l'esgard d'vne quelconque autre face, on trouuera la figure et les panneaux de l'arc en cette autre face; ils verront aussi comme au moyen des angles donnez cy-dessus, on trouue les mesmes panneaux auec le quelconque des plans de l'essieu, notamment le chemin, le trauersier, et semblables; ils y verront aussi pourquoy les angles ou panneaux trouuez au moyen de l'arc droit pour en un arc on vne face inclinée à l'essieu ne conuiennent pas à faire cet arc droict incliné à l'essieu, comme veulent quelques ouuriers ; ils y verront encore sans aucune figure les fondements démonstratifs de cette maniere vniuerselle de tracer au moyen du style placé, tous quadrans plats d'heures égales au soleil, avec la reigle, le compas, l'equierre et le plomb.

MANIERE VNIUERSELLE

DE TRACER AU MOYEN DU STYLE PLACÉ, TOUS QUADRANS PLATS D'HEURES ÉGALES AU SOLEIL, AUEC LA REIGLE, LE COMPAS, L'EQUIERRE ET LE PLOMB.

Pour ce faire quand le style est posé, dont les moyens sont pour vn autre discours, au quelconque poinct du style hors le plan du quadrant, il faut appliquer le fil deslié d'vn plomb pendant, puis il faut appliquer une reigle ou vn filet en ligne droicte qui vienne à toucher en mesme temps de trois poincts diuers, le milieu de la grosseur du style, le filet du plomb pendant, et le plan du quadrant, qui est faire ce que les ouuriers nomment *bornoyer le style et le filet du plomb pendant*, et marquer ce poinct au plan du quadrant, puis en remuant cette reigle ou filet de place, en faire la mesme chose en vn autre endroit, et marquer ainsi deux poincts diuers au plan du quadrant et par ces deux poincts faut mener une ligne droicte, laquelle est ***la ligne du meridien*** ou ***de douze heures***, puis ayant osté le plomb, il faut appliquer vn des costez d'vn equierre au long du style, en façon que la ligne du style soit paralele à ce costé d'equierre, et ensemble au plan de son angle droict, puis faire tourner cette equierre tousiours ainsi disposé. ron dement autour du style, jusqu'à ce que l'autre costé de l'equierre alongé d'un filet au besoin vienne à rencontrer à deux fois diuerses le plan du quadrant en deux points diuers, et par ces deux poincts faut mener une droicte qui est la ***ligne de l'équoteur*** ou ***de six heures***, et sur la piece de cette ligne de six heures, contenuë entre ces deux poincts comme base, descrire au plan du quadrant vn triangle qui ait les autres deux costez egaux chacun à la longueur contenuë depuis son poinct en cette base jusqu'au poinct milieu de la grosseur du style à alentour duquel a tourné le bout de l'equierre qui a donné ces deux poincts de l'equinoxiale au plan du quadrant et autour du poinct ou ces autres deux costez de ce mesme triangle aboutissent comme centre, descrire vn cercle ou rond de quelconque interuale ou ouuerture, puis par le poinct ou but commun aux droictes de douze et de six heures alongées au besoin et par le centre du cercle y mener vne droicte qui donnera le diametre de douze heures, et sur ce diametre diuiser ce cercle en vingt-quatre parties egales entre-elles, puis du centre de ce cercle mener des rayons ou droictes par éhacun des termes de cette diuision jusqu'à la ligne de six heures, et par ces poincts ainsi faits en la ligne de six heures, mener des droictes au bout du style s'il touche au plan du quadran, sinon faire encore la mesme chose encore en vn autre endroit du style, et l'on aura au plan du quadran deux lignes de six heures, chacune diuisée par le moyen de son propre cercle, et par les semblables poincts de ces deux lignes de six heures, menant des droictes, elles sont les lignes des heures égales au plan du quadran, ou par le moyen de celle de douze heures on discerne leur ordre, et celles des heures d'auant midy d'auec celles des heures d'après midy, pour les marquer chacune de son nombre; on pourrait au besoin faire vn mot des quadrans d'autres especes que d'heures égales.

Puisqu'vn reste de page et l'occasion y conuient, afin qu'après ce Brouillon il n'y ait plus en cecy d'abusez que ceux qui le voudront bien estre, on ne doit pas croire à tout esprit, n'y à toute apparence ; à tout esprit, en croyant que tous ceux qui font en particulier vne grande monstre de plusieurs belles pensées en soient touiours les autheurs, on void escrite à la main vne belle maniere de trouuer les touchantes aux courbes, ensuitte des plus grands et plus petits, laquelle est auérée estre de monsieur de Fermat, très-digne conseiller de parlement de Tholoze et la premiere descouverte de la ligne qu'engendre vn point en la diametrale d'nn cercle roulant sur vne droicte et de monsieur de Robernal très-digne professeur royal aux mathématiques. A toute apparence, en croyant que les ouuriers sans géometrie soient meilleurs juges de la bonne ou mauvaise façon de leurs ouvrages que ceux qui leur sçavent ordonner comment il faut les faire, et qu'ils soient pour estre bien faits: entre les ouuriers en l'art de maçonnerie, outre ce qu'ils nomment par equarissement il y a de tradition vne regle de la pratique du trait pour la coupe des pierres universelle et démonstratiue que la pure contemplation d'un franc géomètre leur a descouuert, et non pas leur pratique tatonneuse, en laquelle regle ils se mescontent souuent à faute de l'entendre à fonds, et ceux mesmes qui se piquent de maistrise et d'exceller en la pratique de ce trait sans sçavoir ce que c'est de demonstrations géométriques, pour auoir durant plusieurs années joué de la regle et du compas en la fonction d'appareilleurs aux plus magniques edifices, eglises, palais, et semblables, et qui font monstre d'vn amas d'autant de figures ou piece de trait qu'ils ont ouy nommer d'occasions d'en mettre en pratique, et qui pour s'asseurer de leur iustesse les ont tous coupez de leur propre main qui n'est pas vne démonstration aux intelligents : ceux-là mesme s'embarrassent au choix incertain dans le nombre qu'ils ont de sorte de traits pour vne seule chose, la plus part faux, entre autres de ceux pour les descentes ou montées biaises, avec talus et sans talus, et si l'on pense les en aduertir, ils s'en offencent, fuyent d'en estre eclaircis et pour estourdir les nouices, ils parlent incontinent de couper vne de leursplus difficiles pieces de trait, comme ou il y a des surfaces courbées en voutes surbaissée, rampante et tournoyante en coquille ou limaçon et semblables sans considerer que puisqu'ils ne cognoissent pas s'il y a du faux ou non aux traits du simple arc d'vne porte en descente ou montée biaise, ils cognoissent encore bien moins s'il y a du faux ou non aux traits plus composez de ces especes de voutes. Or ce n'est pas de ces ouuriers là que ces reigles icy de la pratique de la perspective, du trait pour la coupe des pierres et des quadrans plats d'heures égales au soleil demandent le sentiment, c'est des excellens contemplatifs, lesquels affranchis de préoccupation, nonobstant l'erreur commune, sans avoir iamais ioué de la reigle et du compas en l'exécution mechanique par les seules démonstrations géométriques, voyent mieux et peuuent mieux asseurer à quoy leur exécution aboutira, que ne sçauroit faire toute l'expérience ensemble de tous les meilleurs ouuriers simplement praticiens, et qui n'ont pas l'esprit de géométrie. Ces mesmes excellens hommes aux sciences peuuent encore mieux juger que personne autre, si pour la pratique de ces arts et semblable, il vaut mieux auoir autant de regles ou leçons diuerses toutes également difficiles qu'il y a de ces diuers en chacun, ainsi qu'on en pourra voir en diuers traités enrichis d'vn grand nombre de belles figures, que de n'en auoir comme icy qu'une seule en chacun vniuerselle et générale pour tous ses cas aussi facile qu'aucune des autres et si auant le nettoyement de ce Broüillon et de ceux des coniques et des forces opposées, la courtoisie de quelqu'vn les honore de ses corrections aux manquemens qui peuuent y estre contre les reigles du raisonnement pour en establir et demonstrer les propositions, en tesmoignage de ressentiment d'vne obligation perpetuelle, il en sera remercié par escrit public. Quand à ceux qui ne sçavent que corriger les mesmes choses dont l'autheur s'est corrigé soy mesme en son propre Broüillon, ou bien dire que ce qu'il contient sont des conséquences des propositions d'autres autheurs; comme qui diroit des Élémens d'Euclide, ou bien en déguiser les démonstrations pour faire croire qu'ils auoient eu desià les mesmes pensées, et qui tombez eux mesmes publiquement en erreur contre les reigles de la démonstration ne le veulent pas auoüer et remercier ceux qui les ont obligez de leur monstrer, s'ils ne font que de telles ou semblablables gloses, on leur baise bien les mains dès à présent.

ANALYSE

DU

BROUILLON PROJET

DE LA COUPE DES PIERRES, PERSPECTIVE, CADRANS SOLAIRES.

Par M. Poudra.

Cet ouvrage de Desargues est divisé en trois parties; la première sur la perspective, la deuxième sur la coupe des pierres, la troisième sur le tracé des cadrans solaires.

La première partie, sur la perspective, a pour objet de répondre à deux espèces de personnes, 1° à celles qui ont rejeté sa méthode de perspective, *faute de l'entendre;* 2° à celles qui l'entendent, mais qui assurent *qu'elle ne contient aucune chose nouvelle et qui ne fut déjà imprimée et en usage.*

Il expose de nouveau la base de sa méthode et la conformité de construction qui en résulte pour faire une perspective ou un plan géométral ; cet exposé ne contient rien de nouveau sur ce sujet ; il semble même être moins concis, plus diffus et par suite moins intelligible que sa perspective de 1636. — Il cite les noms de plusieurs de ses élèves qui ont appris sa perspective en peu de jours et même *les bons* en peu d'heures, comme en autres M. Buret, maître menuisier sculpteur, Bosse, graveur, de la Hire, peintre, Hureau, maître-maçon, etc. — Sa méthode, dit-il, donne les ombres d'une manière plus facile, que celle d'une figure que M. Poussin, très-excellent peintre, a envoyée cette année de Rome.

Un passage ainsi conçu, « *et bien que ces deux figures suffisent à ceux qui ont de la disposition à apprendre la perspective, etc.* » fait supposer que deux figures de perspective accompagnaient ce petit ouvrage. Nous n'avons pu retrouver ces figures ainsi que celles plus importantes relatives au traité sur la coupe des pierres. — Dans un volume du traité des pratiques géométrales et perspective de Bosse, qui appartient à M. Chasles, nous trouvons deux figures de perspective portant les numéros 19 et 20 qui sont évidemment intercalées et n'appartiennent pas à l'ouvrage de Bosse, elles pourraient être les deux figures de perspective dont il est ici question.

COUPE DES PIERRES DE DESARGUES.

Analyse.

NOTA. — N'ayant pu nous procurer les planches et figures de l'ouvrage, nous nous sommes efforcé de les reproduire d'après le texte, et en nous aidant de l'ouvrage de BOSSE sur le même sujet.

L'auteur pour exposer sa méthode de coupe de pierre suppose qu'il s'agit de construire une descente, ou montée biaise, dans un mur en talus ; prenant ainsi le cas le plus général de ces espèces de voûtes, d'où, dit-il, *on en conclura facilement les cas particuliers* ; *de plus la méthode exposée pour ce genre de voûte, conduira à celle nécessaire dans tout autre genre de construction.*

Dans sa 1re planche, il représente en perspective la susdite porte et sur cette figure il commence par donner les noms des différentes parties de celle construction et des divers plans et droites dont il doit se servir.

Il distingue dans cette construction cinq plans remarquables :

1° Le plan horizontal ou de niveau, tel que

celui CDR qui se trouve devant la porte et forme le sol.

2° — Le plan de la face du mur qui doit former l'entrée.

Ce plan coupe celui horizontal formant le sol, suivant une horizontale CD qu'il appelle ***l'alignement nivelée.***

3° — Par cette horizontale, ou seuil, CD de la porte passe un troisième plan CDGE qui est celui de la descente ou montée. Dans la figure qui représente une descente, il l'appelle plan du chemin.

4° — Il donne le nom de plan de route, à un plan vertical parallèle aux faces des tableaux des pieds droits, passant ainsi par les verticales des deux sommets K et Z de la voûte qui doit recouvrir ce passage. Sa direction indique le biais de la voûte. Sa trace YR sur le plan de niveau s'appelle la route nivelée et XY qui est sa trace sur le plan du chemin est dite : la route au chemin ou simplement le chemin.

5° — Il considère ensuite un plan auxiliaire, perpendiculaire à la fois au plan de niveau et au plan de face et dont les intersections avec les trois plans, de niveau, de chemin, de face, servent à mesurer les angles que ces plans font entr'eux. Ce plan s'appelle, ***droit aux face et niveau.*** Son intersection avec le plan de route se fait suivant une verticale KNR et l'angle de ces deux plans sert à mesurer le biais de la voûte.

On distingue facilement ces 5 plans sur la figure.

Ces 5 plans peuvent se supposer transportés parallèlement à eux-mêmes, dans un endroit quelconque de la construction, et conserveront les mêmes noms et serviront aux mêmes usages. Ainsi la droite horizontale PQ peut aussi bien que celle CD représenter l'intersection des trois plans de niveau, de face, de chemin.

L'intersection du plan de chemin et de route est une droite AEK' qui est l'axe de la voûte, et à la quelle il donne le nom ***d'essieu.***

Par un point quelconque K' de cet essieu, il abaisse sur le plan de face la perpendiculaire K'H qui rencontre ce plan en H. La droite qui joint ce point H à celui A qui est celui où cet axe perce le plan de face, sera évidemment la projection de l'essieu sur le plan de face, c'est ce qu'il appelle le sous-essieu; on voit alors que l'angle KAH mesure l'angle de l'essieu avec ce plan de face.

Le plan passant par la verticale K'N, perpendiculaire à celui de face, coupe le diamètre au point B ; de sorte que la droite BK' représente la trace de ce plan sur celui de chemin. Celle BN sur celui de niveau et BH sur le plan de face, ainsi les angles que ces droites font entr'elles mesurent l'angle de ces divers plans entre eux

Par le centre, il considère un plan perpendiculaire à l'essieu, qui coupe le plan de face suivant une droite AT perpendiculaire à la sous-essieu AS et qu'il nomme *traversieu*, et il coupe le plan de l'essieu et sous-essieu suivant une droite AG qu'il nomme contressieu. Ainsi, il y a quatres droites importantes à considérer et qui servent de base à sa méthode.

1° L'essieu, ou axe de la voûte.

2° La sous-essieu, qui est la projection de l'essieu sur le plan de face.

3° La traversieu qui est une droite dans le plan de face et perpendiculaire à la sous-essieu.

4° La contre-essieu qui est dans le même plan que l'essieu et la sous-essieu, et qui est perpendiculaire à l'essieu.

Il propose de donner le nom d'essier au plan qui contient l'essieu, la sous-essieu et contre-essieu, et celui de traversier à celui qui contient l'essieu et la traversieu.

Le plan qui contient la traversieu et la contre-essieu et qui est perpendiculaire à l'essieu, est dit le ***plan droit à l'essieu***; il coupe la voûte suivant une courbe qu'il appelle l'arc droit, ou cintre avec laquelle tous les panneaux de joints sont à angles droits.

Desargues dit alors : « ***toute la façon de celle manière de trait consiste à savoir, au moyen des angles donnés, trouver l'angle d'inclinaison de l'essieu au plan de face, et sa position à l'égard de l'alignement nivelé en face.*** »

Si on a bien compris la première planche, où tout est représenté en perspective, on peut maintenant comprendre les diverses autres figures, qui ne sont plus en perspective, mais composées de la représentation géométrique de plans, avec divers rabattements qu'il faut deviner, car il ne donne que des constructions, sans aucune démonstration. Et si on veut s'aider de l'ouvrage de Bosse, ce n'est pas plus facile, car il donne, s'il est possible, encore moins de démonstration; mais se contente de faire en onze figures différentes et successives ce qui avait été fait par Desargues sur une même figure.

Le premier problème que Desargues propose est ainsi conçu :

« *Trouver l'angle d'inclinaison de l'essieu au plan de face et sa position.* »

Planche 2. Fig. 1. — Pour comprendre cette fig., il faut admettre que le plan du papier représente le plan *face*, quel que soit son talus et que la ligne PABQ est la ligne de terre, seuil ou comme il le dit *l'alignement nivelé* ; alors il faut supposer le plan horizontal tournant autour de PABQ comme charnière, de manière à se rabattre sur le plan du papier qui est celui de face, cela étant compris, sa construction s'explique facilement :

Le point A étant le centre de l'arc, on trace une droite AN qui fasse avec AB l'angle donné entre la *nivelée en face* AB et la route au niveau.

D'un point quelconque N de cette droite, on mène une droite NH perpendiculaire à AB qu'elle rencontre en B.

Si au point N sur le sujet, on élève une perpendiculaire au plan horizontal elle rencontrerait le plan du chemin qui passe par AB en un point K, et la droite KA qui joindrait le point K du plan du chemin, au point A serait la route au chemin, et par conséquent l'essieu de la voûte. Pour exécuter la construction que nous venons d'indiquer, supposons que par la verticale KN, on mène le plan perpendiculaire à celui de face; il est évident que la perpendiculaire NB représentera la trace de ce plan sur le plan de niveau rabattu et que celle BH sera la trace sur le plan de face; faisons tourner ce plan perpendiculaire à la face, autour de BH comme charnière, alors l'horizontale BN deviendra la droite BN' telle que l'angle HBN soit égal à celui qui fait le plan de face et celui de niveau, angle qui est celui de talus et qui est donné.

Menons à présent la droite BK telle que l'angle KBN' soit celui du plan du chemin avec le plan de niveau, prenons BN' = BN et au point N' élevons N'K perpendiculaire BN, il est évident que dans le rabattement le point K représentera l'intersection de la verticale élevée au point N, sur le sujet, avec le plan du chemin.

Si maintenant, par le point K nous menons KH perpendiculaire sur BH, Il est évident que le point H de rencontre avec celle droite, sera le pied de la perpendiculaire abaissée du point K de l'essieu sur le plan de face, donc la droite AH représentera la projection de cet essieu sur le plan de face, ou la *sous-essieu*. 1re partie.

Pour avoir maintenant, 2me partie, l'angle de l'essieu avec le plan de face, il faut faire un rabattement du plan qui contient l'essieu et la sous-essieu autour de la sous-essieu comme charnière. Or, le point K de l'essieu est sur une perpendiculaire au plan de face élevée au point H et à une distance de ce point égale à KH de la figure. Dans le rabattement HK deviendra HK' perpendiculaire à AH et alors AK' sera la représentation de l'essieu rabattu sur le plan de face.

3me partie. La perpendiculaire AT à la sous-essieu sera la traversieu. 4me partie. Et la perpendiculaire AC à l'essieu sera la contre-essieu rabattue aussi sur le même plan de face.

5me partie. Faisons tourner le plan du chemin autour de AB comme charnière, le point K où la verticale élevée en N rencontre le plan du chemin, viendra tomber sur BN en un point *k* tel que B*k* = BK et alors joignant k et A la droite Ak représentera la route au chemin et l'angle kAB celui de la droite de chemin et de la nivelée en face AB, et si l'opération est exacte on aura Ak = AK'. On voit pareillement que si l'angle BAk était donné, au lieu de celui BAN, on arriverait aux mêmes résultats par un procédé analogue; il faudrait commencer par prendre BK = Ak.

2e Problème. — TROUVER LES PANNEAUX *(angles)* DES JOINTS ET ARÊTE DU PIED DROIT. *(Planche* II, *fig.* 2.)

Dans cette fig. 2, AB étant toujours le seuil, ou alignement nivelé, il fait le rabattement du plan horizontal sur celui de face, en sens inverse de la fig. 1, de sorte que le point N se trouve au-dessus de AB, au lieu d'au-dessous ; de même pour la droite BN′ qui représente l'intersection du plan de face et du plan perpendiculaire à ceux de face et de niveau. Ce plan perpendiculaire ayant été rabattu lui même autour de BN, il resulte de là, que si au point N on élève sur BN la perpendiculaire NG, elle rencontrera BN′ au point G et ce point représentera l'intersection de la verticale élevée, dans le sujet, au point N, avec le plan face par, conséquent si on prend sur BN, la distance BE = BG, on aura le rabattement de ce point G sur le plan horizontal et alors la droite AE sera l'arête rabattue même du pied droit, et par suite l'angle EAB sera celui que fait cette arête avec l'alignement nivelé AB.

Si on veut avoir l'angle de cette arête avec la route au niveau AN, il faut rabattre le plan vertical

EAN autour de AN comme charnière ; le point E tombera sur EN perpendiculaire à AN à une distance de N, telle que NL = NE = NG. Et alors LA fera avec AN cet angle cherché

Si l'arête AG = AE = AL était l'intersection des deux faces AB et AB', on ferait un rabattement autour de AB' et la figure montre comment on aurait de même les angles de cette arête dans cette autre face.

3e Problème. — TROUVER, DE DEUX MANIÈRES DIFFÉRENTES, L'ARC DROIT, CE QUE QUELQUES-UNS NOMMENT LE CINTRE. *(Planche* III, *fig.* 1 *et* 2.*)*

Les méthodes employées par l'auteur pour résoudre ce problème sont fort intéressantes et dénotent une grande entente de ce que nous appelons la géométrie descriptive.

La détermination des quatre droites étant faite comme il a été indiqué, et étant donné, sur le plan du papier qui représente le plan face, une figure quelconque ; le problème consiste à trouver l'intersection d'un cylindre dont la base serait cette figure et dont la direction des arêtes serait celle de l'essieu, par le plan perpendiculaire à cet essieu, qui contient ainsi la traversieu et contre-essieu.

Il suffit d'indiquer la construction pour un point. Soit P ce point situé sur le plan face, par ce point P concevons une parallèle à l'essieu, ce qu'il s'agit de déterminer, c'est l'intersection de cette arête avec le plan traversieu, contre-essieu. Voici sa construction : du point P on abaisse la perpendiculaire Pp sur la sous-essieu S, par le pied de p de cette perpendiculaire, on abaisse la perpendiculaire pp' sur la contre-essieu C, puis sur cette dernière perpendiculaire et à partir de son pied p', on porte $p'P' = pP$, et le point P' ainsi déterminé est le correspondant du point P, et ainsi pour tous les autres points. Desargues ne donnant aucune explication de cette méthode, nous allons tâcher d'y suppléer. La parallèle à l'essieu, rencontre, dans l'espace, le plan de l'arc droit, ou plan de la traversieu-contre-essieu, en un point P' dont la distance au plan *Ess. S.-Ess.* est précisément égale à Pp. De plus, considérons la droite SS comme une ligne de terre autour de laquelle se fait le rabattement S. C. E. Il s'ensuit que la droite C est le rabattement de la contre-essieu et celle de l'essieu, contenues dans ce plan ; par suite la perpendiculaire pp' à la droite C est parallèle à celle E et par conséquent la parallèle à P*p*, menée par le point P′ rencontre la contre-essieu en *p*′, ainsi nous voyons que le point P′ cherché est sur une perpendiculaire en *p*′ à la contre-essieu C, élevée au point *p*′ et à une distance de ce point égale à P*p*. Maintenant on suppose que le plan de l'arc droit (T.–C.) qui contient la droite C, tourne autour de cette droite C, le point P′ se rabattra sur la perpendiculaire P′*pp*′ à une distance de *p*′ égale à P′*p*′. De même pour tous les autres points, qui formeront par leur réunion l'arc droit, avec toutes ses divisions ou joints comme l'indique la figure.

L'auteur ajoute : *Pour déterminer exactement une droite, il est bon, non-seulement d'avoir deux de ses points, mais encore un troisième comme vérification.* On peut prendre, à volonté, sur le plan donné ce troisième point ; mais il y en a de remarquables qu'on peut obtenir avec une grande facilité. Supposons, par exemple, qu'il s'agit de déterminer la droite L′Q′ correspondante à celle LQ, et dont on a déjà obtenu les deux points L′Q′ correspondants respectifs de ceux L et Q. Prolongeons cette droite LQ jusqu'en *l* où elle rencontre la sous-essieu. Le point *l* étant sur cette droite, la distance à cette droite est nulle, donc il faut de ce point abaisser la perpendiculaire *l ll* sur la droite C et à partir du point *ll* porter, sur cette perpendiculaire, une distance nulle, c'est-à-dire que ce point *ll* est donc le correspondant de celui *l* et se trouve sur la droite L'Q'.

De même si la droite prolongée rencontre la droite T au point *i*, il faut de ce point abaisser sur la droite S la perpendiculaire *i*A, elle passera au centre A, et de ce point A élever une perpendiculaire à la droite C. Ce sera précisément la droite E et prendre dessus A*ll'* = A*i* et ce point *ll'* sera encore sur la droite L'Q' comme étant le correspondant du point *i* qui est sur la droite LQ.

Par les procédés ci-dessus, on peut obtenir toutes les droites formant les têtes des voussoirs de l'*arc droit*, au moyen de celles qui forment les têtes des voussoirs de l'*arc face;* mais il est évident que par une construction directement inverse, on obtiendra aussi facilement les droites formant les voussoirs de l'arc face, au moyen de celle de l'arc droit données d'avance ; observation nécessaire, car on sait que souvent c'est la forme de l'arc droit qui règle et détermine la surface cylindrique de la voûte.

Pour compléter ce qui est nécessaire pour la

construction d'un voussoir de la voûte, il faut savoir déterminer les angles que font les joints de face, avec ceux de douële. Sur l'arc droit ces angles sont droits, il s'agit de les déterminer sur l'arc face. Par exemple de déterminer l'angle du joint PF avec la génératrice du cylindre de la voûte, qui passe par le point F. Voici la construction indiquée par Desargues : Après avoir abaissé des extrémités P et F de ce joint les perpendiculaires Pp, Ff, sur S, de leurs pieds p, f, on abaisse sur la droite E les perpendiculaires *p-pp f-ff*, puis sur une de ces perpendiculaires, par exemple celle *ff*, à partir de *ff* on porte *ff-ff'* = P'F', on trace la droite *ff'-pp* et l'angle de cette droite avec l'essieu *pp*-A est celui cherché, c'est-à-dire celui que doit faire le joint de face PF avec celui de douële passant à ce point P. — Si l'opération est bien faite, *ajoute-t-il*, on doit avoir *ff'-pp* = PF. Cette construction est donnée comme les autres, sans démonstration, en voici une : D'après la construction, il est évident que dans l'espace la droite qui joint P à *pp* est perpendiculaire à la droite E, de même celle F-*ff* est perpendiculaire à la même droite. De même, la droite P'F' est la projection, sur une droite perpendiculaire à celle

E, de la droite PF, donc dans le triangle *ff-pp*, *ff'* où les deux côtés de l'angle droit sont les longueurs de ces deux projections, l'hypothénuse *ff'-pp* est la direction elle-même de la droite, faisant avec un des côtés *ff-pp*-A l'angle cherché.

Voici maintenant la seconde méthode donnée par Desargues pour obtenir l'arc droit.

Dans la première, le rabattement de la section droite se fait autour de la contre-essieu C, dans celle-ci, il se fait autour de la traversieu T essieu et contre-essieu étant deux droites situées dans ce plan de la section droite.

Pl. III. Fig. 2. — Voici d'abord sa construction pour un point et par suite pour tous les autres :

Pour avoir le point P' correspondant du point P de la section face on abaisse sur S, du point P, la perpendiculaire Pp' et de son pied p', sur T, du même point, la perpendiculaire Pp, puis du point p', on abaisse sur E la perpendiculaire *p'-pp*, on porte cette longueur *p'-pp* sur la perpendiculaire Pp à partir de *p*, et le point P' ainsi obtenu est le point correspondant à celui P. On voit en effet, que dans l'espace, le triangle rectangle PP'p formé par la longueur PP' qui est la partie de la génératrice du cylindre passant par P et terminé au plan de la section droite, deuxièmement de la distance de ce point P′ à la charnière en p, et enfin de la distance Pp ; ce triangle PP′p étant perpendiculaire à la droite T, qui est l'intersection du plan du papier ou de face et de celui de la section droite. Or évidemment sur la place S.-C.E rabattu autour de la droite S, la distance P′p est représentée par celle p′pp, donc en rabattant le plan de l'arc droit autour de T, le coté P′p de l'espace tombera en P′ de la figure sur la perpendiculaire pP′ à la droite T et à une distance de p égale à *p′pp.*

Pour avoir un troisième point d'une droite, telle que LQ, il prolonge LQ jusqu'en I ou cette droite rencontre la droite T, et ce point I appartient à la droite L′Q′. Cela est évident puisque la droite T est la charnière.

On peut, dit l'auteur, se servir de la contre-essieu, comme de la traversieu, par la méthode suivante. Supposons qu'il s'agit de terminer le point O′ correspondant du point O.

Par le point O on abaisse sur la droite S. la perpendiculaire Oo, cette distance Oo est évidemment égale à celle du point O′, corespondant de celui O, de la contre-essieu, puis du point *o* on abaisse la perpendiculaire *o-oo* sur la contre-essieu rabattue, autour de la S.ES., le point *oo* d'intersection serait le pied de la perpendiculaire abaissée sur la droite C, du point O′, mais rabattu autour de S. Si donc on voulait obtenir le point O′ rabattu autour de C′, il faudrait porter la distance O'o, à partir du point oo, sur une perpendiculaire à C élevée en ce point; mais si au contraire, le rabattement se fait autour de la traversieu T, on voit qu'en décrivant, du point A comme centre avec $\overline{A\text{-}oo}$ pour rayon une circonférence, elle rencontrera S en un point *oo*′ qui sera le rabattement de ce point *oo*; donc maintenant si au point *oo*′ on porte *oo* sur la perpendiculaire *oo*′-O à la S.ES. S à partir de ce point *oo*′, le point O′ ainsi obtenu sera bien le correspondant de celui O, dans le rabattement autour de T.

Pour avoir le point correspondant à celui où une droite telle que LQ rencontre S, il faut abaisser la perpendiculaire *l ll*′ sur E et porter la longueur de cette perpendiculaire de A en ll′ sur S et le point *ll*′ sera sur le prolongement de L′Q′, cela résulte de la première construction; ou bien par la deuxième, de l abaisser sur C une perpendiculaire et puis décrire du point A comme centre, avec un rayon égal à la distance de ce point A au pied de cette perpendiculaire, une circonférence qui coupe S au même point *ll'* sur S.

4e Problème. — TROUVER LES PANNEAUX DE COUSSINET DE DOÜELE ET DE JOINT.

A la place de l'arc, sur le plan de la face, l'auteur substitue, pour chaque voussoir, la corde de cet arc. Ce qu'il se propose est de trouver l'angle que fait cette corde de doüele avec la génératrice de la voûte qui passe à chaque extrémité de cette corde. On a vu comment il avait trouvé l'angle des droites de joint en la face, avec cette génératrice. La méthode employée pour la corde de doüele est analogue.

Soit, pl. IV fig. 1, PC une de ces cordes de doüele ; par les extrémités P et C, il abaisse sur la sous-essieu S les perpendiculaires Pp Cc ; puis des pieds *p* et *c* de ces perpendiculaires il en abaisse deux autres *pp'*, *cc'* perpendiculaires sur l'essieu E, il en résulte évidemment que *p'c'* est la projection de PC sur l'essieu E. Or si on veut avoir l'angle qu'une droite fait avec une autre, située ou non située dans le même plan, on mène par une des extrémités de cette droite une parallèle à l'autre, et de l'autre extrémité, une perpendiculaire à cette parallèle, alors la longueur de cette première droite est l'hypothénuse d'un triangle rectangle, dont sa projection sur l'autre est un des côtés de l'angle droit et l'angle cherché est celui de cette droite et de ce côté. Alors on voit que *p'c'* étant la projection de P'C, si on forme le triangle rectangle *pp,p'c'* dans lequel la droite *c'-pp* qui en est l'hypothénuse est égale à PC, il en résultera que l'angle A *c' pp* sera bien celui de la droite PC avec une parallèle à l'essieu. On agirait de même pour toutes les autres. On voit dans la même *fig.* 1 *pl.* IV comment on aurait de même l'angle que fait le joint OH avec l'essieu.

Au lieu d'exécuter ces constructions sur la fig. 1, l'auteur fait voir fig. 2, même planche, qu'elles peuvent se faire plus commodément en les exécutant dans un endroit séparé, de la manière suivante : après avoir tracé la droite PQ et l'essieu E et la sous-essieu, comme dans les exemples précédents, on porte sur l'essieu et à partir du centre A et d'un même côté de PQ toutes les longueurs, telles que *p'c'*, des projections des doüeles, on élève des extrémités telles que celle p' une perpendiculaire à la S.ES, puis en décrivant du point A comme centre et avec des rayons successivement égaux à la longueur des doüeles, telles que PC, une circonférence, elle coupera les perpendiculaires en des points qui réunis par des droites au point A seront les hypothénuses des triangles cherchés, et il observe que comme souvent toutes les doüeles sont égales une seule circonférence suffira.

De même, dit-il, on portera sur la S.ES.S les longueurs des joints, telle que OH et par les mêmes opérations on obtiendra les angles des joints avec les parallèles à l'essieu qui sont les arêtes ou joints de doüele de la voûte. Il sera nécessaire, pour éviter la confusion, de faire ces opérations de l'autre côté de PQ que celles précédentes relatives aux doüeles.

DES CADRANS SOLAIRES.

Analyse.

L'auteur termine par l'application de la même méthode employée pour la coupe des pierres, au tracé des lignes horaires d'un cadran solaire sur un plan.

On voit en effet, que la droite qu'il appelle essieu, est le style du cadran, la sous-essieu est la sous-stylaire ; le plan perpendiculaire au style, sera le plan équatorial, par conséquent la traversieu est l'équatoriale ou ligne de six heures du cadran. Le plan vertical, appelé plan de route, sera le plan méridien, et sa trace sur le plan du cadran sera la ligne de midi. Il faudra pour avoir les autres lignes horaires, rabattre le plan équatorial, autour de sa trace, sur le plan du cadran, tracer une circonférence ayant pour centre le rabattement du point A du style, diviser cette circonférence en 24 parties égales à partir du rayon correspondant à la méridienne, prolonger ces 24 rayons jusqu'à la ligne de six heures et joindre ces divers points à celui où le style perce le cadran et on aura les lignes horaires. Si ce point est trop éloigné et se trouve en dehors du cadran, alors on détermine un nouveau plan équatorial, une nouvelle ligne de six heures, une nouvelle division horaire de cette ligne, et alors en joignant les points correspondants des divisions des deux lignes de six heures, on aura de même le tracé des lignes horaires.

La méthode de Desargues est donc très-intelligible et très-simple.

OEUVRES DE DESARGUES.

GNOMONIQUE

ayant pour titre :

MANIERE VNIUERSELLE DE POSER LE STYLE AUX RAYONS DU SOLEIL EN QUELQUE ENDROIT POSSIBLE, AVEC LA RÈGLE, L'ESQUERRE EN LE PLOMB.

Paris 1640.

NOTE. — Extrait phrase par phrase, d'une brochure qui a pour titre : *Examen de la manière de faire des quadrants enseignée à la fin du Brouillon projet de la coupe des pierres*, etc., *par G. D. L.* » *par un inconnu*, 10 *août* 1641 ; et qui se trouve dans l'ouvrage intitulé Advis charitable sur les diverses œuvres et feuilles volantes du sieur Girard DESARGUES, etc.

MANIERE VNIVERSELLE

DE POSER LE STYLE AUX RAYONS DU SOLEIL EN QUELQUE ENDROIT POSSIBLE, AUEC LA RÈGLE, L'ESQUERRE ET LE PLOMB.

Il y a bien desja plusieurs manieres publiées de poser le style et tracer les lignes d'vn quadran aux rayons du soleil, moyennant l'esleuation du lieu, l'aiguille aymantée, vn quadran horisontal, ou autre instrument particulier. Mais outre que chacun n'apprend pas aisement l'vsage de ces instrumens, tous ceux qui ont à tracer des quadrants n'ont pas toujours le moyen de les auoir comme la regle, le compas, l'esquerre, et le plomb.

De plus il faut auoir diverses verges fermes de longueur conuenable et qui ayent chacune vne viue arreste en ligne droite de son long. Et en vn endroit conuenable du quadran en la part du couchant faut creuser suffisamment vn trou qui regarde au levant, comme le trou B en la figure deuxième, puis vn jour de beau soleil après son leuer quand la lumière en est claire et nette, il faut mettre dans ce trou l'vn des bouts d'vne de ces verges, en tournant sa viue arreste vers le soleil, et présenter l'autre bout de cette verge, qui est BA contre le soleil, jusques à ce que son arreste ne jette son ombre d'vne part n'y d'autre hors de sa longueur, mais dans le trou B ou pied de la verge mesme, et alors arrester ou sceller fermement cette verge en cette position au corps du quadran.

Puis en ce mesme jour, à un notable temps de là, asseoir le centre C d'une estoile de trois lignes assez longues, en la surface du quadran justement à l'extrémité bien observée de l'ombre qu'alors fera l'arreste de cette verge scellée (c'est à dire l'ombre du poinct A) et en ce mesme jour encores à vn autre notable temps de là, asseoir encore le centre d'vne autre semblable estoile en la mesme surface du quadran (comme D) justement à l'extrémité bien obseruée de l'ombre qu'alors fera la mesme arreste. Puis tout joignant celle des deux estoiles qui sera la plus esloignée du bout scellé de cette première verge (c'est à dire l'estoile D) et en celle des moitiez qui sera la plus esloignée du mesme bout de verge il faut creuser suffisamment au quadran encore vn autre trou dont l'ouuverture soit par vn costé bordée de l'vne des lignes de cette estoile mi-partie : et dans ce deuxième trou D faut mettre l'vn des bouts d'vne autre verge en tournant son arreste vers l'arreste de la premiere verge, et adjuster cette arreste d'vne part au centre de l'estoile D mi-partie et de l'autre part à l'extrémité saillante de l'arreste de la première verge scellée, et alors arrester ou sceller encore fermement cette deuxieme verge en cette position au corps du quadran.

Puis il faut ajuster l'arreste encore d'vne autre verge ou regle CA par vn bout au centre de l'estoile C qui reste entiere en la surface du quadran, et l'autre bout aux extrémitez assemblées A, des deux arrestes des verges scellées; et ces trois arrestes de verge estans en cette position, à commencer du poinct auquel elles aboutissent ensemble, il y faut marquer trois portions esgales entr'elles, AF.AC,AG vne en chacune de ces trois arrestes.

Puis il faut prendre les trois interualés droits FC,CG,FG d'entre le trois bouts séparez F,C,G de ces trois portions esgales, et de ces trois interuales droicts faire en quelque part vn triangle FCG (en la 3 figure) duquel il faut mi-partir deux costés (comme FC,CG ou FG) et par les points qui les mipartissent mener desdites perpendiculaires à ces costez mipartis, puis du rencontre de ces deux perpendiculaires aux costez mipartis du triangle, (c'est à dire du centre O) il faut mener vne droite OF, à l'un des coins de ce triangle, et par le mesme rencontre d'entre les perpendiculaires (c'est à dire du même centre), faut mener vne autre droite perpendiculaire OA, à la droite OF menée du mesme rencontre à un coin du triangle.

Puis de ce coin de triangle F comme centre et interualle de l'vne des portions esgales d'arrestes des verges scellées (c'est à dire AF,AC ou AG de la 2 figure) il faut descrire vn arc qui rencontre la perpendiculaire AO, à la droite OF menée au coin du triangle F.

Puis reuenant aux deux verges scellées de la part autre que celle où estoit dressée la troisieme arreste, il faut entortiller un bon fil de metail par vn bout à chacune de ces deux verges scellées (AB,AD de la 2 figure), en façon que le brin en vienne droit hors de l'entortilleure justement par les marques séparées F,G des portions égales des arrestes de ces verges ; puis à commencer aux arrestes des verges scellées, il faut marquer en chacun de ces deux fils de metail vne portion égale à la droite de coin de ce triangle : (c'est à dire à FO de la 3 figure) et après joignant ces deux fils en ces marques, il faut les tordre ensemble par leurs testes.

Puis leur adjoignant en leur mesme sens, vne autre verge directe vnie et ferme (c'est celle qui doit seruir de style et qui est AO dans la 4e figure) il faut attacher fermement ces deux fils de metail auec cette derniere verge par le poinct justement O auquel ils aboutissent ensemble, et à commencer du mesme poinct d'assemblage, il faut en cette derniere verge AO de la part des deux verges scellées BA,DA marquer vne portion égale à la portion AO figure 3 de droite perpendiculaire à la ligne OF menée à un coin de triangle F qui est (ou laquelle portion est) contenue entre les perpendiculaires aux costez mipartis du triangle et l'arc susdit A.

Puis ajuster cette derniere verge AO (de la 4 figure) par cette derniere marque A, au poinct auquel aboutissent ensemble les deux arrestes de verges scellées (c'est à dire mettre le poinct A de ladite verge ou style, justement sur l'extrémité ou rencontre des autres deux ou trois verges FA,AG.) et la balancer là dessus en façon que les deux fils de metail attachez (au poinct O de ladite verge) viennent tendus chacun en ligne directe et alors cette derniere verge estant affermie en cette position est le style essieu conuenablement posé d'un quadran en cet endroit.

ANALYSE

DE LA MANIÈRE,

de Desargues

DE POSER LE STYLE POUR LES CADRANS SOLAIRES, ETC.

Par M. POUDRA.

ANALYSE

DE LA MANIÈRE DE DESARGUES DE POSER LE STYLE POUR LES CADRANS SOLAIRES.

Nous n'avons point retrouvé l'imprimé de ce Mémoire de Desargues, nous l'avons extrait d'une critique de cet ouvrage faite par un inconnu, en l'année 1641, et qui se trouve à la suite du premier volume de la perspective du P. Du Breuil, 1re édition. Cette critique est censée adressée à un personnage, et commence ainsi :

« *Je vous en vais faire l'analyse auec moins de peine que ie n'en ay eu à le déchiffrer. Ie suiuray dans ses termes, en lettres italiques, et par l'addition de quelques mots, lettres et figures (car il n'en a point fait) ie m'asseure de vous le rendre par tout aussi intelligible qu'il est parfois obscur. Voicy donc ses paroles.* »

Ainsi il n'y a pas de doute possible sur l'authenticité de l'ouvrage. — Voici l'analyse de la méthode donnée par Desargues, pour placer le style relativement à une surface plane, sur laquelle doit se tracer un cadran solaire.

Dans un point B quelconque du plan et du côté du soleil, on fait sceller une verge BA dans une direction telle qu'au moment du scellement, l'ombre du point extrême se porte sur B, c'est-à-dire par conséquent que la droite AB est dirigée vers le soleil. A deux autres moments de la journée, on détermine les ombres C et D du point A sur le plan du cadran. Alors il a les trois arêtes AB,AC,AD, qui sont trois génératrices du cône formé par les rayons lumineux qui passent par le sommet A de ce cône, et par le cercle décrit, ce jour-là, par le soleil.

Sur ces trois verges AB,AC,AD il porte, à partir du point A, trois distances égales à la plus petite AC, des trois ; il obtient ainsi les trois points F,C,G qui appartiennent à la section du cône ci-dessus par un plan perpendiculaire à son axe. Or cet axe est précisément la direction cherchée du style, car il est parallèle à l'axe de la terre.

Pour avoir la position de ce style, il trace à part le triangle FCG formé par les trois points F,C,G, il détermine ensuite le centre O du cercle circonscrit à ce triangle. Le centre O appartient donc au style.

En élevant ensuite au centre O une perpendiculaire A'O à un des rayons OF de ce cercle, et déterminant le point A' tel que l'hypothenus A'B soit égal à AF=AC=AG, il est évident que l'autre côté A'O de ce triangle sera précisément égal à la hauteur du cône dont A est le sommet, et dont la base et la circonférence passent par les trois points F,C,G.

Sur une verge devant servir de style, on marque un point qui doit représenter celui O ; à partir de ce point, on porte une longueur égale à OA' et on a, sur cette verge, la position correspondante du point A relativement au point O ; il ne suffit plus que de placer cette verge, le point A' sur le point A. Pour avoir la position du point O, il attache aux points F et G deux fils de la longueur du rayon OF de cette base, les réunissant ensemble, et à l'extremité O' de la verge, il est évident que celle-ci passant déjà au point A, on aura la position vraie du style.

Bosse, dans sa gnomonique, donne plusieurs solutions de ce problème ; ainsi, au lieu de cette verge BA scellée directement vers le soleil, il la prend dans une position quelconque et détermine dans la journée, trois ombres de son extrémité, et alors le problème se résout de la même manière, ou bien en prenant trois verges égales plus grandes que FO, dont on place une des extrémités de chacune aux points F,C,G et réunissant les trois autres en un même point qui appartiendra au style; ou bien encore en déterminant les longueurs inégales des distances des trois points d'ombre B,C,D à un point du style.

On remarquera particulièrement la méthode suivante, qui a été fournie à Desargues par Descartes, son ami, et que Bosse rapporte dans son ouvrage.

Sur la verge rigide qui doit servir de style, on place en un point un plan circulaire, perpendiculaire à sa direction. Ce style passe par le centre du cercle, et lui est fixement attaché; on voit que pour avoir la position du style, il suffit de placer cette figure composée d'une verge et d'un cercle, de manière : 1° que le style passe par le point A et que le cercle touche en même temps les trois directions AB,AC,AF des rayons d'ombre qu'on a déterminés dans une même journée.

OEUVRES DE DESARGUES.

RECUEIL DE PROSITIONS DIVERSES

ayant pour titre :

AVERTISSEMENT.

1° PROPOSITION FONDAMENTALE DE LA PERSPECTIUE.

2° FONDEMENT DU COMPAS OPTIQUE.

3° 1re PROPOSITION GÉOMÉTRIQUE.

4° 2e ID. ID.

5° 3e ID. ID.

NOTE. — Extrait de la Perspective de Bosse 1648, et faisant suite à la Perspective de Desargues de 1636.

AVERTISSEMENT

Note faisant suite à la Perspective de Desargues de 1636.

Encore que la description de la manière de construire et employer la figure de l'exemple original (de perspective) qui vient de précéder, auec les propositions qui la suiuent en simples discours, soient plus qu'il ne faut auec personnes d'humeur et de capacité conuenables pour leur en faire connaistre le fondement asseuré; néantmoins afin de satisfaire au désir particulier de quelques vus, j'ay mis encore icy les propositions et démonstrations que vous alez y voir : ou parce que je ne cite point les Éléments d'Euclide, vous pouuez juger que je parle à qui les possède, en tranchant vn peu court et m'astraignant à la petitesse des pages. Et pour la difficulté de receuoir la manière dont j'y démonstre, pour uniuerselle aux deux cas ensemble de droites à but de distances terminée et interminée, je diray seulement en passant, qu'entre d'autres considérations vne grandeur interminée d'vne part, venant à seruir de terme à des raisons, dans vn agregé de plusieurs ; et s'y trouuant autant de fois antécédante que conséquente, en quelque ordre ou endroit que ce puisse estre ; vient à s'y trouuer comparée à elle mesme et comme cela s'esuanouït, sans en altérer en rien qui soit le raisonnement. Et pour donner moyen d'entendre ce que je veux dire aux démonstrations par l'arrangement que j'y fais des lettres de cotte en suitte et en pile ou colomne, vous sçaurez par exemple

$$\text{que cd} - \text{gf} \left\{ \begin{matrix} \text{pq} - \text{rn} \\ \text{cd} - \text{pm} \end{matrix} \right\} \text{ veut dire que } \left\{ \begin{matrix} \text{cd est à gf comme} \\ \text{pq est à rn, et cd à pm,} \end{matrix} \right.$$

et ainsi du reste semblable.

Or, en parcourant de l'œil vne pile ou colomne de raisons, en obseruant s'il y a quelqu'vn de leurs termes ensemble en antecédant et en conséquent ; ou bien quelque raison et directe et inuerse ; afin de faire des raisons d'égalité qui n'augmentent ni diminuent l'agregé d'autres raisons, Et quand vne mesme raison est autant de fois en l'vne qu'en l'autre des parties de la proposition, il s'est fait choses égales entrelles. J'estime que la-dessus auec ce qu'il y aura dans les discours, on pourra comprendre aisément tout le reste.

PROPOSITION FONDAMENTALE

DE LA PRATIQUE DE LA PERSPECTIVE.

Quand deux droites *ga* et *gk* tendantes ensemble à vn mesme but *g*, sont parallèles à deux autres comme *cb, hd* et *ct*, *sf*, aussi tendantes ensemble à un autre même but *c*, chacune à la sienne; celle *ga*, à celle *cbhd ;* et celle *gk* à celle *ctsf*. Qu'à deux points *e* et *q*, de la droite *cqieg*, qui tend à chacun de ces deux buts *c* et *g*, passent ensemble deux droites *aed*, *aqb*, venants d'vn mesme point *a*, de l'vne *ga*, de ces tendantes à l'vn desdits buts *g;* et deux autres *kef*, *kqt*, venants aussi d'un même point *k* de l'autre *gk* d'entre ces mêmes tendantes encore à ce but *g*.

Les pièces ou portions comme *cd*, *cb, db*, faites de cette sorte en l'une *cbhd* des droites de l'autre but *c*, par celles comme *aqb ced*, venants d'un point *a* de sa paralèlle du but *g;* et par celle de ces mesmes deux buts *c* et *g :* sont vne à vne proportionnelles aux pièces ou portions comme *cf*, *ct*, *ft*, faites aussi de la sorte en l'autre *ctfs*, des mesmes droites de cet autre but *c*, par celles comme *kef*, *kqt* venants aussi d'un point *k*, de sa paralèlle du but *g*. Et par celle encore de ces deux buts *c* et *g*. Et sont chacune à la sienne en la raison mesme de la pièce ou portion comme *ga*, à celle *gk* de leurs dites paralèlles du dit but *g*, toutes estants prises et comparées ainsi qu'elles s'entrecorrespondent. En outre, la pièce ou portion comme *cd*, est à celle comme *cb*; ou celle comme *cf*, à celle comme *ct*, en la raison mesme que la composée des raisons, comme de *ec* à *eg* et de *qg* à *qc*. Et la pièce ou portion comme *db*, est à celle comme *eq*, en la raison mesme que la composée des raisons, comme de *dc* à *ec*, et de *ab* à *aq*. Et si par les deux points encore *a* et *k*, de ces droites comme *ga*, *gk* du but comme *g*, et par deux autres *h* et *s*, des droites comme *cd*, *cf*, du but comme *c* et par vn autre *t* de la droite comme *cg* des deux buts *c* et *g* passent encore deux autres droites *aih*, *kis*; la pièce ou portion faite par ce moyen comme *iq* en la droite des deux buts *cq*, est à celle comme *ic*, en raison mesme que la composée des raisons, comme de *aq* à *ab*; de *hb* à *hd* et de *ad* à *ac*. Et en conuertissant, lorsque deux droites comme *ga*, *gk* et *cd*, *cf* sont ainsi paralelles et proportionelles entrelles chacune à la sienne, les droites comme *ad* et *kf* rencontrent en un mesme point comme *e* celle *eg*.

DEMONSTRATION.

Car laissant la diuersité des cas évidente, et d'autres énonciations encore. Pour ce qui est des articles de la première partie ; à cause de ces paralellismes d'entre les droites *ga*, *cd*, *gk*, *cf* et des entrecoupures des autres droites aux points *q*, *i*, *e*.

$$\text{comme } ga \text{ est à } \left\{\begin{matrix} cd \\ cb \end{matrix}\right\} \text{ ainsi } gk \text{ est à } \left\{\begin{matrix} cf \\ t \end{matrix}\right\};$$

et alternement ; et diuisant ;

$$\text{comme } ga\ gk\text{; ainsi } \left\{\begin{matrix} cd. & cf \\ cb. & ct \\ bd. & tf \end{matrix}\right\},$$

et menant par *a* jusqu'à *cd*, la droite *ap*, paralelle à celle *geiqc*, *cd* est à *cb* en raison mesme, que la composée des raisons, comme

$$de \left\{\begin{matrix} cd - cp \\ cp - cb \end{matrix}\right\} \begin{matrix} \text{qui est celle de } ed - ea\text{, qui est celle de } ec - eg \\ \text{qui est celle de } qa - qb\text{, qui est celle de } qg - qc \end{matrix} \Bigg\},$$

et menant par le quelconque point *b*, des deux *b*, ou *q*, jusqu'à la droite de l'autre, une droite *br*, paralelle à celle comme *de ;* alors *db-eq*, en raison mesme que la composée des raisons, comme

$$de \left\{\begin{matrix} db - er \\ er - eq \end{matrix}\right\} \begin{matrix} \text{qui est celle de } dc - ec \\ \text{qui est celle de } ab - aq \end{matrix} \Bigg\}.$$

dauantage $iq - ie \left\{ \begin{matrix} iq - ic \\ ic - ie \end{matrix} \right\}$ et $\left\{ \begin{matrix} iq - ic \left\{ \begin{matrix} aq - ab \\ hb - hc \end{matrix} \right\} \\ ic - ie \left\{ \begin{matrix} hc - hd \\ ad - ac \end{matrix} \right\} \end{matrix} \right\}$;

conséquemment $iq - ie \left| \begin{matrix} aq - ah \\ hb - hd \\ ad - ae \end{matrix} \right|$, car les deux fois *hc* s'entredestruisent.

et finalement puisqu'en cette situation, les droites ***ga***, ***gk***, et ***cd***, ***cf*** sont deux à deux paralelles et proportionnelles entr'elles ; ayant mené la droite ***cqg*** ; les droites ***ad***, ***kf***, menées, y donnent chacune un troisième point ***e***, posé semblablement à l'égard de ceux ***g*** et ***c***, de façon que les pièces ou portions d'icelle contenuës de chacune d'elle à chacun des points ***c*** et ***g*** sont en mesmes raison entrelles ; et partant ces deux points là sont ensemble unis en vn.

Or, dans cette proposition, est euidente la raison de construire en toutes facons, par nombres ou non ; ensemble employer l'eschelle cy devant de mesures perspectiues générale, et des 28 et 29 planches ; en concevant ***pcbhd***, plan d'assiette ; ***cgqie*** plan du tableau ; ***c***, baze du tableau ; ***a*** l'œil ; ***ag*** plan de l'œil paralelle à celui d'assiette ; ***ap*** plan de l'œil paralelle à celui du tableau ; ***g*** point de ueue ; ***p*** station ; ***ag*** ou ***pc*** distance de l'œil ou de la station au tableau ; ***pa*** ou ***cg*** eslevation de l'œil ; ***b***, ***d***, ***h***, sujet ; ***ab***, ***ad***, ***ah***, rayons visuels ; ***q***, ***i***, ***e***, perspectifs de *b*, *d*, *h* ; et le but *c*, venant à distance interminée, monstre qui est des pieds de front, et demeurant à distance terminée il monstre ce qui est des fuyants.

Et la figure * monstre comme l'air enuironnant le sujet de loin, en concaue de cul de four ou de chauderon, ses coupes esloignées depuis un certain endroit, vont en eslargissant au perspectif vers la ligne du plan de l'œil, au contraire de ce que feraient de son convexe. Voyons un autre fondement plus court de la mesme construction d'eschelle perspective.

AUTRE FONDEMENT ENCORE DU TRAIT DE LA PERSPECTIVE, ENSEMBLE DU FORT ET DU FOIBLE DE SES TOUCHES OU COULEURS.

Après ce qui vient de précéder, je pense que pour ce qui est de cette figure, ayant dit que BCD y représente le plan de l'assiette du sujet en géométral ; CGH le plan du perspectif autrement du tableau ; AGR, le plan de l'œil paralelle à celui d'assiette ; AB le plan de l'œil paralelle à celuy du tableau ; tout le reste en est connoissable ou intelligible saus que je le nomme aussi pièce à pièce ; et pour en faire descouvrir les propriétez, il doit suffire de dire qu'euidemment ensuitte de cette construction.

Comme BD géométrale, est à la géométrale aussi BC, ainsi GC perspective, est à la perspective aussi G*d*; et DE géométrale à la perspective *dc*. Et que, comme BD géométrale, est à la géométrale aussi CD, ainsi GC perspective, est à la perspective aussi C*d*.

Les quelles choses et autres semblables, ont toujours esté connuës pour vn fondement général de la pratique du trait de la perspectiue : mais quand à ce qui est du fort et faible de ses touches, il n'aparoist point qu'on y eut encore fait de reflexion pour cela; puisqu'on faisoit despendre la forte ou faible sensation visuelle du sujet, de la grandeur ou petitesse de l'angle d'entre les rayons visuels par lesquels il auient que l'œil voit : neantmoins ayant conceu de plus, que l'impression de la touche d'un point dans l'œil y est forte ou faible à proportion ou selon que le rayon visuel par lequel il voit ce point est court ou long; il est manifeste par la mesme figure, que quand deux points s'entrecorespondent, ainsi que D géometral et *d* perspectif; estant d'une mesme ou differente aparance l'un que l'autre, et ayant leurs touches de force égale, sont veus par des rayons visuels de longueur égale ; en ce cas, les impressions de leurs touches dans l'œil sont de mesmes égales entrelles et la sensation visuelle de l'un y revient à celle de l'autre, sans qu'il y ait rien à refaire en leurs touches ; et quand ils sont veus par des rayons de longueur inégale, en ce cas, les impressions de leurs touches dans l'œil sont inégales entrelles, et la sensation visuelle de l'un ne reuient pas à celle de l'autre ; mais celle de celuy qui est veu par le rayon moins long ou plus court, y est plus forte que celle de l'autre. Et partant si l'on veut qu'en ce cas l'impression dans l'œil, autrement la sensation visuelle de la touche du perspectif *d*, reuienne à celle de son correspondant géométral D, la raison veut qu'on en altere qui est à dire affaiblisse ou fortifie la touche, à proportion de ce dont le rayon comme AD vient à differer de celuy comme A*d*; sçauoir à proportion de ce dont l'interuale géometral BD differe de celui BC, qui est à dire à proportion de ce dont le pied de font perspectif de l'endroit *d* differe de celuy de l'endroit D.

FONDEMENT DV COMPAS OPTIQUE.

L'intelligence de cette figure pourra faire estonner quelqu'un, de ce que la construction et l'usage du compas nommé d'optique, ayent esté proposez en la sorte ou l'un et l'autre l'est encore ; et qu'auec l'estime qu'on en a fait, il ait trainé sous la presse depuis tant d'années incomplet et sans précepte pour en travailler proportionnellement, voire qu'on ne luy ait point encore donné sa derniere façon ; qui consiste en ce peu de chose que monstre icy la figure d'en haut, où *bc* représente le plan d'assiette géometrale divisé de son long en pieds égaux et consécutifs, aux points 1,2,3,4,5 et suivant ; *gc*, le plan du tableau, *ag* le plan de l'œil paralelle à celuy d'assiette ; *ao* le plan de l'œil paralelle à celuy du tableau ; le reste est ensuite intelligible à la veuë.

Car de cette construction il est euident qu'au quel que soit des points 1, 2, 3, 4, ou autres de cette diuision du plan d'assiette en pieds, que le plan du tableau *gc* vienne à se trouuer arresté, les droites ou rayons visuels *a*2, *a*3, *a*4 et suiuantes, en diuisant la portion d'entre les droites *ag* et *ai*; toujours d'vne mésme sorte; assavoir de la part de *ag;* celle *a*2 en sa moitié; celle *a*3 en son tiers; celle *a*4 en son quart; la suivante en sa cinquieme, l'autre en sa sixieme et ainsi chacune des autres de suite en sa partie consecutiuement plus petite, suiuant le contenu de l'exemple original de cy deuant, sur la diuision de l'eschelle des esloignements par distances : et le nombre de ces pieds auquel est arresté le tableau, dit qu'elle partie, l'esleuation du point de veuë est de la portion ainsi diuisée en cet endroit, et les nombres d'après, qu'elles parties de cette diuision entre dans cette eslevation, et ceux de deuant, qu'elles en demeurent dehors. Ou l'on voit diuers moyens de construire un tel compas tout complet, sans les nombres, comme auec les nombres ; ensemble son usage vniuersel. Mais d'autant que tant complet qu'il puisse estre, et quand les iambes en seroient d'une thoise de long, il y a des rencontres auxquelles si l'on ne veut plus changer l'ouuerture il faut s'ayder avec luy de quelqu'autre proportionalité, ioint que toujours il en faut rapporter les mesures sur les hauteurs et largeurs du tableau ; j'ay préféré que l'ouvrier seust faire l'eschelle prespective sur le champ de tout exemple, à s'y seruir d'un tel compas. Néantmoins pour eux qui l'auront à goust, avec les moyens euidents icy de le construire aussi complets, voicy par forme de proposition démonstratiue dans la figure d'en bas, vn des moyens d'en trauailler proportionnellement incomplet et complet sur differentes distances.

« Comme la distance de l'exemple est à la dis-
« tance où commence la diuision, ou bien où se
« fait l'ouuerture fondamentale du compas opti-
« que, ainsi l'esloignement de l'exemple est à
« l'esloignement qu'il faut prendre sur ce compas
« en cette ouuerture, pour seruir à cet exemple. »

Suiuent trois propositions purement géometriques.

PROPOSITION GÉOMÉTRIQUE.

Quand les droites HD*a*, HE*b*, *c*ED, *lga*, *lfb*. H*l*K, D*g*K, E*f*K, soit en diuers plans soit en vn mesme, s'entrerencontrent par quelconque ordre ou biais que ce puisse estre, en de semblables points; les points *c.f.g* sont en vne droite *cfg*. Car de quelque forme que la figure revienne et en tous les cas, ces droites estant en diuers plans, celles *abc*, *lga*, *lfb*, sont en vn; celles DE*c*, D*g*K K*f*E en vn autre; et ces points *c.f.g* sont en chacun de ces deux plans; conséquemment ils sont en vne droite *cfg*, et les mesmes droites estants en un mesme plan

$$\left.\begin{array}{l} gD - gK\left\{\begin{array}{l} aD - aH \\ lH - lK\end{array}\right\}\left\{\begin{array}{l} cD - cE\\ bE - bH\end{array}\right. \\ fK - fE\left\{\begin{array}{l} lK - lH\\ bH - bE\end{array}\right\} bH - bE \end{array}\right| cD - cE\left\{\begin{array}{l} gD - gK\\ fK - fE\end{array}\right| \text{consequemment } c,\ g,\ f, \text{ sont en une droite.}$$

Et par conuerse les droites *abc*, HD*a*, HE*b*, DE*c*, HK, DK*g*, KE*f* venants à se rencontrer par quelconque biais et forme, en des semblables points et soit en diuers plans soit en vn mesme; toujours les droites *agb*, *bfl* tendent ensemble à un mesme but *l* en celle HK. Car ces droites estants en diuers plans, celui HK*g*D*ag* en est l'un ; celui HK*f*E*bf* un autre, et celuy *cbagf* un autre et les droites H*l*K, *bfl*, *agl*, sont des entrecoupures de ces trois plans là ; consequemment elles tendent ensemble à un mesme but *l*. Et les mesmes droites estants en un seul plan ; ayant mené du point *a*, jusques à la droite HK, celle *agl*, et puis menant celle *lb*, il vient d'estre démonstré qu'elle tend auec celle EK, à un point qui comme *f* est en une droite auec ceux *c* et *g*, qui est à dire qu'elle passe à *f*, et consequemment que les deux droites *ag*, *bf* tendent ensemble à un but *l*, en celle HK. Et les mesmes droites encore estants en des plans diuers, si par leurs points H,D,E,K passent d'autres droites H*h*, D*d*, E*e*, K*k*, tendantes à vn but à distance interminée, autrement paralelles entr'elles ; et qui rencontrent l'un de ces plans *cbagfl*, comme aux points *hdek* ; ceux *h*,*l*,*k* sont en vne droite ; ceux *h*,*d*.*a* en vne ; ceux *h*,*e*.*b* en vne ; ceux *k*,*g*,*d* en vne ; ceux *k*,*f*,*e* en une ; et ceux *c*,*e*,*d* en une, car de cette construction, les droites H*h*, K*k*, H*l*K, sont en un plan ; celles *abc*,*bfl klh* en un autre ; et les points *h*,*l*,*k* sont en chacun de ces deux plans ; consequemment ils sont en vne droite ; et ainsi de chaque autre ternaire : et toutes ces droites là sont en vn mesme plan *cbagfl*, diuisées à cause de ces paralelles venants des points H,D,E,K, chacune semblablement à sa correspondante en la figure de diuers plans. Ainsi la figure que les paralelles ont fait acheuer de faire en un seul plan *hdabcedgfkl* correspond droite à droite ; point à point ; et raison à raison ; à celle *abc*EHl*kgf*, de diuers plans, et l'on peut discourir de leurs proprietez sur l'vne comme sur l'autre, et par ce moyen se passer de celle du relief en luy substituant celle d'un seul plan.

PROPOSITION GÉOMÉTRIQVE.

Quand à chacun de quatre points d'un plan O,A,D,B comme bornes ou liens, passent trois, de six droites, DO2, DA4, BO3, BA7, OA59, BD89 et vne, de quatre OoK, AaK, DdK, BbK, tendantes ensemble à un quelconque autre but K; les six font en toute autre droite 857432, qu'elles rencontrent, six points 2, 3, 4, 7, 5, 8; dont, si par trois comme ceux 2, 3, 5 passent trois droites comme 20, 30, 50 tendantes ensemble à vn but *o* de la droite OoK, des quatre allants au but K, à laquelle elles ont raport ensemble; elles vont faire aux trois autres du mesme but K, trois points *a*, *b*, *d* chacune le sien à celle où elle a encore raport; scauoir celle 20, en celuy *d*, en celle DK; celle 30, celui *b*, en celle BK; celle 50, celuy *a* en celle AK, lesquels points *a*, *b*, *d*, avec les trois restants 4, 7, 8, de la droite 234758, sont par ternaire en trois droites : scauoir ceux 7, *a*, *b*, en vne; ceux 4, *a*, *d* en vne; et ceux 8, *d*, *b*, en vne. Car quand le but K se trouue estre hors du plan des liens O, A, D, B, la figure alors est de plusieurs plans,

BD872OA l'vn; *bd*872*oa* l'autre; KoOA5a, l'autre; KbBD8d l'autre; par lesquels plans la chose est manifeste, en ce que les entrecoupures de trois quelconques tendent ensemble à vn mesme but, à distance terminée ou interminée. Et quand le but K, se rencontre au plan de ces liens O, A, D, B, il vient d'estre démonstré de la position de ces droites entr'elles par leur construction, en conceuant leur figure ainsi que plusieurs fois la précédente, sur la droite 857432 et de chacun à part de ces quatre liens O, A, D, B; que menant d'vn point *d* de la droite DK, les droites *do*2, *da*4, les points 5*oa*, sont en vne droite. Et qu'ayant mené par *a*, jusques à la droite B*b*K, celle 7*ab*, lors celle *b*3 passe au point *o* : Et qu'ayant par vu point *a* de la droite AK mené des droites *a*4*d*, *a*7*b*, les points 8, *d*, *b*, sont en vne droite, et par ainsi toute cette figure entière est en vn seul plan correspondante en la sorte qu'il a esté dit à celle de diuers plans; et par ce moyen, on peut encore en semblable cas se passer de la représentation de la figure du relief, pour en rechercher les proprietez, en luy substituant vne telle correspondante.

La figure de la proposition qui vient de précéder change éuidemment de forme suiuant les différentes situations des points *a*, *b*, *c* et H, *l*, K; et la figure de celle cy en change de mesme, suiuant la sorte de situation de la droite 234758 à l'égard des bornes ou liens A, O, D, B; mais pour la sujétion du volume, je n'ay pu mettre icy ces figures de formes diurses, n'y méstendre en leurs discours, non plus que pour la suiuante.

PROPOSITION GÉOMÉTRIQUE.

Les droites OD2, OB3, AD4, AB7, 2347, AaK, OoK, BbK, DdK, 7ab, 4ad, 3ob, 2od, supposées en la mesme construction de cy deuant ; si en chacune des quatre AB7, AD4, OB3, OD2, outre les deux liens et le point de la droite 2347, auxquels elle passe, il y a mesme nombre de couples quelconques d'autres points, et comme celle en OB3, les deux couples HD, et FE : en celle OD2, les deux GR, LY en celle AB7, les deux NM, IQ ; en celle AD4 les deux ST, VX, et qu'à ces points, viennent à passer des droites encore tendantes auec les quatre précédentes, ensemble à vn mesme but K, ces dernieres droites-là font en chacune de celles 2*od*, 3*ob*, 4*ad*, 7*ab*, tout autant de couples d'autres points encore outre *o*, *a*, *d*, *b*, 2, 3, 4, 7 ; ceux des couples de l'vne correspondants par cottes de mesme nom à ceux des couples de celle des autres, à laquelle elle a raport et comme ceux de la droite 2*od* correspondants à ceux de celle 2OD à laquelle elle a raport, et semblablement des autres : Et la somme des raisons d'entre les pieces des deux droites comme OB3, OD2 et comme de HO à HB, de PO à PB, de

FO à FB, de EO à EB et de GD à GO, de RD à RO, de LD à LO et de YD à YO ; differe de la somme des raisons des deux autres droites comme AB7, AD4 et comme de NA à NB, de MA à MB, de IA à IB, de QA à QB et de SD à SA, de TD à TA, de VD à VA et de XD à XA ; de la mesme raison, dont la somme des raisons d'entre les pièces des deux droites comme *ob*3, *od*2 et comme de *ho* à *hb*, de *po* à *pb*, de *fo* à *fb*, de *eo* à *eb* et de *gd* à *go*, de *rd* à *ro*, de *ld* à *lo* et de *yd* à *yo* ; differe de la somme des raisons d'entre les pieces des deux autres droites comme *ab*7, *ad*4, et comme de *na* à *nb*, de *ma* à *mb* de *ia* à *ib*, de *qa* à *qb* de *sd* à *sa*, de *td* à *ta*, de *ud* à *ua* et de *xd* à *xa*.

Dont la démonstration est en la page suivante en notes sans discours pour le soulagement de la veuë et de l'esprit; cependant pour une surabondance d'éclaircissement encore de ce que j'entends que ces notes y signifient cecy,

<table>
<tr><td rowspan="4">HO — HB</td><td rowspan="2">HO—H3</td><td>KO — Ko</td><td rowspan="4">veut dire que HO est à HB, comme</td></tr>
<tr><td>ho — h3</td></tr>
<tr><td rowspan="2">H3—HB</td><td>h3 — hb</td></tr>
<tr><td>Kb — KB</td></tr>
</table>

HO à H3, ensemble comme H3 à HB ; et que HO est à H3 comme KO à Ko, ensemble comme *ho* à *h*3 : et que H3 est à HB, comme *h*3 à *hb*, ensemble comme Kb à KB ; et ainsi des semblables : Et ceux

d'après *ho-hb*, veut dire qu'ayant osté de la colomne entière des 32 raisons d'au deuant, celles qui reuiennent entr'elles à la raison d'égalité, et celles qui sont égales à autant de l'autre semblable colomne, il ne demeure des quatre raisons de là au droit que la seule de *ho* à *hb*.

DEMONSTRATION.

HO—HB	HO—H3 H3—HB	KO—Ko ho — h3 h3 — hb Kb—KB	ho — hb	NA—NB	NA—N7 N7—NB	KA—Ka na — n7 n7 — nb Kb—KB	na — nb
PO—PB	PO—P3 P3—PB	KO—Ko po — p3 p3 — pb Kb—KB	po — pb	MA—MB	MA—M7 M7—MB	KA—Ka ma—m7 m7—mb Kb—KB	ma — mb
FO—FB	FO—F3 F3—FB	KO—Ko fo — f3 f3 — fb Kb—KB	fo — fb	IA — IB	IA — I7 I7 — IB	KA—Ka ia — i7 i7 — ib Kb—KB	ia — ib
EO--EB	EO – E3 E3 – EB	KO—Ko eo — e3 e3 — eb Kb—KB	eo — eb	QA—QB	QA—Q7 Q7—QB	KA—Ka qa — q7 q7 — qb Kb—KB	qa — qb
GD—GO	GD—G2 G2—Go	KD—Kd gd — g2 g2 — go Ko—KO	gd — go	SD—SA	SD—S4 S4—SA	KD—Kd sd — s4 s4 — sa Ka—KA	sd — sa
RD—RO	RD—R2 R2—RO	KD—Kd rd — r2 r2 — ro Ko—KO	rd — ro	TD—TA	TD—T4 T4—TA	KD—Kd td — t4 t4 — ta Ka—KA	td — ta
LD—LO	LD—L2 L2—LO	KD—Kd ld — l2 l2 — lo Ko—KO	ld — lo	VD—VA	VD—V4 V4—VA	KD—Kd ud — u4 u4 — ua Ka—KA	ud — ua
YD—YO	YD—Y2 Y2—YO	KD—Kd yd — y2 y2 — yo Ko—KO	yd — yo	XD—XA	XD—X4 X4—XA	KD—Kd xd — x4 x4 — xa Ka—KA	xd — xa

Ainsi les 8 raisons de la première colonne sont égales aux 32 de la troisième, et les 8 de la cinquieme égales aux 32 de la septieme, et ostant des 32, de part et d'autre, 2 fois quatre raisons mesmes; et 16 autres faisant 16 fois celle d'égalité; restent les 8 de la quatrieme, et 8 de la huictieme colonne. Conséquemment la différence d'entre les sommes de celles des premiere et cinquieme colonne, est la mesme que d'entre les sommes de celles des quatrieme et huictieme colonne, ainsi que dit la proposition. Et les vnes estant égales entr'elles, aussi les autres, le tout en tous les degrez de la quantité. Par où les dites couples de points d'vne part, estant en vn plan en vne quelconque ligne; et celles de l'autre part en vn autre plan et lignes; ces lignes ont de la correspondance entr'elles, et l'on voit ce rapport de leur telle circonstance.

LOVÉ SOIT DIEU.

ANALYSE

DE LA

Proposition fondamentale de la pratique de la perspective de Desargues.

Les résultats obtenus par cette proposition deviendront évidents, en changeant la notation de l'auteur. Nous conserverons la même figure.

La figure est faite de profil, de manière que *pf* représente le plan horizontal du sujet, *cg* le profil du tableau, ayant ainsi une direction quelconque, *a* l'œil de l'observateur, *ag* le rayon principal, *ap* une parallèle au tableau, mené par le point *a*, de sorte que *p* est le point de station.

Par le point *g*, soit menée une droite quelconque *gk* sur laquelle on prend arbitrairement le point k — Par le point *c*, ou même *cf* parallèle à *gk*.

Soient *b*,*h*,*d*, — des points du plan d'un sujet, leurs prespectives seront les points respectifs *q*,*i*,*e*.

Si maintenant on joint le point *k* aux points *q*,*i*,*e*, par des droites, elles détermineront sur la droite

cf parallèle à gk des points t,s,f. — et la première partie de la proposition consiste à faire voir qu'on aura

$$cd : cb : db :: cf : ct : ft :: ga. gk.$$

ce qui est évident et résulte du parallélisme des droites aq, cd et gk, cf.

La deuxième consiste à démontrer qu'on a

$$\frac{cd}{cb} = \frac{cf}{ct} = \frac{ec}{eg} \times \frac{qg}{qc}, \text{ car on a}$$

$$\frac{cd}{cb} = \frac{cd}{cp} \cdot \frac{cp}{cb} = \frac{ed}{ea} \cdot \frac{qa}{qb} = \frac{ec}{eg} \cdot \frac{qg}{qc}.$$

La troisième partie de la proposition est de faire voir qu'on a

$$\frac{db}{eq} = \frac{dc}{ec} \cdot \frac{ab}{aq}, \text{ car on a}$$

$$\frac{db}{eq} = \frac{db}{er} \cdot \frac{er}{eq} = \frac{dc}{ec} \cdot \frac{ab}{aq}.$$

Enfin la quatrième partie consiste en ceci, qu'on a

$$\frac{iq}{ie} = \frac{aq}{ab} \cdot \frac{hb}{hd} \cdot \frac{ad}{ae}, \text{ car on a}$$

$$\frac{iq}{ie} = \frac{iq}{ic} \cdot \frac{ic}{ie} = \frac{aq}{ab} \cdot \frac{hb}{hc} \times \frac{hc}{hd} \cdot \frac{ad}{ac}$$

$$= \frac{aq}{ab} \cdot \frac{hb}{hd} \cdot \frac{ad}{ae}.$$

On en tire évidemment :

$$\frac{iq}{ie} : \frac{hb}{hd} = \frac{aq}{ab} : \frac{ae}{ad},$$ propriété actuellement connue et qui se tire de la comparaison des triangles *aqi*, *abh—aie—ahd* qui ont même angle au sommet *a*, etc.

On voit encore que si on prend deux autres points perspectifs réciproques i′ et h′ on auroit de même

$$\frac{i'q}{i'e} : \frac{h'b}{h'd} = \frac{aq}{ab} : \frac{ae}{ad},$$ donc on auroit

$$\frac{iq}{ie} : \frac{i'q}{i'e} = \frac{hb}{hd} : \frac{h'b}{h'd},$$ proposition importante

que M. Chasles exprime en disant que le rapport anharmonique des quatre points q,e,i et i′ est égal à celui formé de même par les quatre points respectivement perspectifs *b*,*d*,*h*,*h*′.

Desargues dit ensuite que par cette proposition, on voit évidemment la raison de construire les échelles de perspectives. Si le point *c* est à distance terminée, on aura l'échelle fuyante; si ce point est à l'infini, auquel cas alors *bhd* est parallèle à *tsf*, on auroit l'échelle de front.

Cette conclusion est donnée sans explication,

mais peut cependant se comprendre sans trop de difficulté.

Desargues termine cette proposition par un annexe ayant pour but de faire voir comment on doit représenter en perspective, la surface convexe du ciel : son opinion controversable est qu'à partir d'un certain endroit (qu'il ne désigne pas), des coupes du ciel équidistantes et parallèles au tableau vont en s'élargissant au perspectif vers la ligne d'horizon, au contraire de ce qui auroit lieu si la surface du ciel était plane ou convexe.

A la suite de la proposition ci-dessus, on trouve cette autre ayant pour titre : « Autre fondement encore du trait de la perspective, ensemble du fort et du faible de ses touches ou couleurs. »

Pour démontrer la première partie de sa proposition , l'auteur dans sa figure, prend une verticale DE ayant son pied D sur le plan horizontal du sujet et dans diverses positions relativement à l'œil et au tableau, ainsi il la prend derrière le tableau, sur le tableau, devant le tableau, entre le plan et l'œil et enfin devant le tableau et plus éloigné que l'œil ; et il fait voir que si *cd* est la perspective de CD, on a :

$$\frac{BD}{BC} = \frac{Gc}{Gd} = \frac{DE}{de}, \text{ et } \frac{BD}{CD} = \frac{Gc}{Cd}.$$

résultats donnés d'une manière très-concise, mais suffisante pour bien comprendre qu'ils sont le fondement de toute la perspective, et qu'ils peuvent servir à construire les deux échelles de perspective. Car on en tire

$$de = DE \,.\, \frac{Bc}{BC + CD}, \text{ et } Cd = CD \;\; \frac{Gc}{BC + CD}.$$

Il faut remarquer que DE étant parallèle au tableau, la formule convient également pour une horizontale, par conséquent donnera l'échelle de front; il termine en reconnaissant « que ces choses et autres semblables ont toujours été connues pour un fondement général de la pratique du trait de la perspective ; » mais quant à ce qui concerne la dégradation des teintes dans un tableau, suivant les distances auxquelles se trouvent ces objets ; ***il ne paroît pas qu'on y eut encore fait réflexion là dessus***, en con séquence il expose très-brièvement, et cependant très-clairement, ses idées sur ce sujet : il dit : on sembloit autrefois faire dépendre la forte ou faible touche, de la grandeur ou petitesse de l'angle d'entre les rayons visuels par lesquels il advient que l'œil voit : c'est-à-dire par conséquent que le même objet devait être représenté par une même teinte quelle que soit sa distance du tableau. Desargues dit au contraire que cette teinte doit dépendre de cette distance. Pour une surface du sujet se confondant avec le tableau, il est évident que sa représentation aura la teinte du sujet ; mais si cette surface s'éloigne du tableau et, si on veut que l'impression produite dans l'œil, par sa représentation, soit la même que celle du sujet, il faut altérer cette teinte du sujet, dans la même raison que les distances du sujet et du tableau sont de l'œil, c'est-à-dire présisément suivant les dégradations données par l'échelle de front, ce qui est évident ; mais il faut bien entendre que si on considère une surface blanche, ou noire, ou teinte d'une certaine couleur, sa dégradation suivant les mesures de l'échelle de front, reviendra à diminuer la teinte blanche, ou la teinte noire, ou celle colorée de manière à rapprocher ses teintes d'un ton uniforme à mesure qu'elles se rapprocheront de l'horizon.

On voit donc que cette idée est le commencement de ce qu'on a appelé depuis la perspective aérienne.

ANALYSE DE FONDEMENT DU COMPAS OPTIQUE.

L'auteur dit « que jusqu'à présent l'explication de ce compas optique, a traîné sous la presse sans préceptes pour en travailler proportionnellement, voir qu'on ne lui ait point donné sa dernière façon.»

La figure dont il se sert, est une traduction géométrique de la formule trouvée ci-dessus : d'où résulte nécessairement la facilité d'exécuter ce travail au moyen d'un compas de proportion ordinaire, avec des divisions en parties égales ; mais dit-il, à cause du peu de grandeur des branches de ce compas on ne peut plus s'en servir qu'en prenant des divisions proportionnelles, il préfère de savoir construire les deux échelles de perspective.

ANALYSE

DE LA PREMIÈRE PROPOSITION GÉOMÉTRIQUE DE DESARGUES.

NOTA. — Les petites lettres a, b, c, de la figure indiquent des points situés sur le plan de la feuille, ceux E. D. H. K indiquent au contraire des points qui peuvent être hors de cette feuille.

Cette proposition renferme trois parties distinctes :

1° Si deux triangles *abl*, DHK, dans l'espace ou dans un même plan, sont tels que les trois droites aD, bE, lK qui joignent deux à deux les sommets de ces deux triangles, passent par un même point H il en résulte : que les côtés de ces deux triangles, qui sont dans un même plan se rencontrent en trois points c, f, g qui sont en ligne droite.

2° Si les côtés de ces deux triangles se rencontrent deux à deux en trois points c, f, g en ligne droite, il arrive réciproquement, non-seulement que les droites aD, bE, lK qui joignent les sommets deux à deux se rencontrent au même point H ; mais aussi que les trois droites ag, bf, HK passent par le point *l*, car alors on peut considérer *c* comme le sommet d'une pyramide passant par les sommets des deux triangles bfE, agD. d'où, etc.

De même, en regardant f comme le sommet d'une autre pyramide passant par les sommets des deux triangles bcE, lgK, on démontrerait que les côtés correspondants donnent les trois points A, D, H en ligne droite.

Et encore en prenant g pour sommet, les deux triangles acD, lfK seraient tels que les côtés correspondants se rencontrent en trois points b,E, H en ligne droite.

3° Si par les trois sommets D,E,K du triangle DEK et par le sommet H on mène des droites Dd, Ee, Kk, Hh, ces droites rencontrent le plan de la feuille aux points d, e, k, h qui sont tels que la droite *hd* passe par le point *a* de la droite HD, de même hk passe par l, *de* par c, *he* par b, *dk* par g. Ainsi, il en résulte, sur le plan du papier, *une figure qui correspond, point à point, droite à droite et raison à raison de celles de divers plans et alors on peut discourir de leurs propriétés sur l'une comme l'autre et par ce moyen se passer de celles du relief enluy substituant celles d'un seul plan.*

Observation importante qui fait connaître le but que se propose Desargues dans cette proposition.

ANALYSE DE LA DEUXIÈME PROPOSITION GÉOMÉTRIQUE.

Soit un quadrilatère plan AOBD situé sur le plan du papier, soit un point K pris sur, ou hors, ce même plan, soit ensuite une transversale quelconque 2 3 4 7 5 8 qui coupe les quatre côtés du quadrilatère et ses deux diagonales aux divers points 3, 4, 5, 8, 2. 7.

Si on joint par des droites, trois de ces points, par exemple ceux 2, 3, 5, à un point quelconque *o* de la droite KOo allant de K à O, ces droites vont déterminer sur les autres droites qui vont aux points K, trois points a, b, d formant avec celui O un quadrilatère dont les côtés et diagonales vont passer par les mêmes points de la droite 2 3 4 7 5 8 que ceux respectifs de celui AOBD.

Cette proposition est évidente, si le point K est en dehors du plan AOBD ; elle est aussi vraie, lorsque ce point est en ce plan. On a, comme on le voit, deux figures homologiques.

Lorsque le point K est en dehors, on a deux figures perspectives réciproques, qui jouissent de cette propriété, que les droites correspondantes étant prolongées vont se couper sur l'intersection des deux plans.

Et il ajoute « *Et par ainsi toute cette figure entière est en un seul plan, correspondante en la sorte qu'il a été dit à celle de divers plans ;* (comme dans la 1re, point à point, droite à droite) ; *et par ce moyen, on peut encore en semblable cas, se passer de la représentation de la figure du relief, pour en rechercher les propriétés en lui substituant une telle correspondante.* »

Cette proposition peut donc être regardée comme l'origine de cette belle théorie des figures homologiques, due à M. le général Poncelet.

ANALYSE DE LA TROISIÈME PROPOSITION.

Il s'agit encore, dans cette proposition, de deux quadrilatères homologiques ou perspectifs, c'est-à-dire, tels que les sommets homologues sont sur des droites concourantes en un même point K et que les côtés homologues se rencontrent sur une même droite. 2 3 4 7.

Pour l'intelligence de cette proposition, il faut comprendre la notation adoptée par l'auteur.

Pour exprimer le rapport de deux quantités *m* et *n*, il l'écrit m-n ; et pour exprimer le produit de deux rapports, il dit l'ensemble de ces deux rapports ; ce qu'il aurait pu aussi exprimer par le signe + et alors (m–n) + (p–q) aurait voulu représenter $\frac{m}{n} \times \frac{p}{q}$. Cela étant compris, nous ne serons pas étonné de voir Bosse, en exposant sa proposition en mots écrits, dire « *La somme d'une suite de rapports, moins la somme d'une autre suite, est égale à une* 3e *somme moins une autre* 4e, au lieu de dire le produit des 1ers rapports, est au produit des seconds, comme le produit des 3es est à celui des quatrièmes. C'est ainsi qu'il faut entendre les résultats donnés par Bosse, qui sans cela ne seraient point intelligibles.

Nous simplifierons aussi la figure de l'auteur, en ne prenant que deux points sur chaque droite, comme dans la figure suivante.

Soient O, A, B, D quatre points sur un même plan, et o, a, b, d les quatre points homologues, telles que les droites Oo, Aa, Bb, Dd passent par un même point K et que les droites OB et ob, OD et od, AB et ab, AD et ad se coupent deux à deux aux quatre points 3. 2. 7. 4 situés sur une même droite.

Prenons sur **OB**, une suite de couples de points, tels que **H,P.**

»	sur OD	»	**G,R.**
»	sur AB	»	**M,N.**
»	sur AD	»	**S,T.**

ils auront pour homologues les points ***h,p* — *g,r* — *m,n* — *s,t*.**

Par suite du théorème, sur le triangle coupé par une transversale, on aura :

$$\frac{HO}{\overline{HB}}=\frac{HO}{\overline{H3}}\cdot\frac{H3}{\overline{HB}}=\frac{KO}{\overline{Ko}}\cdot\frac{ho}{\overline{h3}}\times\frac{h3}{\overline{hb}}\cdot\frac{Kb}{\overline{KB}}, \qquad \frac{NA}{\overline{NB}}=\frac{NA}{\overline{N7}}\cdot\frac{N7}{\overline{NB}}=\frac{KA}{\overline{Ka}}\cdot\frac{na}{\overline{n7}}\times\frac{n7}{\overline{nb}}\cdot\frac{Kb}{\overline{KB}}$$

$$\frac{PO}{\overline{PB}}=\frac{PO}{\overline{P3}}\cdot\frac{P3}{\overline{PB}}=\frac{KO}{\overline{Ko}}\cdot\frac{PO}{\overline{P3}}\times\frac{p3}{\overline{pb}}\cdot\frac{Kb}{\overline{KB}}, \qquad \frac{MA}{\overline{MB}}=\frac{MA}{\overline{M7}}\cdot\frac{M7}{\overline{MB}}=\frac{KA}{\overline{Ka}}\cdot\frac{ma}{\overline{m7}}\times\frac{m7}{\overline{mb}}\cdot\frac{Kb}{\overline{KB}}$$

$$\frac{GD}{\overline{GO}}=\frac{GD}{\overline{G2}}\cdot\frac{G2}{\overline{GO}}=\frac{KD}{\overline{Kd}}\cdot\frac{gd}{\overline{g2}}\times\frac{g2}{\overline{go}}\cdot\frac{Ko}{\overline{KO}}, \qquad \frac{SD}{\overline{SA}}=\frac{SD}{\overline{S4}}\cdot\frac{S4}{\overline{SA}}=\frac{KD}{\overline{Kd}}\cdot\frac{sd}{\overline{s4}}\times\frac{s4}{\overline{sa}}\cdot\frac{Ka}{\overline{KA}}$$

$$\frac{RD}{\overline{RO}}=\frac{RD}{\overline{R2}}\cdot\frac{R2}{\overline{RO}}=\frac{KD}{\overline{Kd}}\cdot\frac{rd}{\overline{r2}}\times\frac{r2}{\overline{ro}}\cdot\frac{Ko}{\overline{KO}}, \qquad \frac{TD}{\overline{TA}}=\frac{TD}{\overline{T4}}\cdot\frac{T4}{\overline{TA}}=\frac{KD}{\overline{Kd}}\cdot\frac{td}{\overline{t4}}\times\frac{t4}{\overline{ta}}\cdot\frac{Ka}{\overline{KA}}$$

Multipliant ces égalités et effaçant les facteurs semblables, on aura :

$$\frac{HO}{\overline{HB}}=\frac{PO}{\overline{PB}}\cdot\frac{GD}{\overline{GO}}\cdot\frac{RD}{\overline{RO}}=\frac{ho}{\overline{hb}}\cdot\frac{po}{\overline{pb}}\cdot\frac{gd}{\overline{go}}\cdot\frac{rd}{\overline{ro}}\times\left(\frac{Kb}{\overline{KB}}\right)^2\left(\frac{KD}{\overline{Kd}}\right)^2 \text{ pour les premières,}$$

$$\frac{NA}{\overline{NB}}=\frac{MA}{\overline{MB}}\cdot\frac{SD}{\overline{SA}}\cdot\frac{TD}{\overline{TA}}=\frac{na}{\overline{nb}}\cdot\frac{ma}{\overline{mb}}\cdot\frac{sd}{\overline{sa}}\cdot\frac{td}{\overline{ta}}\cdot\left(\frac{Kb}{\overline{KB}}\right)^2\left(\frac{KD}{\overline{Kd}}\right)^2 \text{ pour les secondes.}$$

Divisant l'une par l'autre, on aura alors :

$$\frac{HO}{\overline{HB}}\cdot\frac{PO}{\overline{PB}}\cdot\frac{GD}{\overline{GO}}\cdot\frac{RD}{\overline{RO}}:\frac{NA}{\overline{NB}}\cdot\frac{MA}{\overline{MB}}\cdot\frac{SD}{\overline{SA}}\cdot\frac{TD}{\overline{TA}}::\frac{ho}{\overline{hb}}\cdot\frac{po}{\overline{pb}}\cdot\frac{gd}{\overline{go}}\cdot\frac{rd}{\overline{ro}}:\frac{na}{\overline{nb}}\cdot\frac{ma}{\overline{mb}}\cdot\frac{sd}{\overline{sa}}\cdot\frac{td}{\overline{ta}}$$

OEUVRES DE DESARGUES.

PERSPECTIVE ADRESSÉE AUX THÉORICIENS

Paris 1643.

Note. — Dans l'Examen des Œuvres de Desargues, par Curabelle, on trouve à la page 70, ce passage : « *Il se voit un petit livret de perspective dudit sieur Desargues, adressé aux théoriciens, imprimé en* 1643. Puis Curabelle se livre à une critique amère de cet ouvrage. Nous retrouvons ce petit livret inséré à la fin de la perspective de Bosse de 1648. Nous croyons donc convenable de le restituer à Desargues, et de le donner ici textuellement.

Ce livret faisait, à ce qu'il paraît, partie d'un ouvrage plus étendu, car les pages y étaient cotées depuis 112 jusqu'à 119 comme l'indique Bosse en tête de cet opuscule. On remarque même que les figures ont pris les Nos d'ordre de l'ouvrage entier de la perspective de Bosse, tandis qu'au haut de chaque page du texte on a conservé les anciens Nos des planches.

PERSPECTIVE

ADRESSÉE AUX THÉORICIENS.

(*Planche* 112). — Vous connaissez au plan d'assiette géométral en haut, la *station h*, *l'angle* de la veüe *xhy ;* la *distance he,* la *ligne* du *tableau, conduite* et *eschelle* des pieds de front *xy ;* la conduite et eschelle des pieds *fuyants*, ou d'esloignement du tableau *heg*. Quand je dy vne de front, j'entends vue parallele à *xy* comme *io ;* quand je dy une fuyante, j'entends une parallele à *eg* comme *si* : toute autre position de *droite,* que de front et fuyante, est nommée *diagonale :* vous scauez que l'angle *xeg*, des deux conduites est conneu.

Maintenant au perspectif en *bas ;* les costez *xk*, et *yp* sont paralleles, et bornent l'angle de la veüe : *prenez* à trauers eux vne droite *xy,* qui sera la ligne du *plan d'assielle*, de base ou de terre, et aussi la *conduite* et *eschelle* des pieds de *front* au tableau ; *diuisez* cette *xy*, en autant de parties égales que la de front géometrale *xy*, contient de ses pieds ; vous aurez fait l'eschelle perspectiue des pieds de *front ;* quand je dy vne de front perspectiue, *j'entends* vne parallele à cette *xy* comme *io*. *Prenez* conuenablement des pieds de cette *xy*, *portez* les aux costez du tableau de *x* en *k*, et de *y* en *p ; menez* la droite *kgp*, elle est la *ligne du plan* de *l'œil* parallele au plan d'assiette, et communement *l'horizontale; placez* y conuenablement le *point de l'œil g ; menez* y à vn quelconque point *k*, des deux bouts d'vn pied *xs*, ou d'vn demy pied de la ligne du plan de l'assiette, deux droites *xk* et *sk;* en menant une quelconque de front *riq*, le segment *ru* que ces droites en comprenent, est le *pied* pour mesurer en tous sens, les *choses* qui sont de front à mesme esloignement du tableau que cette menée de front *io*.

Trouuez en la conduite de front perspectiue *xy*, le *point e* correspondant au point géométral *e* ; *menez* de là au point de l'œil *g* vne *droite eg ;* c'est là la *conduite* perspectiue des pieds *fuyants*, ou d'esloignement ; quand je dy fuyante perspectiue, *j'entends* vne qui tende au point de l'œil *g*, comme *sig ;* toute *position* de droite au plan d'assiette *autre* que de front et fuyante, y est nommée *diagonale*.

Prenez en *kp*, vn segment à discrétion *gp* ; *diuisez*-le en *autant* de parties égales, que la distance géométrale *he* contient de ses pieds ; *portez vne* de ces parties, ou que soit en *xy*, par exemple en *te* ; *tirez* par ses deux bouts *t*, *e*, à *vu* mesme bout *g*, du segment *gp*, deux droites *eg*, *tg*; *menez* par *l'autre* bout *p* du mesme segment *gp*, vne droite comme *pt* qui rencontre *eg* en *b*; *menez* par *b* vne de *front* *bd* qui rencontre *tg* en *d* ; *menez* vne autre *droite* comme *pd* qui rencontre *eg* en *c* ; *menez* par *c* vne de front *cf* qui rencontre *tg* en *f*; *continuez* à faire de *mesme* tant que besoin est : et l'eschelle fuyante sera diuisée par pieds en *eg* et *tg*.

AVX THÉORICIENS.

(*Planche* 113). — En *haut* est le géometral, en bas le perspectif. Vous *connaissez* tout ce qui est du géometral, et *sçavez* que deux de front *xy*, *io* *monstrent* en vne fuyante *eg*, combien il y a de *pieds* de l'vne à l'autre d'elles : et que *réciproquement* aussi, deux fuyantes *eg*, *tg* *monstrent* en vne de front *xy*, combien il y a de *pieds* de l'vne à l'autre d'elles : et que les deux d'vne sorte, auec vne seule de l'autre, *suffisent* à monstrer ces deux choses-là.

Ainsi quand vn deuis porte, qu'au plan d'assiette, il y a vn point à 5 pieds loin par exemple de la conduite de front, deuant ou derrière elle, et à trois pieds loin par exemple de la conduite fuyante, à droite ou à gauche d'elle : ne vous est-il pas indifférent de *conter* 5 pieds loin de la conduite de front, deuant ou derrière elle, en vue fuyante, soit perspectiue, soit géométrale? Ne vous est-il pas indifférent aussi de *conter* trois pieds loin de la conduite fuyante, à droite ou à gauche d'elle, en vne de front, soit perspectiue, soit géométrale? et comme cela ne vous est-il pas indifférent de *faire*, ou bien le perspectif, ou bien le géometral, sur ce deuis-là.

Quand vous avez le géometral fait, ensemble ses eschelle, et double conduite, par exemple du point *i : voulez* vous en faire le perspectif? *Menez* par ce point-là jusqu'à la conduite fuyante *eg ; vne de front io ; voyez* combien il y a de pieds fuyants, depuis la conduite de front *xy*, deuant ou derrière elle, jusqu'à ce point *i* : puis *voyez* combien il y a de pieds de front, depuis la conduite *fuyante eg,* à droite, ou à gauche d'elle, jusques à ce mesme point *i : placez* au perspectif vn point *i,* auec toutes les mesmes conditions et esloignements de sa double conduite, vous auez fait le perspectif de ce point géométral : ainsi de tous ceux d'vne figure *b* et *z* et ensuite d'un solide *h*.

Quand vous aurez le perspectif fait, ensemble ses eschelle et double conduite, par exemple du point; *voulez* vous en faire le géometral? *menez* par ce point jusques à la conduite fuyante *eg*, vne de front *io ; voyez* combien il y a de pieds fuyants depuis la conduite de front *xy* deuant ou derrière elle, jusqu'à ce point *i ; voyez* combien il y a de pieds de front, depuis la conduite fuyante *eg* à droite, ou à gauche d'elle, jusques à ce même point *i; placés* au géometral, vn *point i,* auec toutes ces conditions et éloignements de sa double conduite : vous aurez fait le géometral de ce point perspectif : ainsi des autres d'vne figure *b* et *z* et ainsi d'un solide *h.*

AVX THÉORICIENS.

(*Planche* 114). — Vous connaissez en *haut* le géometral, et en bas le perspectif.

Par vn point d'assiette perspectif d ***donné de position, mener vne droits*** di, ***donl la géométrale soit parallele à la géometrale d'vne droite d'assiette perspective*** bc, ***donnée aussi de position.***

Menez par le point donné ***d*** jusques à la donnée ***bc,*** vne de ***front dm,*** puis par un point ***c,*** autre que ***m,*** en la mesme ***bc, menez*** de la part de ***dm,*** vne autre de ***front ci; faites*** celle ***ci, d'autant*** de mesures de son eschelle, que ***dm*** en ***contient*** de la sienne; ***menez*** la ***droite di;*** les géométrales des droites ***di*** et ***bs*** sont éuidemment paralleles entr'elles.

Estant donnée de position vne droite d'assiette perspective di, ***trouuer l'angle de sa géométrale auec la géométrale d'une de front.***

Menez par vn ***point,*** à discretion ***d,*** de la donnée ***di,*** vne de ***front dm;*** faites cette ***dm,*** d'vne mesure connüe de son eschelle; ***menez*** par le ***point m***

vne *fuyante gom,* qui remonte en *o* la donnée de position *di ; faites* le *géometral* de l'angle *dmo,* qui est donné par l'hypothese; faites-y *md, d'autant* de ses mesures géometrales que *dm* perspectiue en *contient* de celles de son eschelle; *faites* de mesme *mo d'autant* de ses mesures géometrales, que le segment perspectif *mo* en *contient* des siennes perspectiues; *menez* la *droite do :* elle est la géometrale de *do* perspectiue, et fait l'angle géometral demandé *odm* auec la géometrale de la perspectiue de front *dm.*

Par vn point d'assiette perspectif d, *donné de position, mener vne droite* di, *dont la géometrale fasse angle donné auec la géometrale d'vne de front.*

Tirez au géometral une de *front dm;* faites cette *dm* d'vue mesure connue ; *menez* y par le *point m,* vne fuyante *mg,* car l'angle *dmg* est conneu par l'hypothèse; *menez* y par le *point d,* jusques à la fuyante *mg,* vne *droite do* qui fasse l'angle donné auec la de front *dm; menez* au perspectif par le *point* donné *d*, vne de *front dm; faites* la *d'autant* de mesures de son eschelle perspectiue, que la géometrale *dm* en *contient* de la sienne géometrale; *menez* par *m* vne *fuyante gm; faites* y vn *segment*

mo d'autant de mesures de son eschelle de perspectiue, que la géometrale ***mo*** en ***contient*** de son eschelle géometrale; ***menez*** par les points ***d*** et ***o*** la droite ***do***; elle est évidemment perspectiue de la géometrale ***do***, laquelle par construction fait auec la de front ***dm***, l'angle donné ***odm***.

AVX THÉORICIENS.

(*Planche* 115). — Vous connaissez en haut le géometral, en pas le perspectif.

Par un point d'assiette perspectif d, *donné de position, mener une droite* db, *dont la géometrale fasse angle donné, auec la géometrale d'une autre droite perspectiue* bc, *aussi d'assiette et donnée de position.*

Trouuez au géometral *l'angle cbr* de la géometrale de *bc* auec la géometrale de la de front *br*, ensemble la position du point *d*, à l'égard de ces deux droites : *menez* par le *point d* géometral, jusques à la droite *bc*, vne *droite db*, laquelle fasse l'angle donné *dbc* auec cette droite *bc*. Vous auez trouué l'angle géometral *dbr* de la droite *db* auec la de front *br*.

Menez au perspectif vne *droite db*, dont la géometrale fasse auec la géometrale d'vne de front, l'angle trouué *dbr ;* cette géometrale de *db* fait l'angle donné, auec la géometrale de *bc* perspective.

***En vue droite d'assiette perspective* do *donnée de position, trouver la mesure de la géometrale d'vn segment y proposé* oi.**

Menez par une des extrémités ***o***, du segment proposé, vne ***fuyante gom***, et par l'autre extrémité ***i menez*** jusques la fuyante vne de front ***if***, ***trouvez*** la mesure perspective du segment ***of*** et aussi la mesure perspectiue du segment ***if; faites*** le ***géometral*** de l'angle perspectif ***ifo***, qui est donné par l'hypothese ; ***faites*** y le segment ***fi d'autant*** de ses mesures géometrales que sa ***perspectiue fi*** en ***contient*** des siennes ***perspectiues ;*** et ***fo d'autant*** de ses mesures géometrales que sa ***perspectiue fo*** en ***contient*** des siennes perspectiues : ***menez*** la ***droite oi***, elle est la géometrale du segment donné ***oi; trouvez*** sa mesure auec l'eschelle géometrale : c'est la demandée.

Le mesme d'vne maniere moins commune.

Pvis que l'angle géometral de la fuyante auec la de front, est conneu par l'hypothese, que la mesure de la distance de l'œil est donnée ; que par la position donnée de ***do*** perspectiue, l'angle de la géometrale de cette ***do*** auec ***oq***, de front, est donné :

la mesure est aussi donnée de l'internale de l'œil au rencontre de la donnée de position *di* auec la ligne du plan de l'œil *kgp, divisez* l'eschelle des fuyants selon cette distance là, *menez* par les points *o* et *i* jusques à cette eschelle deux *droites* de front : *autant* qu'elles comprennent de mesures de cette diuision, *autant* en contient la géometrale du segment *oi*, de celles de son eschelle diuisée sur la distance qui sert de conduite.

AVX THÉORICIENS.

(*Planche* 116). — Vous connaissez au haut le géometral, en bas le perspectif.

En une droite d'assiette perspective di, ***donnée de position, et d'un point*** o ***de cette droite, donné en elle, faire un segment*** oi ***dont le géometral soit d'vne mesure donnée.***

Trouuez la ***géometrale*** de la donnée de position ***do;*** ensemble ***l'angle*** que cette géometrale fait auec la géometrale de la de front; ***faictes*** au géometral en la droite ***do,*** le segment ***oi*** de la ***mesure*** donnée, par l'vn des bouts ***o,*** de ce segment-là, ***menez*** une ***fuyante ofg,*** et par son autre bout ***i, menez*** jusques à la fuyante vne de ***front if: menez*** au perspectif par le point *o*, vne ***fuyante ofg; faictes*** en cette fuyante vn ***segment of, d'autant*** de ses mesures perspectiues, que le ***segment*** géometral ***of,*** en ***contient*** des siennes géometrales; menez au perspectif par le ***point f*** jusques à la donnée de position ***do,*** vne de front ***fi:*** le segment perspectif ***oi,*** est la perspectiue du segment géometral *oi,* lequel a esté fait de la même donnée.

Le mesme se peut faire, sur le fondement de la manière précédente qui est moins commune.

Par vn point d'assiette perspectif d, *donné de position, mener une droite* dl, *dont la géometrale, fasse angle donné, avec la géometrale d'vne autre droite perspectiue* bc, *aussi d'assiette et donnée de position, et soit d'vne mesure donnée.*

Menez par le *point* perspectif donné *d,* vne *droite db,* dont la géometrale fasse l'angle donné, auec la géometrale de *bc ; faictes* en cette *droite* perspectiue *db*, et d'vn *point* en elle *d, segment dl* dont le géometral soit de la mesure proposée : et vous auez satisfait.

En vne droite d'assiette perspective do, *donnée de position, et d'vn point donné en elle, faire vn segment* oi, *dont le géometral ait raison donnée, au géometral d'vn segment* od, *donné en la mesme droite et tenant au mesme point* o.

Menez par le *point d* vne de *front dm* et par le *point o,* jusques à celle de front, vne fuyante *gom ; prenez* convenablement en *celle* de front *dm,* et du point *m,* vn segment *ms,* qui soit auec le segment *md*, en la raison donnée; puis par le point *s* menez, jusques à la droite *od*, vne fuyante *gis*, laquelle rencontre en *i* la *donnée* de position *do*: la géométrale du segment perspectif *oi*, est en la raison donnée à la géométrale du segment perspectif *od*.

AVX THÉORICIENS.

(*Planche* 117). — Construction d'vne eschelle d'angles.

En *haut* est le géometral, en *bas* le perspectif.

Encore que le géometral et le perspectif ne soient pas icy d'vne mesme grandeur l'vn que l'autre, vous ne laisserez pas de m'entendre à ce que j'en vay dire.

Au *perspectif xk,* et *yp* sont les costés du tableau : *exy* est la ligne du plan d'assiette, ensemble la conduite de front : *p* est la ligne du plan de l'œil parallele au plan d'assiette : *g* est le point de l'œil : *eg* est la conduite fuyante.

Paur faire cette eschelle d'angles.

Du point géometral *a,* pour centre, en la ligne du tableau, et d'vn interuale à discretion, *descriuez* au plan d'assiette vn *demy cercle* comme vous voyez ; *diuisez* ce demy cercle en ses deux fois 90 degrés ; ils ne sont icy que de 5 en 5, à cause de la petitesse de la figure, et cela suffit à m'expliquer.

Menez par les diuisions de ces degrez là, des rayons qui aillent faire autant de parties sur les droites de front *rq*, et les diagonales *hxr* et *hyq* qu'il a de degrez au demy cercle.

Transportez comme les figures monstrent, le centre du cercle et ces diuisions là, du géometral au perspectif, à sçauoir de ces droites géometrales *xr*, *yq*, et *rq* au perspectif sur les costez du tableau *xk*, *yp*, et en la ligne *kp* du plan de l'œil parallele au plan d'assiette.

Vous voyez comme en ce faisant, le point géometral *a*, qui peut être autre que le point *e*, vient au perspectif en la ligne du plan d'assiette *xy*, aussi bien que le point *e* ; et que les divisions géometrales des diagonales *xr*, *yq* et de deux parties d'vn bout et d'autre de la de front *rq* viennent au perspectif, sur les costez du tableau ; et que les diuisions des autres deux parties du milieu de la mesme géometrale de front *rq*, viennent au perspectif dans la ligne du plan de l'œil parallele au plan d'assiette.

Cottez au perspectif, les ***diuisions*** de ces lignes-là, des mesmes ***nombres*** dont les degrez du cercle desquels elles sont dérivées, se trouuent cottées : cette eschelle d'angle est acheuée, et vous en allez voir l'vsage en suitte.

AVX THÉORICIENS.

(*Planche* **118**). — **Le** ***haut*** est gébmetral, le *bas* perspectif : le centre *a* de l'eschelle d'angles est à dessein et pour cause séparé du point *e*.

Estant donnée vne droite perspectiue d'assiette do, *trouuer l'angle que sa géometrale fait auec la géometrale d'vne de front* dm.

Menez par le point *a* au moyen de l'eschelle des pieds, et jusques à l'eschelle des angles vne droite *a*3 *o* dont la géometrale soit parallèle à la géometrale de la donnée de position *do ;* cette droite *a*3*o* monstre en l'eschelle des angles l'angle demandé.

D'un point d'assiette perspectif donné de position d, *mener vne droite* do, *dont la géometrale fasse angle donné auec la géometrale d'vne de front* dm.

Menez par le point *a* jusqu'à l'eschelle des angles, au nombre de degrez de l'angle donné, vne *droite a*3*o*. *Menez* par le point *d* vne *droite do*, dont la géometrale soit parallele à la géometrale de *a*30 vous auez satisfait.

En vne droite perspectiue d'assiette donnée de

position do, *et d'vn point* o *donné en elle, faire vn segment* oi *dont la géometrale soit d'une mesure donnée.*

Menez par le point *o*, *vne* de *front oq; faites*-la de la mesure donnée : *trouvez* l'angle de la géometrale de la donnée *do*, auec la géometrale de la de front *oq*; *ostez* cet angle-là de deux droits; *mipartissee*-en le reste : menez par le point *q*, jusques à la donnée *do*, vne droite *qi*, dont la géometrale fasse auec la géometrale de la de front *qo*, et de la part de *do*, vn angle *oqi*, égal à la moitié de ce reste de deux angles droits : le géometral du segment *oi* est de la mesure géometrale de *oq*.

Sur le mesme fondement, vous trouuerez la grandeur du géometral d'vn segment *oi* donné en la droite *od*, donnée de position.

Par vn point d'assiette perspectif d *donné de position, mener une droite* dl, *dont la géometrale fasse angle donné, auec la géometrale d'vne autre droite d'assiette perspectiue* bc, *donnée de position, et soit d'une mesure donnée.*

Trouuez en l'eschelle des angles auec la droite *a*30 le degré 30 de l'angle de la géometrale de *bc*, avec la géometrale de la de front *br : contez* conuenablement en la mesme eschelle depuis ce degré

30 jusques en 35. De l'autre costé, *autant* de degrez que l'angle donné en contient : *menez* par le point *a* et par cet autre degré 35, vne *droite a*35. *Menez* par le point *d*, vne *droite db*, dont la géometrale soit parallele à la géometrale de la droite *a*35, *faites* en cette *droite db* et du point *d*, vn segment *dl*, dont la géometrale soit de *la mesme* donnée ; et vous auez satisfait.

AVX THÉORICIENS.

(*Planche* 119). — Vous pouuez construire l'eschelle perspectiue, auec les lignes et les nombres ensemble ; et auec les nombres seuls ; et de plus vous la pouuez construire (qui est à dire que vous pouuez trauailler en perspectiue, vniuersellement à toute situation de l'œil et du tableau plat) auec le compas de proportion, au moyen de la ligne de parties égales.

D'ailleurs, on vous a proposé pour vne merueille, vne je ne scay qu'elle autre espece de compas, qu'on nomme d'optique ou de perspectiue, auec vne ligne diuisée en parties inégales, et consequemment pour vne situation particulière.

Ceux qui font cas d'vne telle pensée, ne voyent pas l'vniuersalité de la perspectiue ; n'y ce qu'il a voulu dire en parlant des parties égales au compas de proportion : et le voicy en partie pour les caualiers.

En *haut* est le géometral, en *bas* le perspectif ;

vous voyez entre deux le compas de proportion, auec la seule ligne de parties simplement égales, et nombrées à commencer du centre ou clou du compas.

Ayant au perspectif diuisé la ligne du plan d'assiette *xy*, en ses pieds, et placé la ligne du plan de l'œil *pk*: pour auec ce compas y trouuer en l'eschelle fuyante, le degré d'vn des points d'assiette, par exemple de *b*; *voyez* au géometral combien il y a de pieds fuyants depuis la station *h*, jusqu'à la de front *bz*; il y a 27. *Ouvrez* ce compas à ses parties 27, d'vn des internales de l'vne à l'autre des deux lignes des plans de l'œil et d'assiette, par exemple de l'interuale de *p* en *y*; puis *voyez* au mesme géometral, combien il y a de pieds aussi fuyants depuis la mesme station 4, jusques à la ligne du tableau *xy*; il y a 15. *Prenez* en ce compas ainsi ouuert, l'interuale d'entre ses parties 15 et le *portez* au perspectif sur cet internale *py*, à commencer de la ligne du plan de l'œil, et comme de *p* en *z*; ce point *z* est le degré du point *b* en l'eschelle perspectiue fuyante *py*; ainsi des autres.

Le mesme compas estant ouvert à ses parties 27 de l'interuale d'vn des pieds de la ligne du plan d'assiette; l'interuale d'entre ses parties 15 est le pied de front du mesme degré fuyant *z* de ce point *b*; de mesmes des autres.

En cas de rompus aux nombres, et de petitesse de compas, vous travaillerez proportionnellement.

ANALYSE

DE LA PERSPECTIVE ADRESSÉE AUX THÉORICIENS,

Par M. FOUDRA.

Cet ouvrage est encore un petit traité de perspective, mais fait évidemment dans le but de répondre à la perspective spéculative de Aleaume, revue par Migon.

Dans la première page et première figure, il donne la description des deux échelles de perspective qui sont la base essentielle de sa méthode.

Dans la deuxième page et deuxième figure, il fait des applications de sa méthode et de l'emploi de ses échelles à la perspective de deux polygones plans, puis à celle d'un parallélipipède.

Ici pourrait se terminer l'exposition très-intelligible de sa méthode. Dans les trois pages suivantes et sur une même figure, il donne les moyens de résoudre par sa méthode, c'est-à-dire par l'emploi des échelles, divers problèmes sur les perspectives de droites dont les directions seraient données,— par exemple, de mener par un point perspectif donné sur un tableau, une parallèle, ou une perpendiculaire à une autre droite donnée aussi en perspective, ou bien faisant un angle donné; et ensuite les réciproques, c'est-à-dire trouver les angles que font entr'elles, dans le sujet, des droites données en perspective, etc. Il résout ainsi très-clairement et adroitement, dans neuf propositions, les divers cas qui peuvent se présenter, et, remarquons-le, sans faire usage des points de concours.

Aleaume, ou mieux Migon, dans sa perspective, résolvait ces divers problèmes, d'une manière très-simple, au moyeu d'une échelle des directions tracée sur la ligne d'horizon. On voit, par cet ouvrage, que Desargues a voulu aussi avoir une échelle d'angles, mais basée sur une idée toute différente de celle de Migon.

Migon considérait une circonférence horizontale, dont le centre était l'œil de l'observateur, et dont les rayons correspondants à la division de la circonférence étaient prolongés jusqu'à la ligne d'horizon.

Desargues, au contraire, considère aussi une demi-circonférence divisée, située dans le plan du sujet, et dont le diamètre se confond avec la ligne de terre, il met en perspective les rayons de ce cercle correspondants à sa division, et alors, sur le tableau, il prolonge les perspectives de ces rayons jusqu'aux divers côtés du cadre, où il inscrit le chiffre marquant leur direction.

On conçoit alors que sur le tableau, en joignant le centre de ce cercle avec les divisions, il peut avoir des droites ayant des directions connues, et alors il ne reste plus qu'à mener, par son procédé et ses échelles, par les points donnés, des parallèles perspectives à ces directions. — Réciproquement, on voit comment on peut trouver l'angle que fait dans le sujet une droite donnée en perspective, etc.

Desargues donne quatre applications de cette échelle des angles. Cette méthode est très-ingénieuse, mais, je pense, ne vaut pas celle de Migon, qui lui a donné naissance.

La dernière page et dernière figure est une application très-claire du compas de perspective ou d'optique.

OEUVRES DE DESARGUES.

Écrits, signés de **DESARGUES**,

MIS EN TÊTE DES DIVERS OUVRAGES DE BOSSE.

RECONNAISSANCE

DE MONSIEUR DESARGVES,

Placée en tête du Traité de la coupe des pierres de Bosse 1643.

Ie soubs-signé confesse auoir veu ce que M. Bosse a mis dans ce volume-cy, de la pratique du trait pour la coupe des pierres en l'architecture, reconnois que tout y est conforme à ce qu'il a voulu prendre la patience d'en ouyr et conceuoir de mes pensées, et espere que par cela seul on connoistra que l'autheur des premiers cahiers des libelles que le sieur Melchior Tauernier a fait imprimer de diuerses méthodes pour pratiquer la perspective et d'auis charitables sur mes œuures (lequel, en ce qu'il cele son nom et me nomme souuent nouueau Maistre et nouueau Docteur, m'aduertit que j'aye à le nommer *Vieux*), n'est pas, non plus que les autheurs des autres deux cahiers de ce libelle d'aduis, vn de ces excellents hommes aux sciences que i'ay supliez de vouloir dire leur sentiment de mes projets, et que, au contraire, il n'a pas vne bien grande connoissance ni de la théorye, ny de la pratique des traits pour les arts de perspective et cadrans au soleil, non plus que de la coupe des pierres sur laquelle il s'arreste dauantage et dilate plus amplement son escrit, et où l'on voit, à la vérité, qu'il en a ouy parler à quelques ouuriers, il voudroit persuader aux crédules qu'il entend mon projet à fonds, et, en effet, il monstre qu'il ne l'entend pas; en ce qu'il en escrit des choses si peu raisonnées que je luy cotteray très-volontiers, s'il vient à se nommer et à vouloir reconnoistre franchement la vérité, sans employer ainsi toutes sortes de moyens pour l'obscurcir; mais ces façons de faire iusqnes à cette heure font douter qu'il se puisse iamais résoudre à cela. Quand il a veu qu'il ne pouuoit entendre mes propositions, ni conséquemment connoistre s'il y a de l'erreur, et qu'il luy estoit aisé de ne rien dire qui vaille et imposer hardiment tout sans dire son nom, il s'est mis à escrire contre moi des galimatias d'un estaleur sur théâtre, artificieux et pleins de faiblesses, d'équiuoques, d'ambiguités, de mespris, d'injures, d'inuectiues et de menaces, que ie passe iusqu'à ce qu'il se nomme, et par ce moyen, il essaye à me susciter d'ennemis généralement tout ce qu'il y a de personnes qui font profession de science ou d'art, et à faire ou mesconnoistre ou reietter de chacun les manieres de mon inuention, pour en pratiquer les susdits, et, ce qui est surtout REMARQUABLE, il y a falsifié mes escrits et raporté des faits diuersifiez et commentez à sa poste; voicy en partie comment :

Dans mon proiect du trait pour la coupe des pierres, i'ay dit que les excellents contemplatifs et habiles hommes en la géométrie et autres sciences, qui ont donné les mains à ma manière de pratiquer la perspectiue, estoient suppliés d'honorer encore mes autres proiects de leur bon examen, et, parlant de ce que i'aurois intention de faire de ces proiects aux occasions, i'ay dit ces mots : aduenant qu'on les nettoye; finalement i'ai dit que si auant leur nettoyement, la courtoisie de quelqu'vn les honoroit de ses corrections, ***aux manquements qui peuuent y estre*** NOTEZ, ***contre les regles du raisonnement pour en establir et démonstrer les propositions***, il en seroit remercié par escrit public; mais que ***ie n'entends point du tout parler à ceux qui***, ***comme ce vieux maistre***, ***ne sçauent faire que des gloses d'vne autre sorte***, et ce vieux docteur m'impose que i'inuite les sçauants à nettoyer mes proiets et à les débroüiller et purger des impuretés que j'y ay laissées, et en agraue le crime à son possible.

Dans ce project mesme, j'ay dit que la perspective des ombres du soleil se fait d'vne maniere autrement aisée que celle d'vne figure que monsieur Poussin, très-excellent peintre françois, auoit enuoyée de Rome, pour faire voir à Paris; sans dire que cette figure fust de la production ni de l'ouvrage de monsieur Poussin, comme aussi ne l'estoit-elle pas : et qu'vn ouurier la pouuoit entendre et pratiquer auec plus d'auance en vn jour qu'en quinze, à la maniere de cette figure envoyée de Rome; et ce *vieux docteur* m'impose d'auoir dit que ie donneray plus de connoissance en vn jour des choses concernants la peinture, nottamment des ombres que ledit sieur Poussin, en quinze jours, par la figure qu'il en traça à Rome et qu'il enuoya pour en faire part à la France, et ensuitte il en tire vne conséquence à sa mode.

En parlant à quelqu'vn de la perfection ou maistre Charles Bressy, maistre masson, a mis le degré d'une maison de mon dessein dans la nouuelle augmentation de cette ville; i'ay dit qu'on y pouuoit grauer que c'est tout ce qu'vn ouurier peut faire de iustesse en semblable conduite d'ornemens, et ce vieux docteur m'impose d'auoir dit que i'en suis le créateur.

Dans le mesme project encore, i'ay dit que si, lors de son nettoyement, on le veut estendre, on y pourra particulariser iusques à la moindre circonstance de la pratique de chaque exemple; et si l'on veut, on y pourra mettre aussi d'vn mesme temps des manieres vniuerselles de trait pour la coupe du bois de charpenterie et de menuiserie. Et ce vieux docteur, afin d'auoir occasion de s'égayer en vue de ses pensées, s'est forgé le mot d'adjouster que ie n'ay point employé; veut que bien entendre ma pratique soit le mesme que l'estendre et y adjouster; m'impose que c'est ainsi que i'en parle, en citte mes termes falsifiez et paraphrase après brauement là-dessus.

Le dit sieur Bressy a dit qu'ayant esté receu à faire son chef-d'œuure pour la maistrise en vn temps que i'estois hors de cette ville, il ne l'auoit voulu faire en mon absence par ma manière de trait.

Et ce vieux docteur, après s'estre longuement escrimé contre son ombre, au suject de madite manière, vient enfin à déclamer ainsi.

D'où je conclus, comme ie l'ay déjà fait ès-raisons précédentes, que la méthode du sieur Desargues, pour la coupe des voûtes, n'est aucunement comparable en facilité à l'ordinaire et commune des architectes, et soustiens en suitte qu'elle n'est aucunement propre à la pratique, et qu'elle se trouue trop embarrassée et embroüillée pour les ouvriers.

Et c'est pour cela, sans doute, que son meilleur escholier, le sieur Charles Bressy, comme luymesme l'a dit à vn mien amy, n'a peu estre receu à faire son chef-d'œuvre sur ce trait, les maistres de Paris ayant sagement iugé qu'il ne pouuoit légitimement tenir rang parmy les receuables dans la pratique pour estre par trop chimérique et extrauagant, i'entends parler du trait du sieur Desargues : car ledit Bressy sçait fort bien l'ordinaire, et ne proposoit celuy-là que pour son plaisir et galanterie.

En confrontant les escrits de l'vn auec ceux de l'autre, on verra que les choses y sont ainsi que ie viens de dire.

La premiere partie de ma maniere de trait se trouue icy expliquée assez au long pour y voir si elle est trop embarrassée et embroüillée pour les ouuriers.

Et, pour le surplus, voicy un acte authentique et irréprochable :

Extrait des registres de la communauté des Iurez du Roy, es-œuures de massonnerie de la Préuosté et Vicomté de Paris.

Dv premier iour de septembre 1642, maistre Nicolas Messier, syndic de cette communauté, nous auroit dit que Charles Bressy, maistre maçon à Paris, luy auroit mis ès-mains vne requeste tendant à ce que acte luy soit baillé si, lorsqu'il se présenta à la maistrise, il nous proposa de faire son chef-d'œuvre sur le trait de géométrie du sieur Desargues, après auoir fait lecture de ladite requeste dont la teneur en suit :

A messieurs les Iurez du Roy, ès-œuvres de la massonnerie de la Préuosté et Vicomté de Paris.

Svplie humblement, Charles Bressy, etc.

Par cette requeste, ledit Bressy raporte le discours cy-dessus dudit libelle, et demande à ces maistres Iurez acte de ce qui se passa lors de sa réception à la maistrise, pour iustifier publiquement qu'il n'est pas véritable.

Et en suitte de la transcription de cette requeste, il y a :

La compagnie a arresté de donner là-dessus audit Bressy et autres qu'il appartiendra l'acte qui s'ensuit :

Novs soubs-signés, ayant veu et considéré la requeste cy-dessus à nous présentée par Charles Bressy, maistre masson à Paris, ensemble le libelle et les paroles dont il est fait mention; luy auons octroyé acte de sa demande auec celuy qu'il a désiré de nous : c'est pourquoy nous déclarons à tous qu'il appartiendra, que nous auons assisté à la réception dudit Charles Bressy à faire son chef-d'œuure, et à la maistrise en l'art de massonnerie : *attestons* et certifions qu'il ne nous proposa point de faire son chef-d'œuvre sur le trait dudit sieur Desargues, et que partant c'est vne chose suposée et controuuée de dire que ledit Bressy n'a peu estre receu à faire son chef-d'œuure sur ce trait, et que nous ayons jugé que le trait dudit Desargues ne pouuoit légitimement tenir rang parmy les receuables dans la pratique pour estre par trop chimérique et extrauagant; ce que nous assurons auec nos seings pour seruir ce que de raison audit Bressy et autres qu'il apartiendra. Fait à Paris, le premier septembre 1642.

Signé : David, Marie, Ponsard, Benoist, De Cotte, De Lespine, Noblet, Govrgovron, Gamard, et, plus bas, expédié pour maistre Charles Bressy, et signé Messier.

Sur ces preuues enfin, les gens d'honneur, d'entendement et de probité, iugeront de la procédure de ce *vieux docteur*, et si c'est de l'esprit de charité qu'il parle et qu'il agist, ou bien de l'esprit de colere et de mensonge.

Quand à moy, ie luy veux donner de quoy me conuaincre quand i'assure qu'il n'entend pas à fonds ma maniere de trait.

Entre plusieurs sortes d'en acheuer la préparation générale, il y en vne après laquelle, pour trouuer les paneaux, il ne faut plus mener qu'vne seule ligne pour chacun, et l'on a de quoi le faire. Or, ie n'ay pas voulu dire cet acheuement à monsieur Bosse, auant son deuxieme volume de cette matiere, afin que ce *vieux docteur* ait cependant moyen de la trouuer s'il peut, et en la publiant par auance iustifier qu'il m'entend à fonds, autrement on ne le croira pas.

D'ailleurs il a dit que la conduite des ornemens au noyau d'un degré, comme le susdit, est vne chose si triuiale qu'on berneroit dans les atteliers ceux qui professent les ornemens et ne la sçauroient pas, et moi ie dy qu'à faute de m'entendre à fonds il ne scauroient déterminer sur le champ, comment il faut procéder pour cette conduite en l'exemple que ie luy pourray proposer au besoin : conséquemment il s'est jugé lui-mesme à estre berné dans les atteliers s'il ne peut satifaire à ma proposition.

Et d'autant que, par ses œuvres, il donne à croire qu'il a interest dans quelque liure du trait pour la coupe des pierres, pratiqué sans doute à la vieille maniere, ie luy veux donner ce bon aduis qui est, qu'en cette vieille maniere on n'a pas toujours esté si précis que de raison, et qu'il est demeuré des erreurs en la premiere et en la deuxieme teste, qui sont cause qu'il faut retondre la pierre au lieu de la simplement ragréer ou réparer après qu'elle est taillée : et que ces erreurs-là peuuent estre corrigées, et ne sont pas excusables à ***un vieux docteur***.

A Paris, ce 20 juillet 1643.

DESARGVES.

RECONNAISSANCE DE MONSIEUR DESARGVES

Placée en tête de la gnomonique de Bosse 1643.

Je soubs-signé confesse avoir veu ce que M. Bosse a mis dans ce volume cy de la pratique des cadrans au soleil ; reconnois que tout y est conforme à ce qu'il a voulu prendre la patience d'en ouïr et conceuoir de mes pensées ; et espere que par cela seul, on connaistra que l'autheur anonyme du deuxieme cahïer du libelle que le sieur Melchior Tauernier a fait imprimer d'aduis charitable sur mes œuures, et qui est vn prétendu examen de ma maniere vniuerselle de poser l'essieu et tracer les heures égales à la Françoise d'vn cadran, n'est pas non plus que les autheurs des autres deux cahiers du mesme libelle, vn de ces excellents hommes aux sciences que i'ay supplié de vouloir honorer mes projets de leur bonne correction.

Et qu'il est de ceux qui ne scauent faire que d'autres sortes de gloses, auxquels i'y ai déclaré que je baisais les mains.

Entre des particuliers à qui j'ay distribué de mesdits projets, il y en a vn qui m'a souvent dit, que luy ou quelqu'un de ses amis, auait fait sur celui des cadrans plusieurs obseruations, lesquelles estoient à ce que ie voy, la mesme chose dont ce prétendu examen est compilé.

Quand au commencement, cet homme là me faisoit ces contes, je pensois que ce fust vne gaillardise; et quand il m'eut assuré qu'il parloit tout à bon, alors je cogneus qu'il a bien plus d'éclat et d'opinion que de fonds, pour voir la généralité des raisons d'vne maniere vniuerselle de pratique d'art.

Ces observations viennent à se réduire à trois sortes.

L'*vne* qui est seule considérable, va directement contre l'essentiel de mes propositions; il dit quelles ne sont pas vniuerselles, et qu'elles ne comprennent pas les plans paralleles au meridien et à l'Equateur, ni les temps des Equinoxes.

L'*autre* est encore hors de saison; il dit que dans le détail de mes projets, il y a beaucoup à redire sur l'ordre et aux façons d'exprimer, déterminer, prescrire et semblable choses.

La *troisième* est suspecte, il veut auoir inuenté cy deuant les mesmes choses sur les mesmes données, et plus auantageusement; alleguant que la *Gnomonique* est son plus grand fort, par la longue estude et le nombre des expériences qu'il en a fait.

Sur la *premiere* sorte, ie luy ay dit quil ne m'entend pas; il assure le contraire et ie le laisse dans son opinion.

Sur la *deuxieme*, ie lui ay dit qu'vn simple brouillard et encore seulement d'vn projet, qu'en vne autre matiere on nommeroit vn esquis ou esbauche, n'est pas vn ouurage à examiner en détail, comme alors qu'il paraistra pour acheué; que les sçauants n'en considereront que le fonds de la pensée; il n'a point fait estat de ces raisons, et ie le laisse encore dans son humeur.

Sur la *troisieme*, ie m'estois abstenu de dire, que si, deuant qu'auoir estudié mon projet, il auoit publié ce qu'il veut aujourd'huy faire passer pour estre de son inuention, il n'y auait pas lieu de dire qu'il l'y ait pris, le deguise et se le veut attribuer.

Si ce galant homme, ou quoy que soit l'autheur de ce prétendu examen, auoit seulement dit que mes escrits ne sont pas intelligibles; qu'au moins luy ne les scauroit entendre; ou bien qu'il ne scauroit comprendre ma façon de conceuoir ces matieres vniuersellement, ou bien qu'après l'auoir comprise et considerée, il ne la sçauroit admettre, et qu'elle n'est pas receuable, il auroit en cela procédé raisonnablement et en homme de sincerité.

Mais il dit que je ne parle pas à la maniere ordinaire, et veut qu'en mesme temps, on croye qu'il n'a pas laissé de pénétrer facilement dans mes pensées, et pour le persuader il ne dit pas seulement qu'il m'entend aussi bien que si ie parlois d'vne autre sorte, mais comme s'il estoit le souuerain scrutateur de mes pensées, et que ie deusse infailliblement souscrire à ses interprétations, il se fait tout blanc de m'expliquer en terme et par la méthode ordinaire.

En quoy sans doute, il a creu d'aller à la derobée passer pour maistre et scauant praticien : et tout au contraire, il a monstré quil est encore petit aprentif, en la théorie et façon générale d'inuenter des manieres vniuerselles de pratiques d'arts.

S'il eust voulu se nommer, i'aurai peu luy en particulariser les raisons, et ne l'ayant pas fait, il me suffira de dire en gros sur la *premiere* sorte de ses obseruations (laissant là ce qui est de la deuxiesme, et en m'en rapportant pour la troisiesme à ceux qui sçauent la portée du personnage) ; que puisqu'il voyoit que ie ne parlois pas à la maniere ordinaire, il deuoit aussi penser, et s'il eust esté scauant ; il auroit veu, que ie ne conçois pas toujours ces matieres comme luy à la maniere ordinaire que luy peut auoir esté enseignée ; car les scauants l'ont veu par le seul mot de *but*, lequel i'ay suffisamment expliqué dans mon projet des coniques, duquel il a eu sans doute vn exemplaire ; et le sens commun luy auroit dicté, qu'en m'allant expliquer ainsi quil a fait selon sa pensée à l'ordinaire, il ne m'expliqueroit pas suiuant la mienne. et qu'il s'alloit conséquemment escrimer contre son ombre.

Ie veux dire qu'au lieu d'examiner et e xplique mon projet, suiuant ma pensée et façon de conceuoir ces matieres dans l'vniuersel ; comme c'est l'vnique façon légitime de faire des scauants, et la raison de le vouloir ; il l'a examinée selon sa façon de conceuoir dans le particulier, et l'a expliquée suiuant sa pensée et maniere de conceuoir ; qui est vne façon de procéder que ie laisse à nommer a vn autre.

Voila comme afin d'auoir de quoy se chatoüiller pour se faire rire et monstrer quil ne scait pas mal discourir et railler sans fondement ; il se fait soy-mesme des monstres de sa propre idee ; puis il s'égaye en les combattant.

Car au lieu que je propose vne maniere vniuerselle, il vint par ses explications en termes à l'ordinaire, et par ses additions, à en faire vne maniere particuliere ; puis il s'efforce de monstrer qu'elle n'est pas vniuerselle.

Ce faisant il combat seulement son explication et non pas ma pensée, à laquelle il n'est point encore arriué.

C'est pourquoy nonobstant le bruit qu'il scauroit faire, mes propositions ne laissent pas d'estre vniuerselles à ma façon de conceuoir (je m'en rapporte aux sçauants) et de comprendre les plans parallels au Méridien, et à l'Equateur, et aussi les temps des Equinoxes, encore qu'il n'en voye pas les démonstrations.

Ie ne veux pas dire, qu'après que par le mot *but* il aura cogneu la sorte de pensée que i'entends exprimer, il ne puisse peut estre aperceuoir comment c'est que les plans parallels au plan meridien y sont compris.

Mais j'oserois bien asseurer qu'il n'arriuera point de soy mesme à connoistre comment c'est que les plans parallels à l'Equateur y sont aussi compris ; et qu'il dira perpétuellement que cela ne peut estre.

Ce qui me le fait croire, est qu'il n'a pas seulement sceu comprendre pour le mettre comme il le faut dans le dit prétendu examen, ce que je luy ay bien-voulu dire de bouche, touchant vn equierre à poser l'essieu durant les equinoxes, et dont pour cause ie n'ay pas voulu parler dans mon projet ; et aussi qu'il n'a pas sceu voir, que la façon de trouuer la position de l'essieu comme il propose auec seulement des filets souples, attachez l'vn à l'autre, et tendus en croix, ne scauroit estre bonne pour l'exécution effective ; et encore, qu'il n'a pas veu que des verges à viue areste, et des regles sont vne mesme chose, que des filets de metail et de soye ou de chanure ne sont toujours que des filets.

Je ne doute pas que sa façon de faire ne puisse bien surprendre quelqu'vn de ceux qui n'entendent rien à ce dont il parle ; mais non pas les autres ; et pour moy je lui accorde volontiers ce quil veut qu'on croye de luy, c'est à sçauoir qu'il a fait beaucoup de recherches dans les arts, en tastonnant sans raisonnement ; qu'il ne débite pas mal ses denrées ; ne raille point de mauuaise grace, et ie ne contesteray jamais là dessus avec luy.

A Paris, ce dernier septembre 1643.

DESARGVES.

Extrait du privilége.

Par grace et privilege du Roy, donné à Saint-Germain-en-Laye le 3 novembre 1642, signé Lovis et plus bas Svbiet. — A la réquisition de Girard Desargues de la ville de Lyon, qui a instruit Abraham Bosse de la ville de Tours, graueur en taille douce, de ses manieres universelles pour pratiquer diuers arts, comme la perspectiue à la maniere même dont on travaille en geometral, le trait pour la coupe des pierres en l'architecture, les quadrans au soleil et autres lesquelles iceluy Desargues avait ci-devant commencé de publier en divers exemples et projects, il est permis au dit Abraham Bosse de graver, faire graver, et imprimer, vendre, etc.

RECONNAISSANCE DE MONSIEUR DESARGVES

Placée en tête de la Perspective de Bosse, 1648.

I'ay sous-signé confesse auoir veu ce que M. Bosse a mis dans ce volume de la Pratique de la Perspectiue, reconnais que tout y est conforme, à ce qu'il a voulu prendre la patience d'en ouir et conceuoir de mes pensées; et auoüe franchement que le n'eus iamais de goust, à l'estude on recherche, n'y de la physique, n'y de la géometrie, sinon en tant qu'elles peuuent seruir à l'esprit, d'vn moyen d'arriuer à quelque sorte de connaissance, des causes prochaines des effets de choses qui se puissent reduire en acte effectif, au bien et commodité de la vie qui soit en vsage pour l'entretien et conseruation de la santé; soit en leur application pour la pratique de quelque art, et m'estant aperceu qu'vne bonne partie d'entre les pratiques des arts, est fondée en la géometrie ainsi qu'en vne baze assurée ; entre autre celle de la coupe des pierres en l'architecture, estant pour cela nommée ***Pratique du trait géometrie ;*** celle des cadrans au soleil, comme il appert de la chose et du lieu, dont elle a son origine; celle de la perspectiue, en l'art de la pourtraicture, ainsi qu'il se voit de la maniere dont elle est déduite, et du mot ***perspectiue.*** Desquels arts ayant considéré l'excellence et la gentillesse, ie fus touché du désir d'eutendre, s'il m'estoit possible, et les fondemens, et les règles de leurs pratiques, telles qu'on les trouuoit et voyoit lors en vsage; ou ie m'aperceus que ceux qui s'y adonnent, auoient à se charger la mémoire d'un grand nombre de leçons diuerses pour chacune d'elles ; et qui par leur nature et condition, produisoient vn embarras incroyable en leur entendement, et loin de leur faire auoir de la diligence à l'exécution de l'ouurage, leur y faisoit perdre du temps, surtout en celle de la pourtraicture, si belle et si estimable entre les inuentions de l'esprit humain, ou la plus part des peintres et autres ouuriers trauailloient comme à l'aduenture et en tastonnant : sans guide ou conduite assurée, et par consequent, auec vne incertitude et fatigue inimaginable. Le désir et l'affection de les soulager si ie pouuois aucunement de cette peine, si laborieuse et souuent ingrate, me fit chercher et publier des régles abregées de chacun de ces arts, desquelles il aparoistra, comme i'espere de la verité, qu'elles sont purement de ma pensée, nouuelles, demonstratiues, plus faciles à comprendre, aprendre, et effectuer, et plus expéditiues, qu'aucune de celles d'auparauant; quoi qu'en ayent voulu jargonner les Enuieux, Plagiaires, et gens qui n'estant capables que de prendre les conceptions des autres, et non de rien aprofondir, ou produire d'eux mesmes; et qui voulant estre estimez capables de tout, ne peuuent souffrir de voir vne inuention nouuelle d'aucun autre. Et nonobstant ce qu'vne melancholie pasle et bazannée, ou d'enuie, ou d'orgueil, ou d'ignorance, ou suiuant l'aparance de tous les trois ensemble; pour esbloüir, abuser et tromper le public, sous prétexte d'examen de mes œuures, a vomy noirement allencontre sans aucun sujet, de son infection et malignité veneneuse, par des impostures diffamatoires, faussetez calomnieuses, suppositions, falsifications, menteries, larcins et autres allegations ridicules hors de propos et plus qu'extrauagantes; et finalement par des iactances visionnaires et chimeriques, desqu'elle saletez et bauarderies le compilateur ayant paru comme insensible aux touches de la conscience et de l'honneur d'vn chrestien, alant après cela peut-estre à l'autel, sans vne préalable reconciliation auec son prochain griefuement offencé de telles entreprises. I'auois essayé les voyes honorables, de luy faire sentir, vne sorte de chastiment, qui peut estre aparemment efficatieuse, en vne personne de son espece et de sa phisionomie; assavoir par l'interest, mais il a sceu dilayer l'effect, afin de venir à l'euiter, par des eschapatoires de la chicane, qu'il exerce fort soigneusement; et pour laisser aucun moyen de scauoir s'il est capable ou non, de resipiscence et de raison ; ensemble iustifier infailliblement son ignorance, et sa malice ou bien mes defauts, et par ainsi désabuser le public des impressions erronées et nuisibles, que par mesgarde il pourroit auoir pris de l'vn ou de l'autre de nous deux : ie ne propose plus qu'il hazarde aucune chose du sien, pour la deffense de ses impostures, et desseins honteux, de fronder les ouuriers de son art et autres. Mais ie m'offre icy de luy payer cent pistoles, qu'il a fait mine de vouloir gager en cette occasion ; et plus grand nombre s'il le desire selon ma puissance, au cas exprès que je ne demonstre géometriquement, pour ce qui est du fait de géometrie, que hors vne faute d'impression, qui n'importe de rien au reste de l'œuvre, et qu'il n'a pas mesme entièrement corrigée; de tout ce que sa melancholie aduste et enuyeuse, ou orgueilleuse malignité s'est voulu mesler de reprendre, au liure de M. Bosse et à mes originaux, tant du trait de la coupe des pierres, des cadrans, que de la perspectiue et notamment sur le cahier cy-joint, de propositions curieuses et qui paroist il y a quelques années, sous d'autres chiffres de pages qu'en ce volume ; il a repris mal à propos, que ce qu'il a publié contre est ou faux, ou ridicule, et impertinant; qu'il a pris de moy, ce qu'il veut dire auoir esté de l'ordinaire, ou de son amendement et qu'vn ouurier en l'apareil de la coupe des pierres, qui scaura bien nostre maniere vniverselle et aussi l'ancienne qu'il met amendée, suiuant mon projet, fera pour une mesme piece, la moitié plus d'opérations de la regle et du compas auec cette ancienne, qu'auec la nostre; le tout au dire de gens d'authorité, non suspects, et bien entendus en la géometrie, qui seuls peuuent estre juges capables de ces choses, et non pas les massons, comme il voudroit faire acroire; en quoy son humeur peruerse ne veut pas seulement affronter le public; mais aussi contredire la verité mesme, en ce qu'elle a prononcé que le disciple n'est point par dessus son maistre. Car non plus que les medecins, pour se rendre scauants en lour profession, ne vont n'y à l'ecole n'y à la leçon des apoticaires qui effectuent leurs ordonnances; mais au contraire les apoticaires pour se rendre capables de leur profession, vont à l'ecole et à la leçon des medecins, en quoy les medecins sont maistres, et les apoticaires disciples; aussi les géometres, pour s'auancer en cette science, ne vont n'y à l'ecole, n'y à la leçon des massons, mais au contraire, les massons pour se rendre habiles aux traits géometriques necessaires à la pratique de leur art, et deuenir plus capables de faire chef-d'œuure pour leur maistrise, vont à l'ecole et à la leçon des géometres, en quoy de mesme, les géometres sont maistres, et les massons disciples, et estant question de juger, si vne ordonnance de medecine est bien conceuë dans les lois de cette science, il ne serait pas plus ridicule de proposer et soustenir qu'il faut des apoticaires et non des medecins, pour en juger, sous prétexte que ce sont les apoticaires qui préparent les drogues, et mettent les ordonnances des medecins à exécution ; qu'il est extrauagant de dire et soustenir qu'il faut des massons et non des géometres pour iuger de la précision et briefueté demonstratiue d'vn trait géometric, pour l'apareil de la coupe des pierres en l'architecture, sous prétexte que ce sont les massons qui manuellement tracent, posent et massonnent lesdites pierres, ou qui aprennent de mémoire et effectuent les regles de la pratique du trait, que les géometres ont inuentées à cet effet. Or là dessus de deux choses l'vne : ou ce forgeur d'impostures viendra se mettre en deuoir de me conuaincre, ou bien il n'y viendra point; s'il y vient, celuy de nous deux qui trompe, affronte et abuse le public, y receura la confusion qu'il mérite, et s'il n'y vient, il auoüera par là que ce que je viens de dire de sa procedure noire et malicieuse, est veritable :

Fait à Paris, ce premier octobre 1647.

DESARGVES.

OEUVRES DE DESARGUES.

PASSAGES DE DIVERS ÉCRITS ET AFFICHES PUBLIES

par **DESARGUES**,

Cités dans un ouvrage ayant pour titre :

Avis charitable, ETC., ET DANS CELUI DE CURABELLE,
INTITULÉ : **Faiblesse pitoyable.**

NOTE. — On n'a pas pu retrouver ces écrits et affiches.

AFFICHES PLACARDÉES SUR LES MURS DE PARIS

contre la

Perspective de Du Breuil 1642.

1re *Affiche*, intitulée : ERREUR INCROYABLE, etc.
2e *Affiche*, intitulée : FAUTES ET FAUSSETÉS ÉNORMES, etc.

On trouvait, dans la deuxième affiche, cette phrase :

« Qu'il y a cinq années que l'enuie n'ayant pu auec sa langue persuader que cette maniere vniuerselle qu'il s'attribue ne valoit rien, elle a tant fait qu'on a fourré dans ce liure de la perspectiue pratique une figure de l'exemple qu'il dit sien, altérée et falsifiée par les griffes mesquines de l'envie.

On voit que, dans ces affiches, Desargues répétait plus de douze fois que la perspective pratique était une copie. (Avis charitable)... « C'est vne honte (disait Desargues) de faire uoir aux estrangers que nous introduisons de fausses pratiques d'vne science qui a ses démonstrations infaillibles. » Faiblesse pitoyable)... Il se plaignait de plus qu'on avait violé son privilége qu'il avait fait voir aux sieurs Tavernier et Chartres. (Avis charitable.)

C'est probablement dans une ces affiches que Desargues se vantait de ne lire aucun auteur. (Avis charitable.)

PETIT LIVRET AVEC FIGURES ET DÉMONSTRATIONS, INTITULÉ :

Six Erreurs de pages, etc.

Avril 1642 (cité dans Faiblesse pitoyable).

On y trouvait ce fragment :

« Mais tout ainsi qu'il y a aussi le clair et le brun, à cause de la lumière, il y a aussi le clair et le brun, à cause du fort et du faible. »

RESPONSE A CAUSE ET MOYENS D'OPPOSITION, etc.

16 décembre 1642.

(Écrit cité par Curabelle dans l'Examen des Œuvres de Desargues, p. 71.)

Fragment:.. « Je remets d'en donner la clef quand la démonstration de cette grande proposition, nommée la Pascale, verra le jour. Et que ledit Pascal peut dire que les quatre premiers livres d'Apollonius sont ou bien vn cas, ou bien vne conséquence immédiate de cette grande proposition. »

SOMMATION FAITE AU SIEUR CURABELLE.

Paris, 18 avril 1644. (Cité dans Faiblesse pitoyable.)

Fragment... au feuillet 2 :

« Que ce qu'il traite dans ses œuures a des certitudes euidentes par des démonstrations géométriques et partant indubitables, et consequemment qu'vne personne qui s'entend médiocrement à la géometrie ne sçauroit avoir commis les erreurs et fautes dont le sieur Curabelle fait l'énumération dans son prétendu examen des œuures du sieur Desargues, qu'il n'ait du tout l'entendement imbecille, etc. »

Page 3 : « Que des faits qui se rencontrent entre eux. les vns regardent la géometrie contemplative, d'autres la grammaire, d'autres le raisonnement, autres la police, autres le droict, etc., et qu'il est nécessaire que les arbitres qui seront nommez soient des personnes entendues en chacune de ces matieres, comme peuuent estre des iuges et des géometres. »

OEUVRES DE DESARGUES.

Extrait d'une lettre de Desargues à Bosse,

du 25 juillet 1657, lue à l'Académie royale le 29 suivant,

SUR UN PRIX DE 1,000 FRANCS PROPOSÉ PAR DESARGUES POUR CELUI QUI COMPOSERA UNE PERSPECTIVE MEILLEURE QUE LA SIENNE.

NOTE. — Tiré de l'ouvrage de F. P. BOURGOING, ayant pour titre :

LA PERSPECTIVE AFFRANCHIE, 1661.

EXTRAIT D'UNE LETTRE DE DESARGUES,

QUI SE TROUVE DANS L'OUVRAGE DE F. P. CHARLES BOURGOING,

ayant pour titre :

La Perspective affranchie, 1661.

Préface de Bourgoing, pag. 1.

« J'ai cru ne pouvoir choisir vn moien plus favorable que de prétendre au prix que M. Desargues, home très-sçauant et génereux, a proposé à celui de nos François qui trouueroit une maniere de perspectiue meilleure et plus parfaite que la siene, par une lettre qu'il escriuoit à M. Bosse, qui a esté imprimée à Paris, le 25 juillet de l'année 1657, et qui a esté leüe à l'Académie roiale par ledit M. Bosse, le 29 suiuant, et distribuée ensuite à tous les curieux de la perspectiue, et pour faire qu'vn chacun en puisse juger equitablement, il faut que je rapporte ici ce qu'elle contient de plus remarquable touchant nostre sujet. Au milieu de la deuxième page, après auoir dit qu'il ne prétendoit point que leur privilege empeschat que quelqu'vn ne mist en lumiere quelque nouuelle et meilleure maniere de persp ctiue, il dit ce qui suit :

« (Ce que pour certifier de surcroit ensemble tesmoigner la joie que j'aurois de voir vne chose qu'autant vaut je conois hors la puissance humaine scauoir vne maniere autre absolument que ladite miene de trauailler en perspectiue plus vniuersele qu'elle, plus démonstratiue, plus facile à conceuoir, plus aisée à apprendre, plus seure à retenir et plus prompte à effectuer par le comun de ses praticiens. Bref, préferable en toutes circonstances et rencontres, voire pour s'il y en auoit moien d'en accélerer l'exibition dans mon petit pouuoir, je m'oblige à doner mille francs à celui de nos François qui m'aura fait joüir du contentement d'en voir une admise et jugée telle par les sauans *afi* sur telle matiere ce que ie vous prie vouloir prendre la peine de faire sauoir dans vostre dite académie, et de plus au public, en joignant la présente à vn des traitez qu'auez à mettre au jour, par ou je serai plus fortement et solemnelement obligé tant des mille francs à celui qui les aura meritez, come dessus, qu'a vous de continuer à me dire vostre seruiteur.

(DESARGUES) »

Par la vous pouuez connoistre quatre choses : la premiere, la proposition du prix ; la deuxieme, la condition qu il y appose ; la troisieme, la satisfaction qu'il receura d'estre surmonté sur ce sujet ; et la quatrieme, comme il estime sa maniere la meilleure qui soit, et qui puisse estre, et moi de cette derniere je tirerai la premiere et la plus éuidente conclusion que l'on puisse déduire ; que si ma maniere est meilleure que la siene, elle est, selon son jugement, la plus parfaite du monde et qui puisse estre jnuentée, et partant je mériterai le prix, et ce liure l'approbation de tous ceux qui daigneront le lire, et l'honneur en appartiendra à Dieu seul qui ne permetra jamais q'une créature se l'arroge jmpunement.

(Voir, sur le père Bourgoin, mon *Histoire de la Perspective.*)

(Note de M. POUDRA.)

FIN DU PREMIER VOLUME.

TABLE

DES MATIERES CONTENUES DANS CE PREMIER VOLUME.

FIN DE LA TABLE.

Typographie de E. Dépée, à Sceaux.

Perspective de 1636.

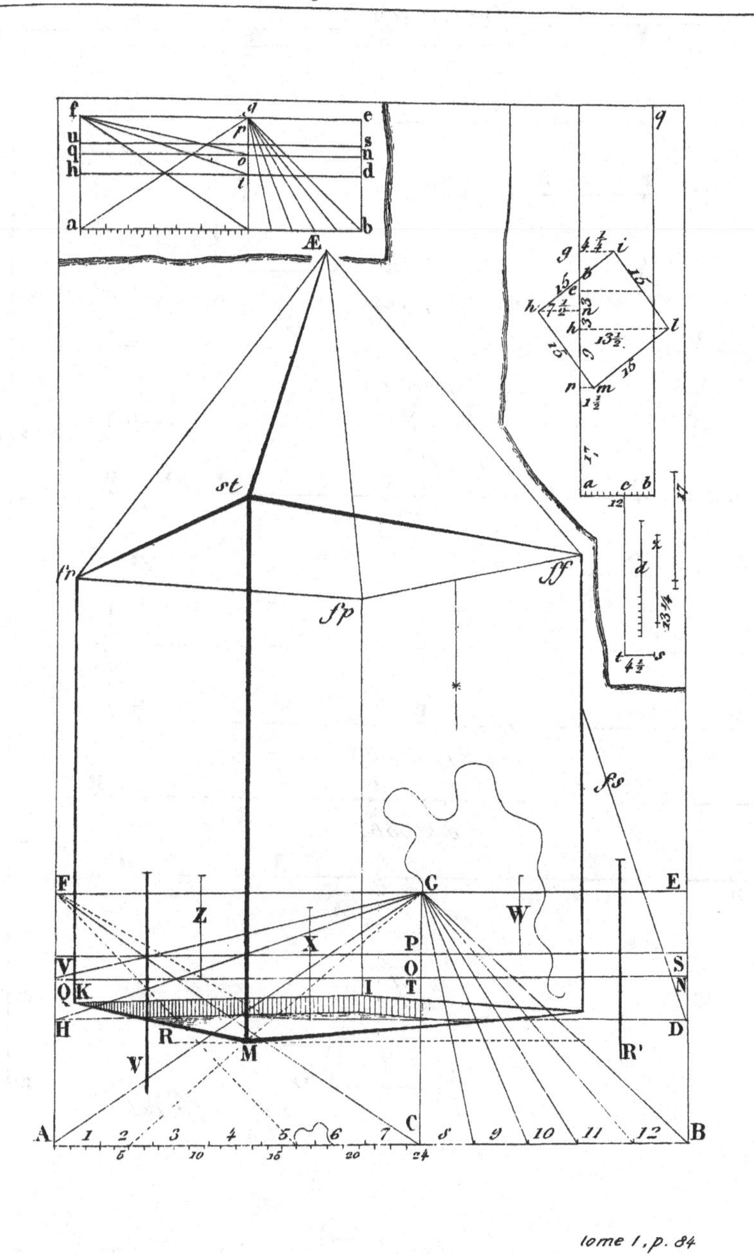

Tome I, p. 84

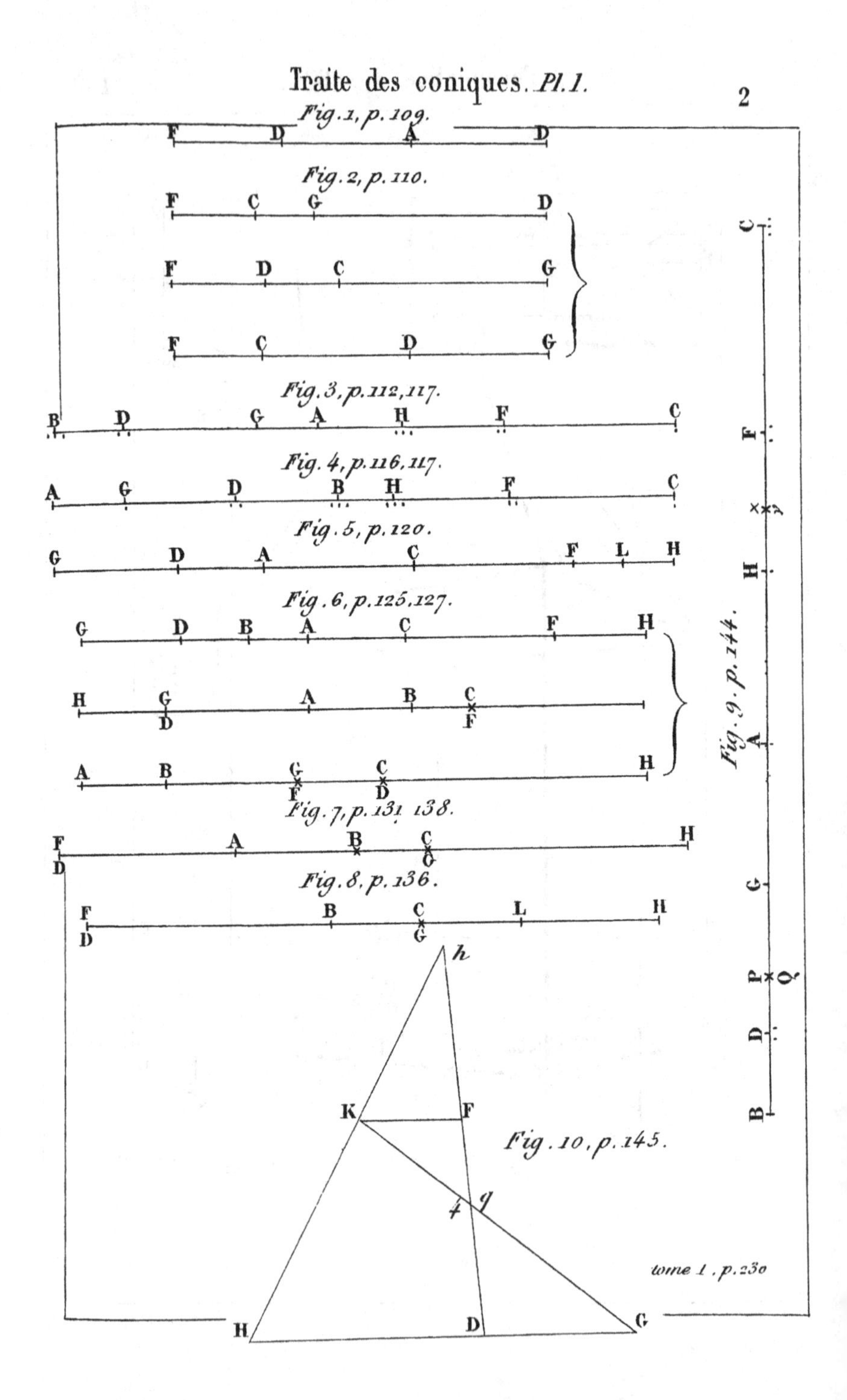
Traite des coniques. Pl. 1.
2
Fig. 1, p. 109.
F D A D
Fig. 2, p. 110.
F C G D
F D C G
F C D G
Fig. 3, p. 112, 117.
B D G A H F C
Fig. 4, p. 116, 117.
A G D B H F C
Fig. 5, p. 120.
G D A C F L H
Fig. 6, p. 125, 127.
G D B A C F H
H G D A B C F
A B G F C D H
Fig. 7, p. 131, 138.
F D A B C G H
Fig. 8, p. 136.
F D B C G L H
Fig. 9. p. 144.
C F H y A G P Q D B
h K F 4 q H D G
Fig. 10, p. 145.
tome 1, p. 230

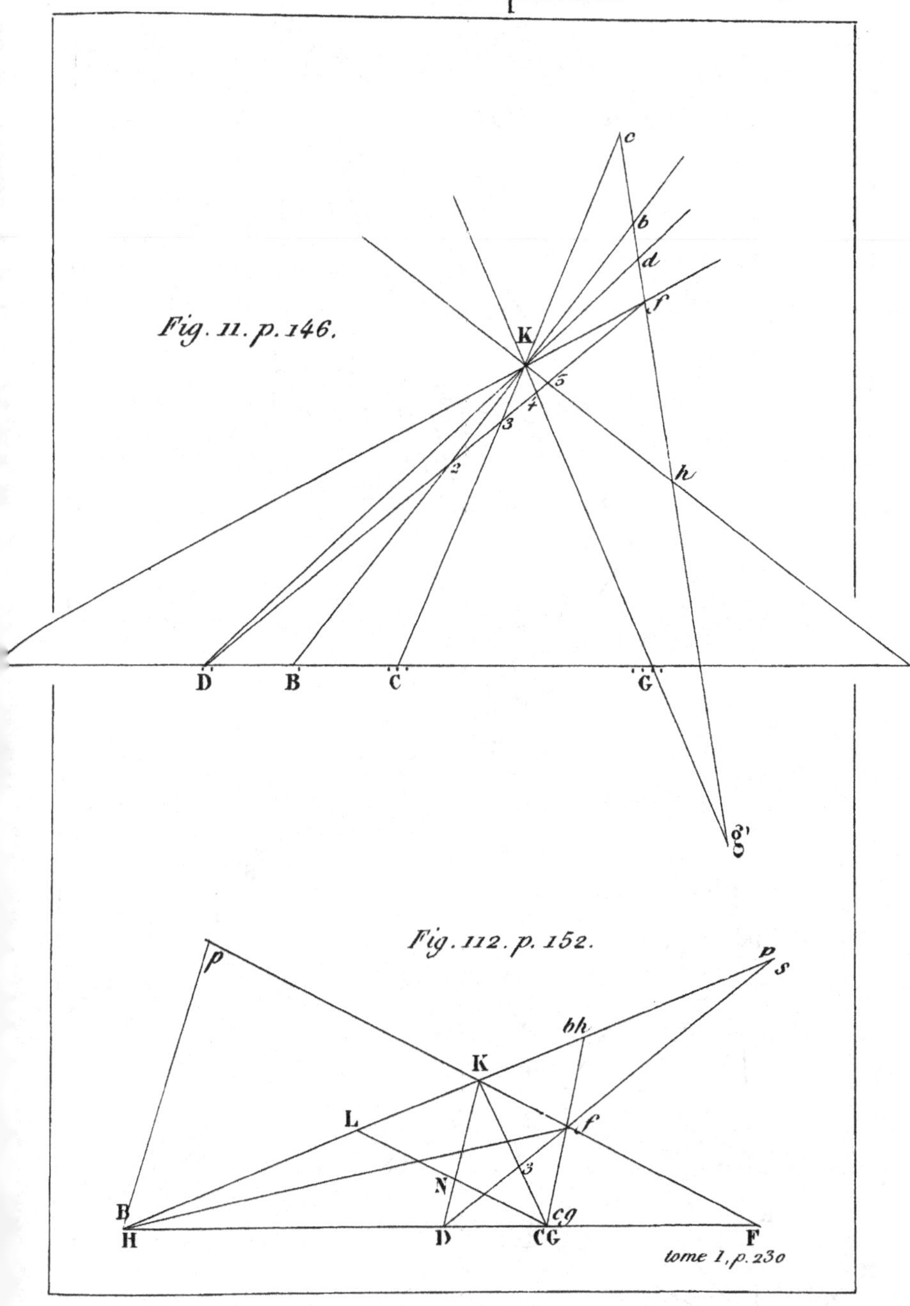
Fig. 11. p. 146.
c
b
d
f
K
5
4
3
2
h
D
B
C
G
g'
Fig. 112. p. 152.
p
P
S
bh
K
L
f
3
N
B
H
D
CG
cg
F
tome 1, p. 230

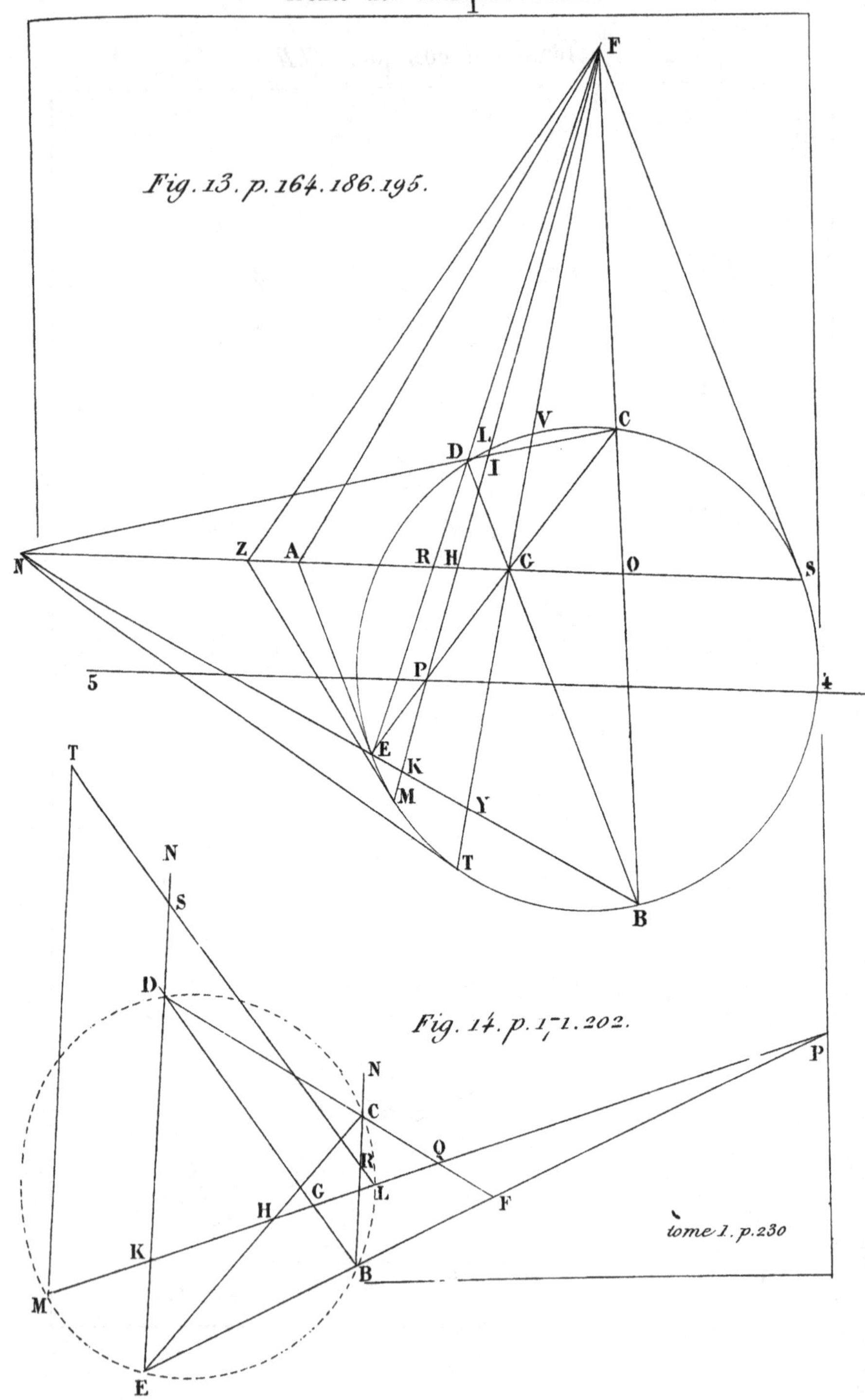
Fig. 13. p. 164. 186. 195.
F
V
C
L
D
I
Z
A
R
H
G
O
S
N
P
5
4
E
K
M
Y
T
B
Fig. 14. p. 171. 202.
T
N
S
D
N
C
Q
R
G
L
H
F
P
K
B
M
E
tome 1. p. 230

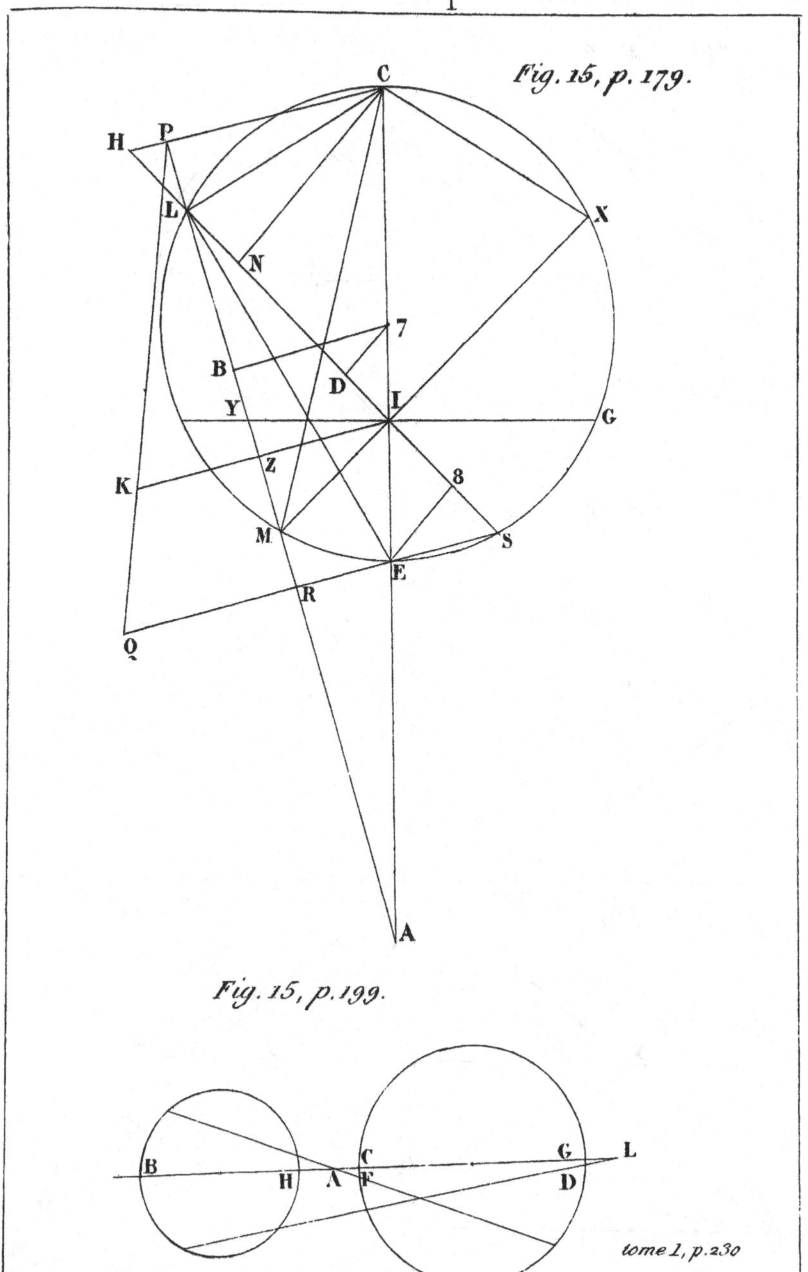
Fig. 15, p. 179.
C
H
P
L
X
N
7
B
D
Y
I
G
K
Z
8
M
S
E
R
Q
A
Fig. 15, p. 199.
B
H
A
C
F
G
D
L
tome 1, p. 230

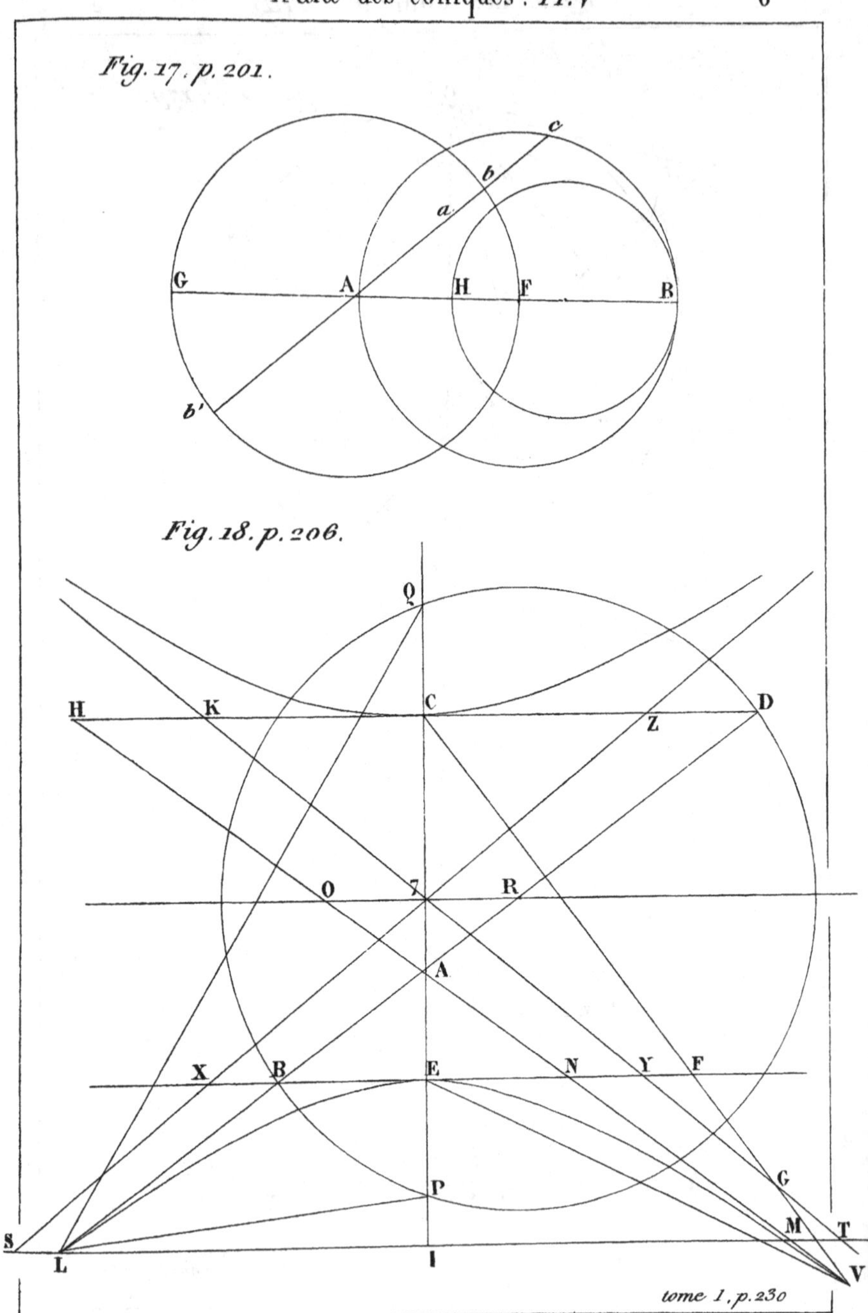
Fig. 17. p. 201.
c
b
a
G
A
H
F
B
b'
Fig. 18. p. 206.
Q
H
K
C
D
Z
O
7
R
A
X
B
E
N
Y
F
G
P
M
T
S
L
I
V
tome 1, p. 230

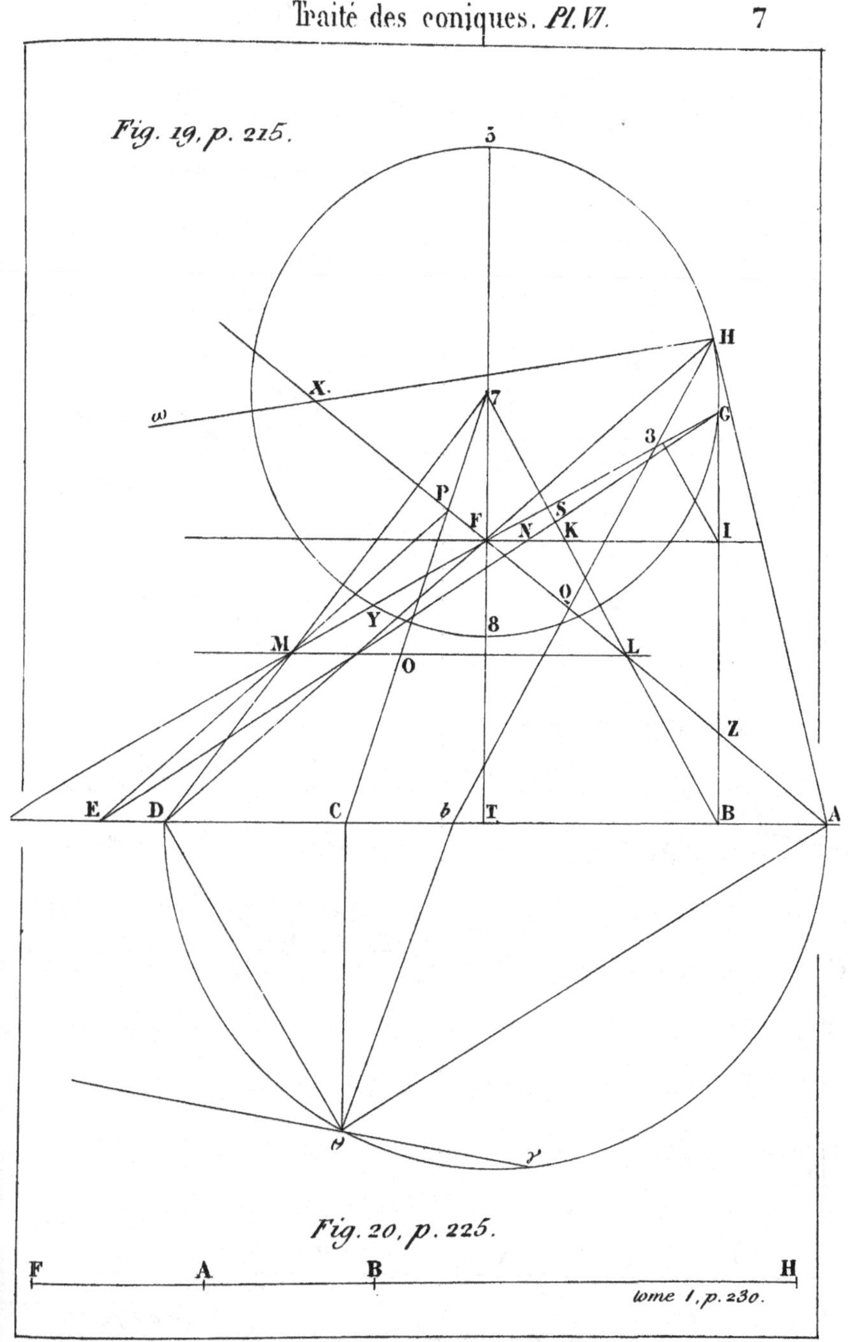
Fig. 19, p. 215.
5
H
X.
ω
7
G
3
P
S
F
N
K
I
Q
Y
8
M
L
O
Z
E
D
C
b
T
B
A
θ
γ
Fig. 20, p. 225.
F
A
B
H
tome I, p. 230.

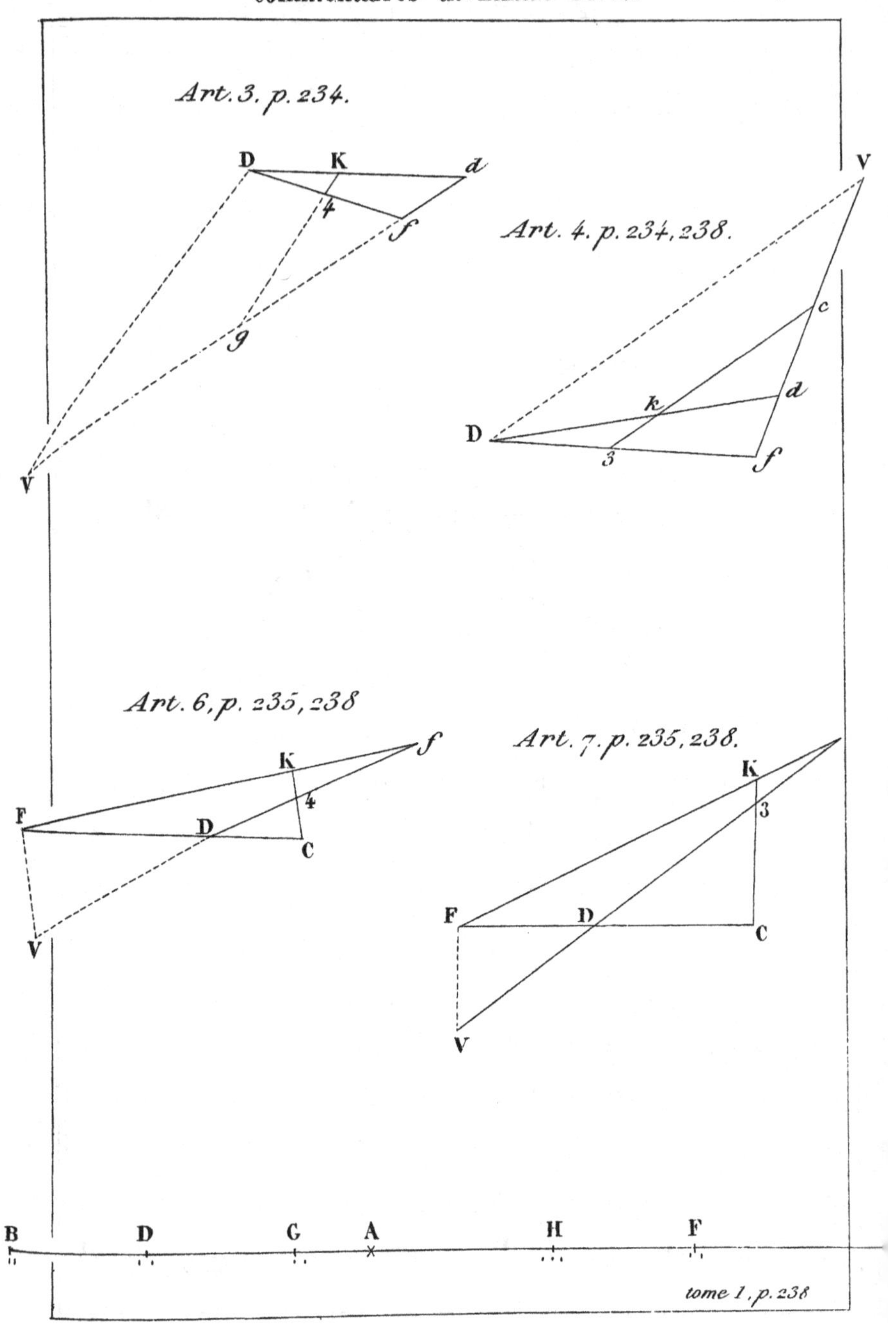
Art. 3. p. 234.
D
K
d
4
f
g
V
Art. 4. p. 234, 238.
V
c
k
d
D
3
f
Art. 6, p. 235, 238
f
K
4
F
D
C
V
Art. 7. p. 235, 238.
K
3
F
D
C
V
B
D
G
A
H
F
tome 1, p. 238

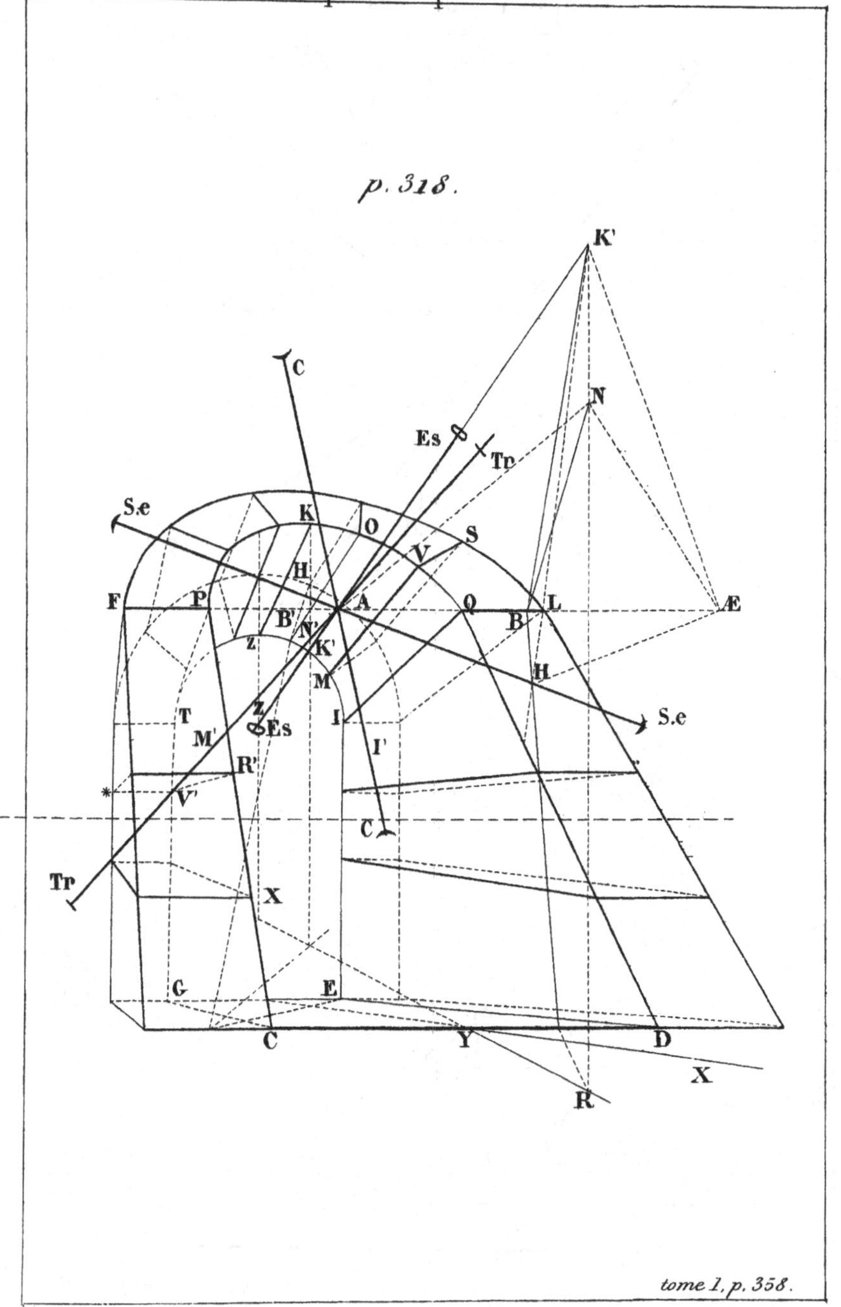
p. 318.
K'
C
N
Es
Tr
S.e
K
O
S
V
H
F
P
A
Q
L
Æ
B'
B
N'
z
K'
H
M
Z
T
Es
I
S.e
M'
I'
R'
*
V'
C
Tr
X
G
E
C
Y
D
X
R

tome I, p. 358.

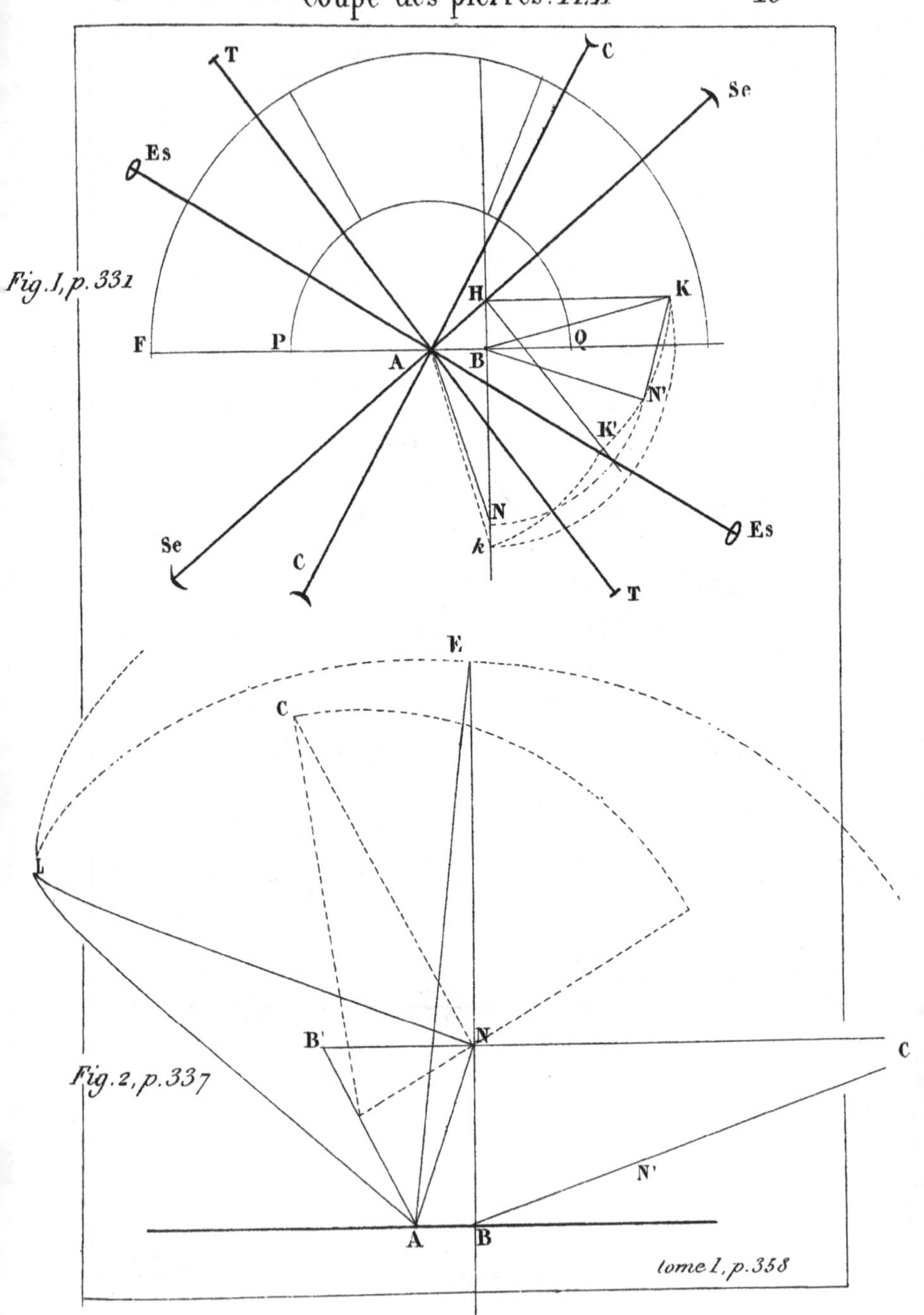
T
C
Se
Es
Fig. 1, p. 331
H
K
F
P
Q
A
B
N'
K'
N
k
Es
Se
C
T
E
C
L
B'
N
C
Fig. 2, p. 337
N'
A
B

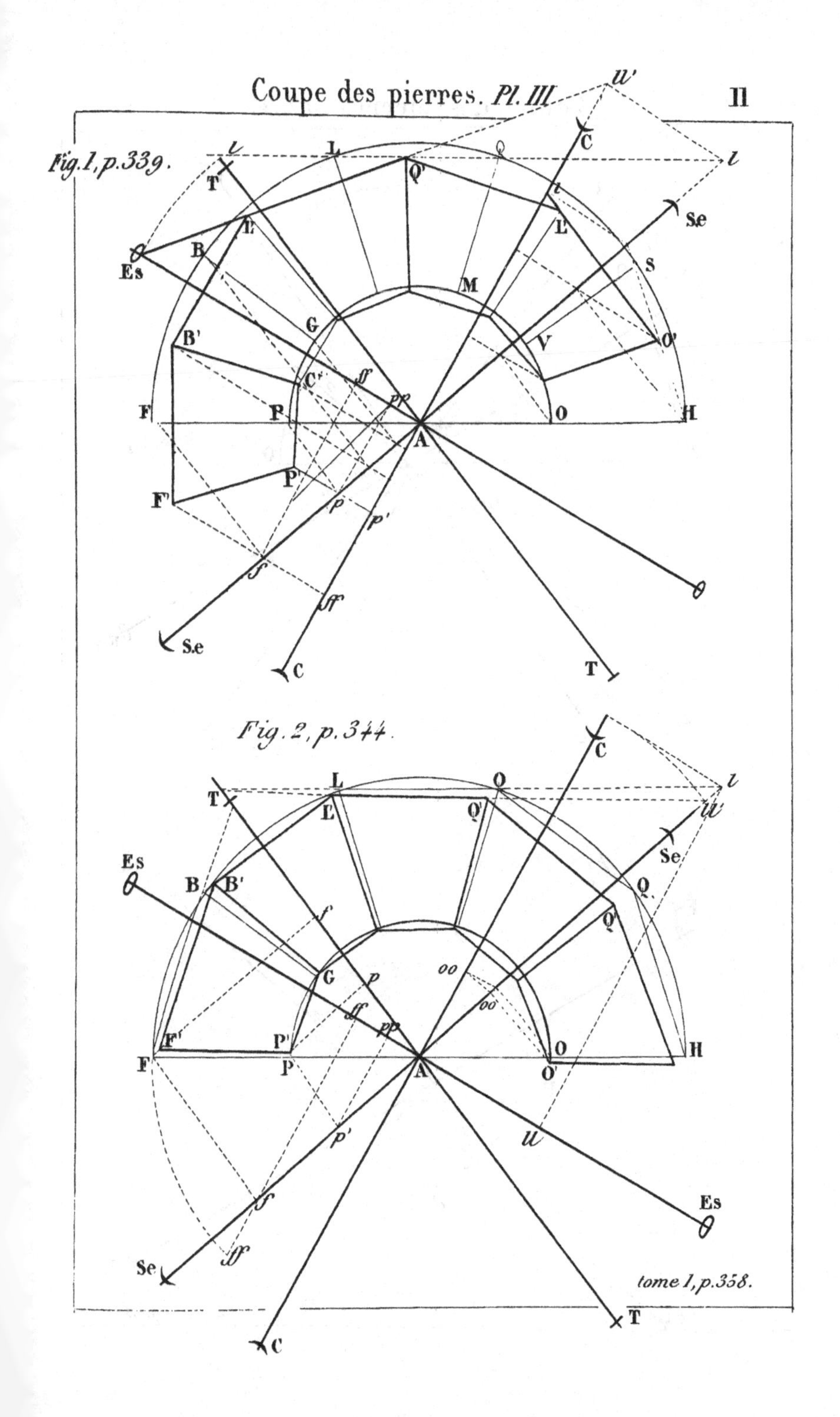
Coupe des pierres. Pl. III
11
Fig. 1, p. 339.
Fig. 2, p. 344.
tome 1, p. 358.

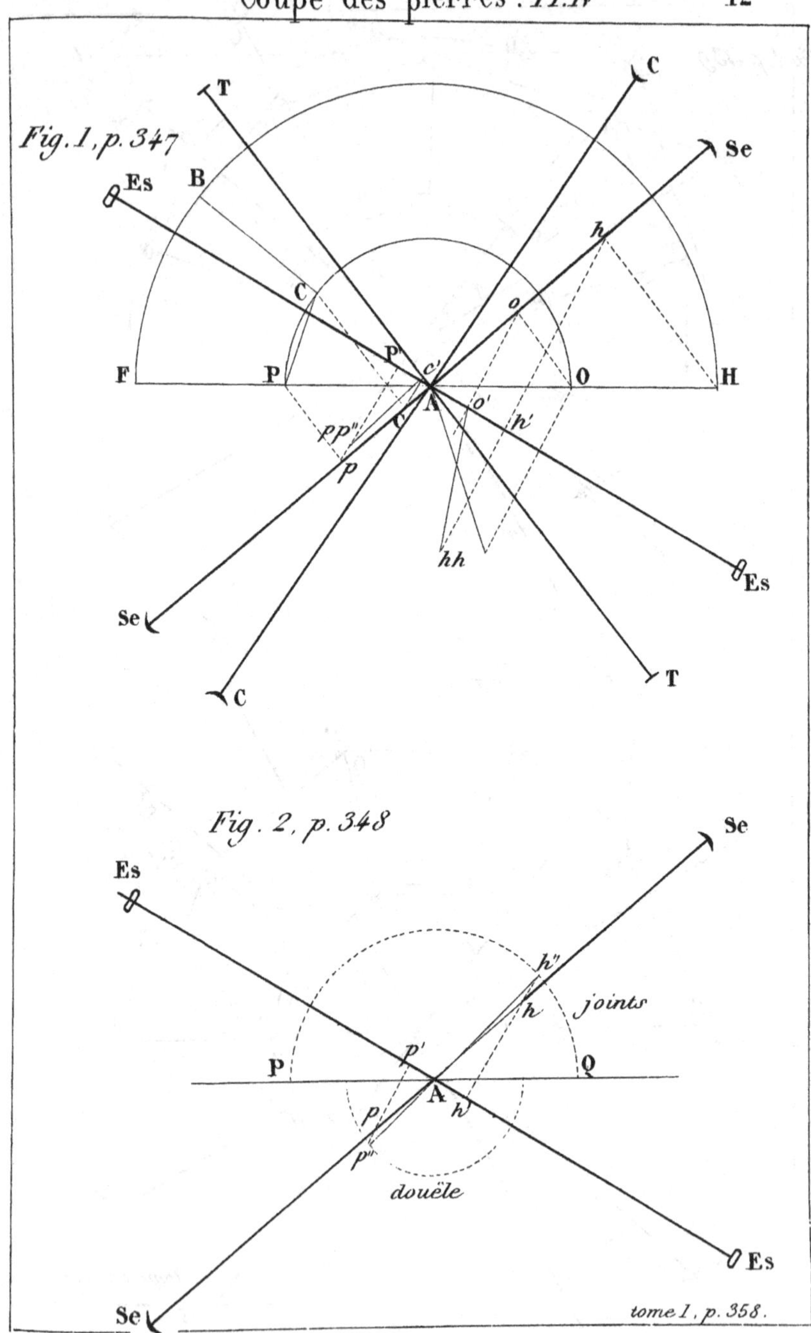
Fig. 1, p. 347
T
C
Se
Es
B
h
C
o
P'
c'
F
P
O
H
A
o'
C
h'
pp''
p
hh
Es
Se
C
T
Fig. 2, p. 348
Se
Es
h''
h
joints
P
p'
Q
A
p
h'
p''
douële
Es
Se

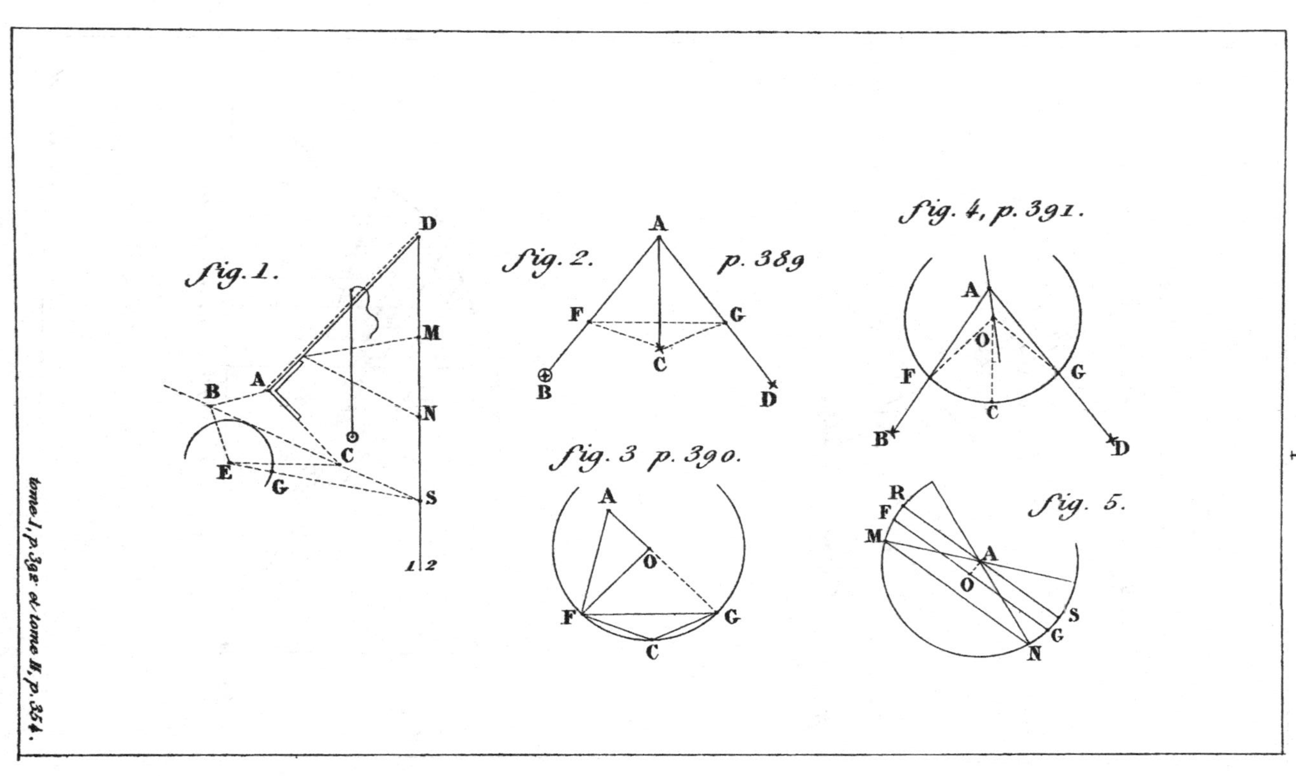

tome I, p. 392 et tome II, p. 354.

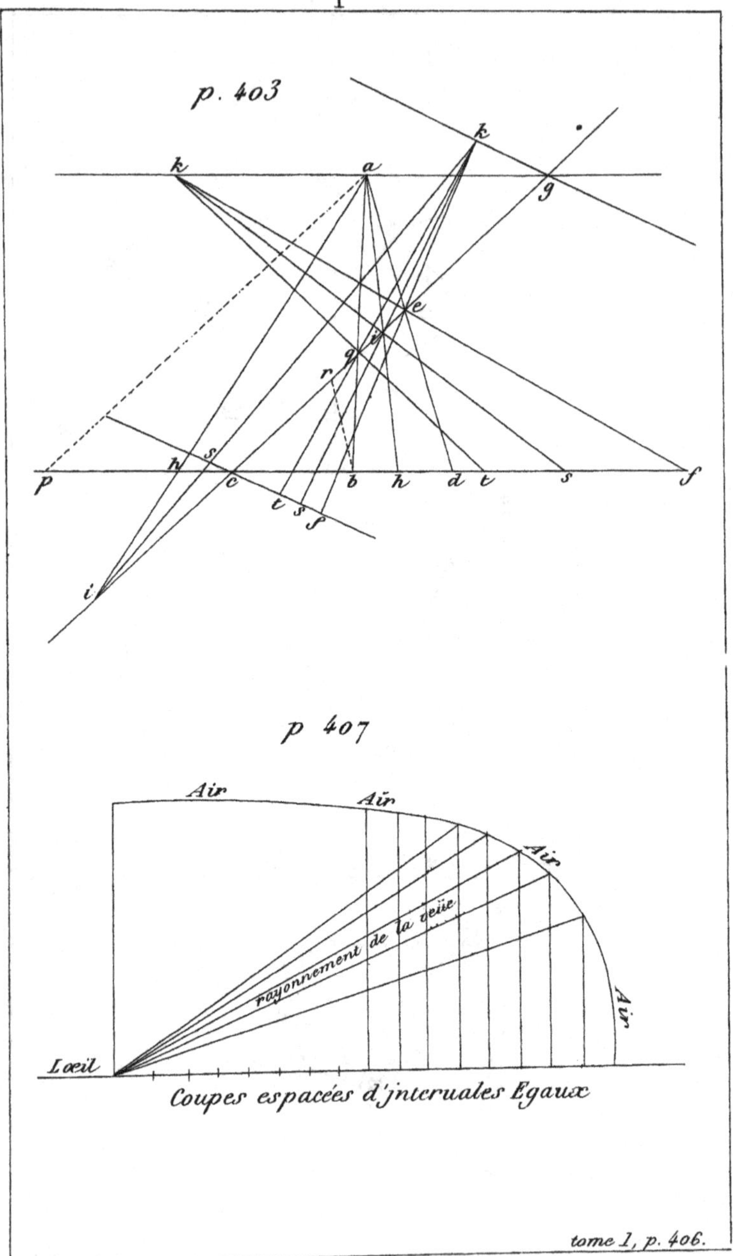
p. 403
k
a
k
g
e
i
q
r
h
s
p
c
b
h
d
t
s
f
t
s
f
i
p 407
Air
Air
Air
rayonnement de la veüe
Air
Lœil
Coupes espacées d'jnterualles Egaux

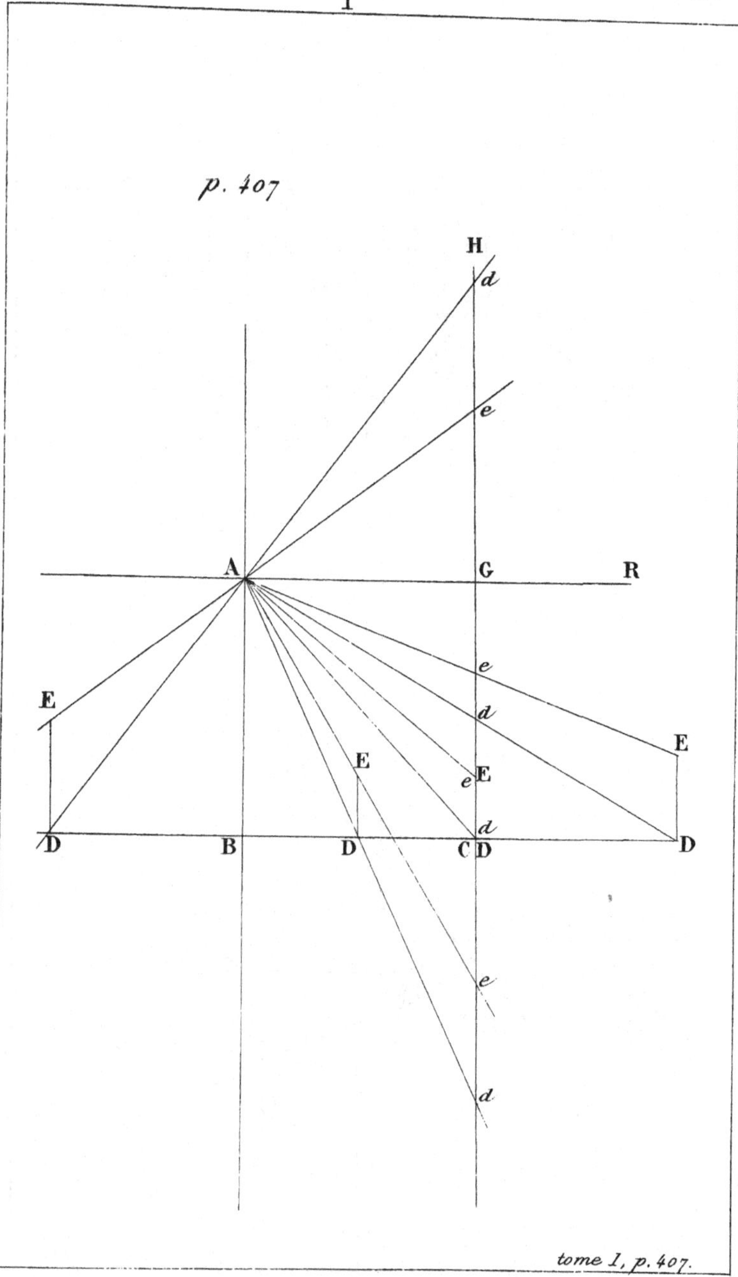
p. 407
H
d
e
A
G
R
e
d
E
E
E
e E
d
D
B
D
C D
D
e
d
tome 1, p. 407.

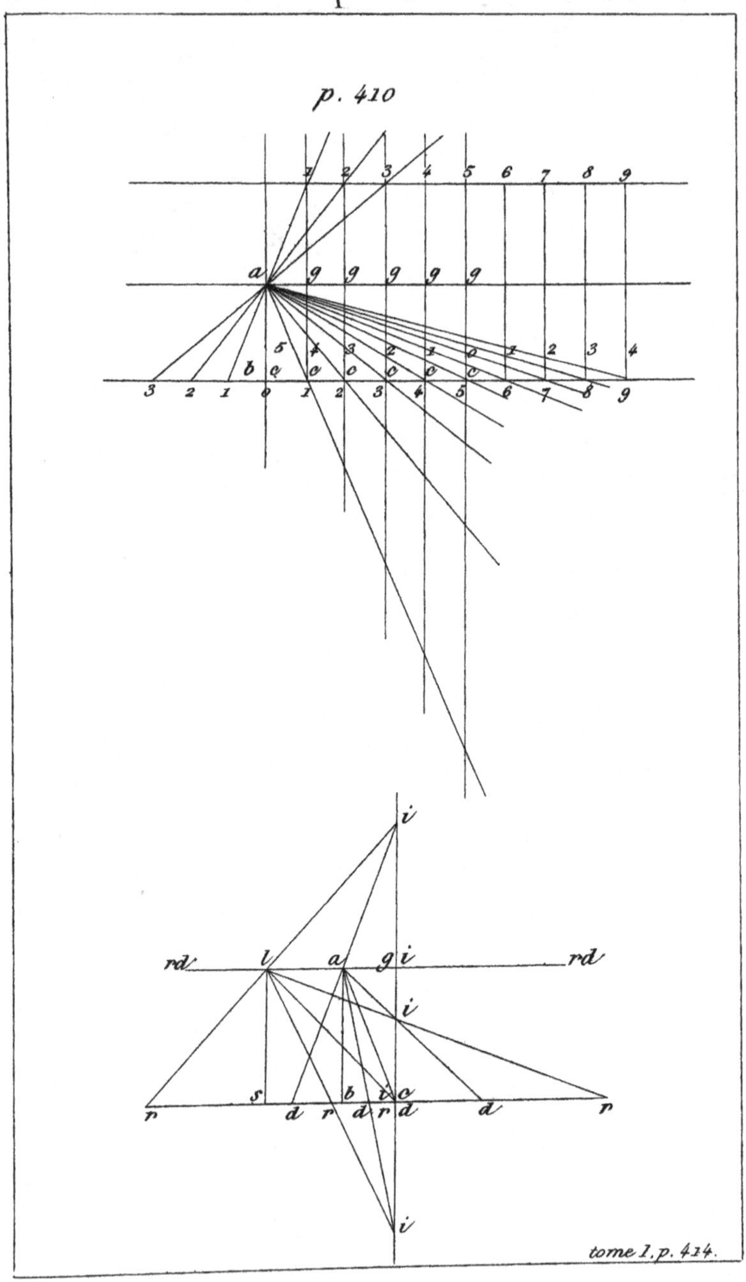
p. 410
1 2 3 4 5 6 7 8 9
a 9 9 9 9 9
5 4 3 2 1 0 1 2 3 4
b c c c c c c
3 2 1 0 1 2 3 4 5 6 7 8 9
i
rd l a g i rd
i
s b i c
r d r d r d d r
i
tome I. p. 414.

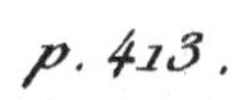
p. 413.

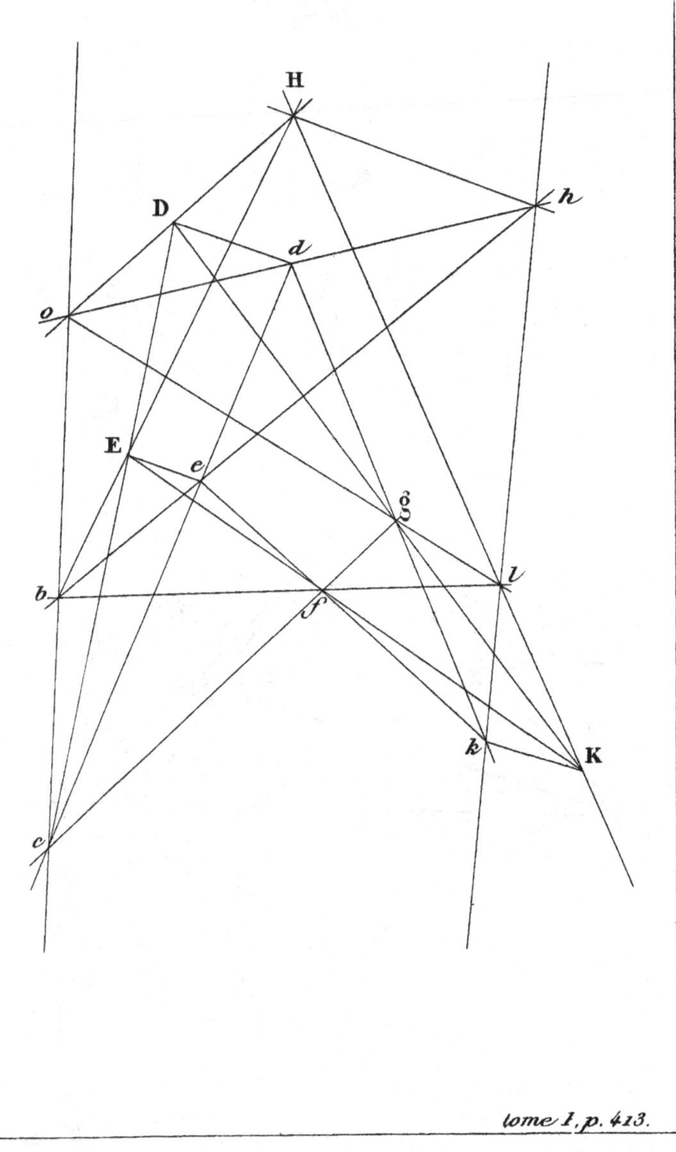
H
h
D
d
o
E
e
g
l
b
f
k
K
c

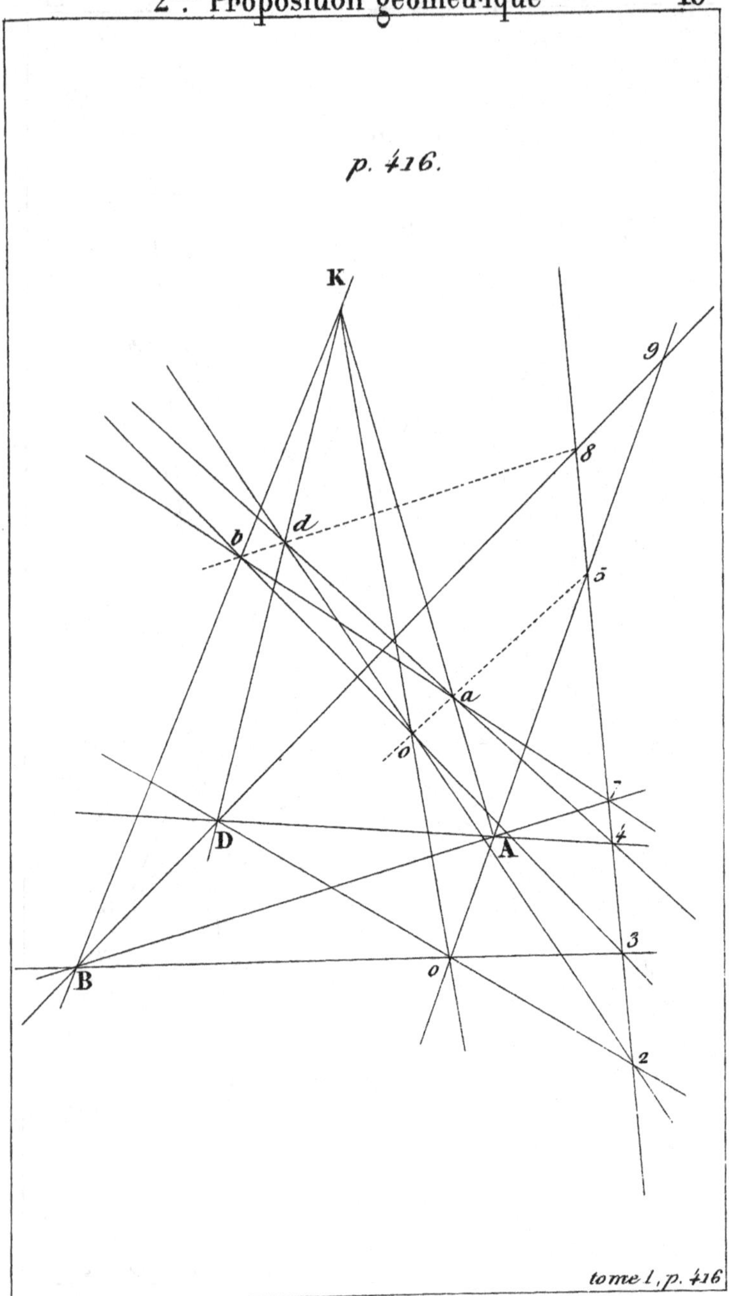
p. 416.
K
9
8
b
d
5
a
o
7
4
D
A
3
B
o
2
tome I, p. 416

3me Proposition géométrique

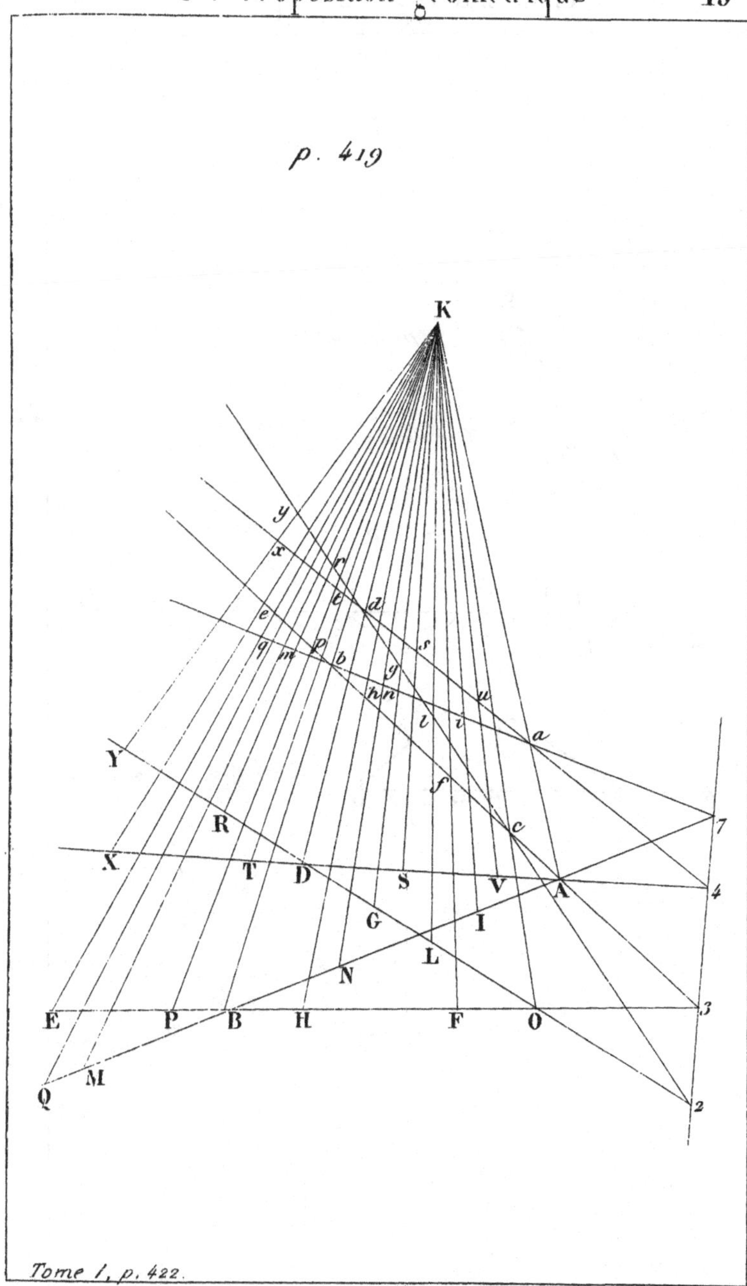

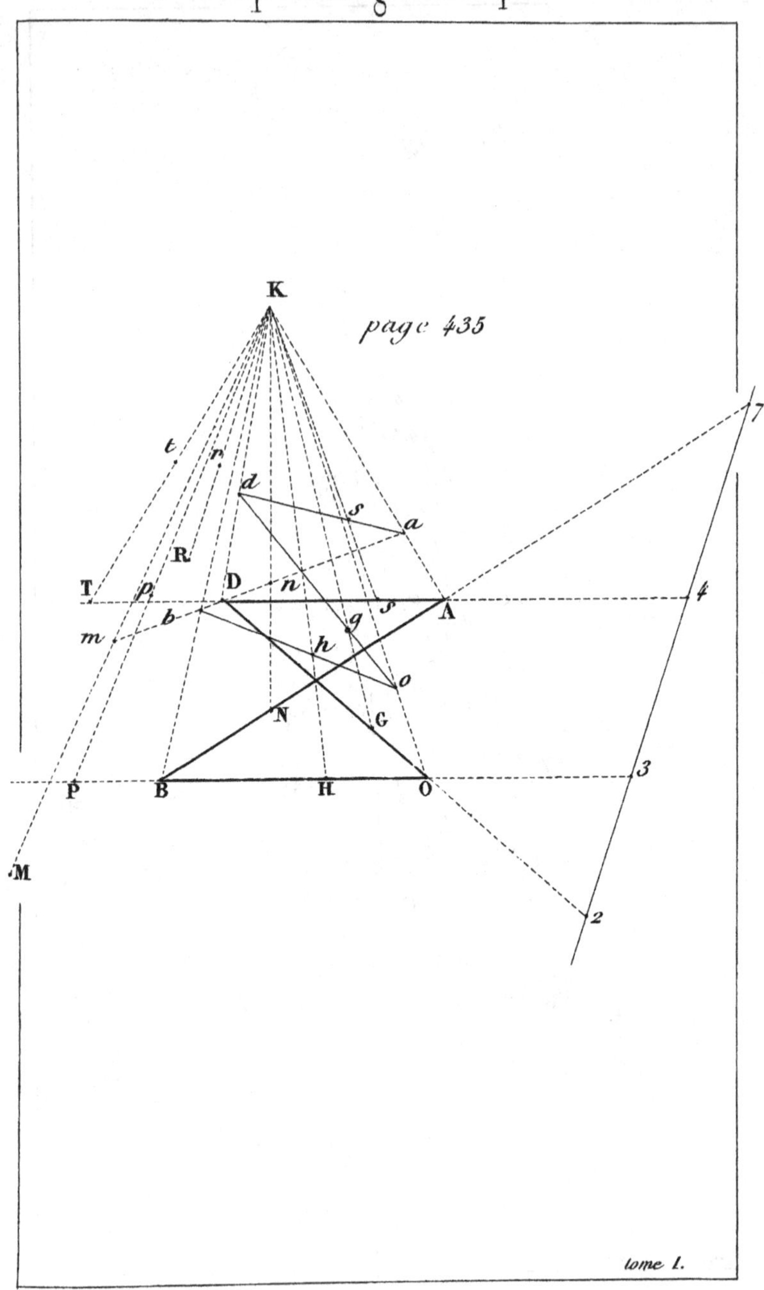
K
page 435
t
r
d
s
a
R
T
p
D
n
s
A
4
7
b
m
g
h
o
N
G
P
B
H
O
3
M
2
tome I.

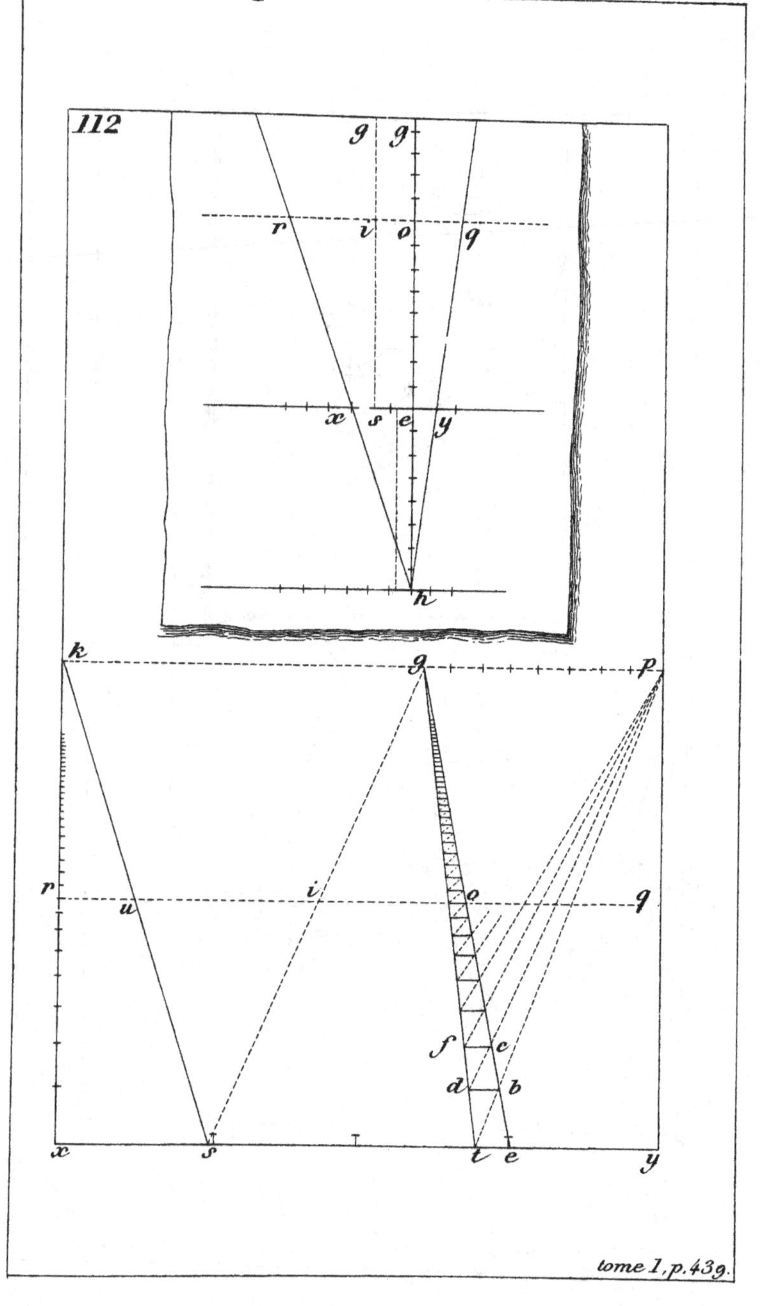
112
g
g
r
i
o
q
x
s
e
y
h
k
g
p
r
u
i
o
q
f
c
d
b
x
s
t
e
y

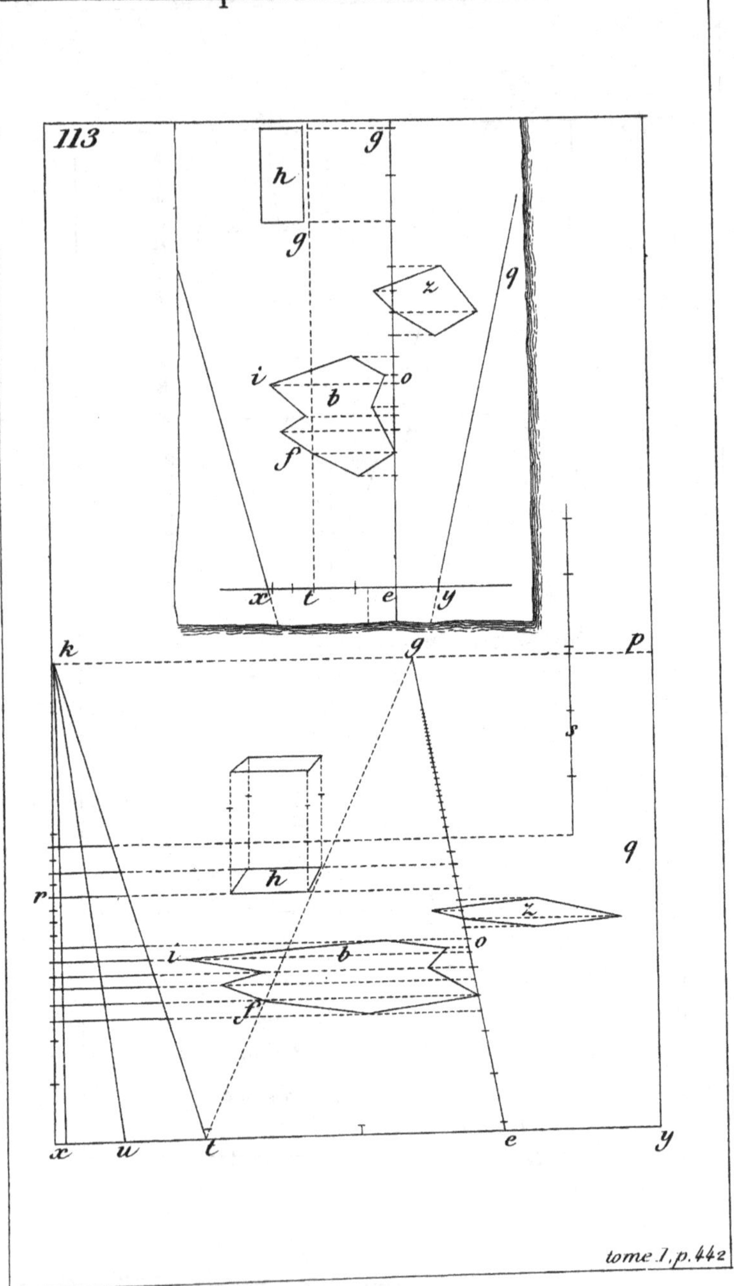
113
h
g
g
z
q
i
o
b
f
x
t
e
y
k
g
p
s
q
h
r
z
o
i
b
f
x
u
t
e
y

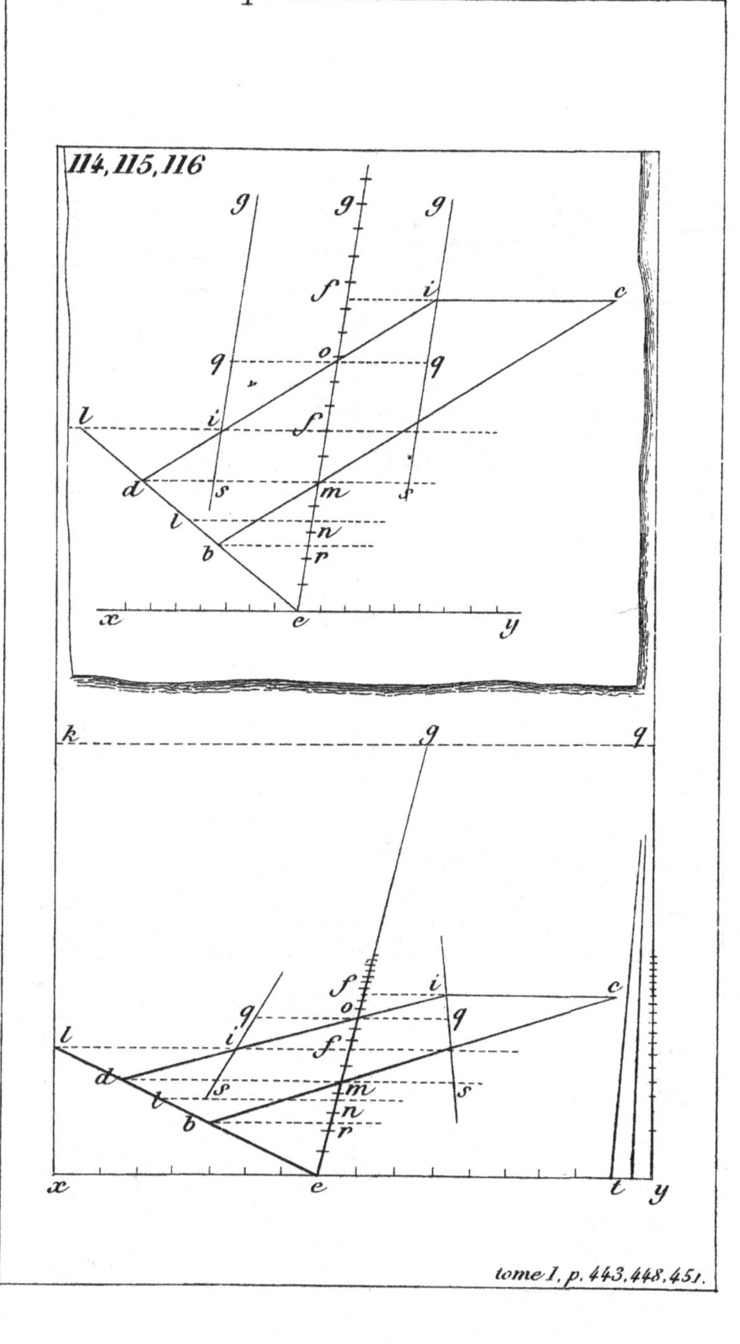

tome I, p. 443, 448, 451.

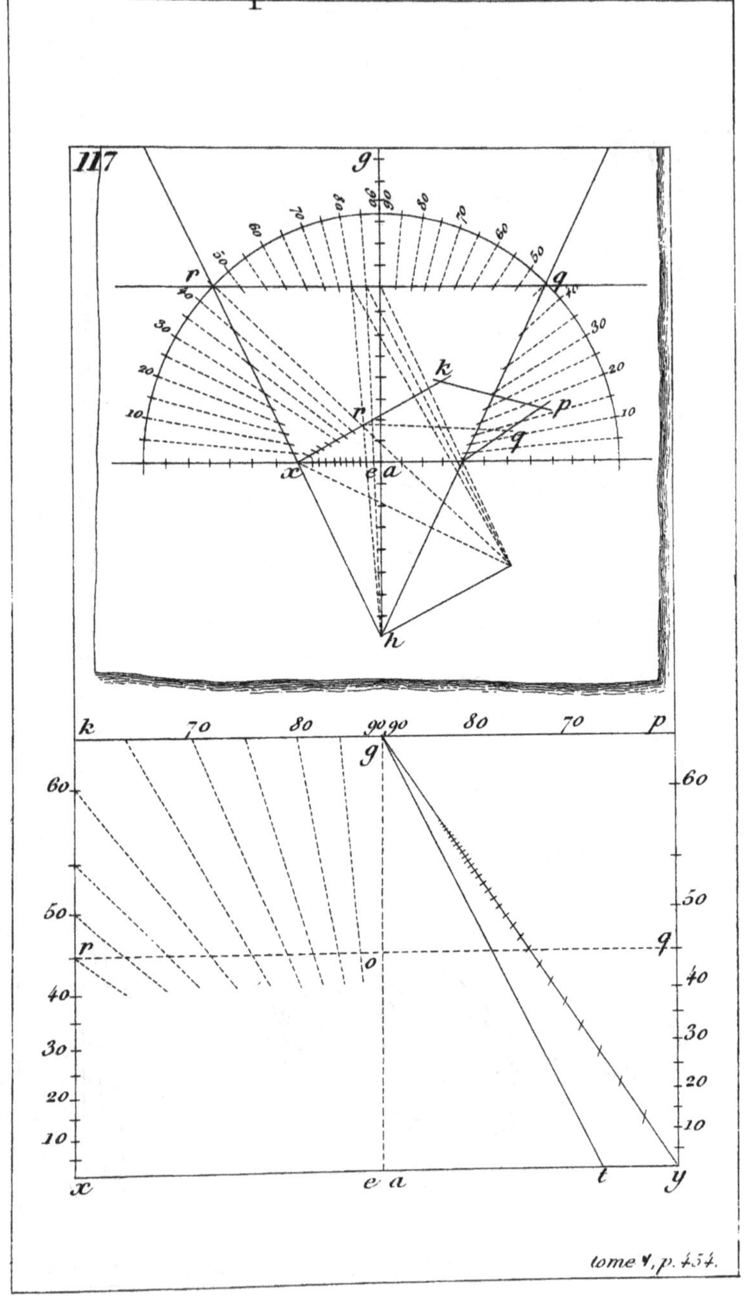
117
g
r
q
k
p
r
q
x
e a
h
k 70 80 90 90 80 70 p
g
60
50
p
o
q
40
30
20
10
x
e a
t
y

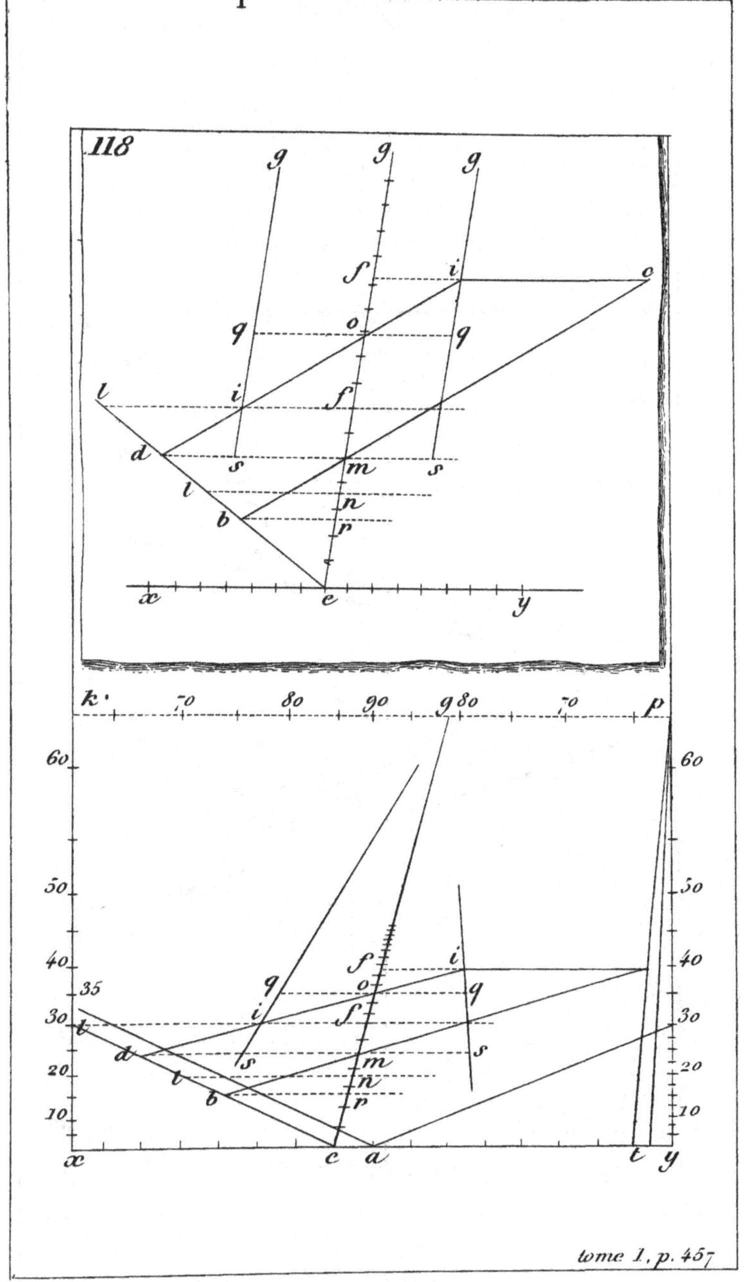
118
g
g
g
f
i
c
q
o
q
l
i
f
d
s
m
s
l
n
b
r
x
e
y
k
70
80
90
9
80
70
p
60
60
50
50
40
f
i
40
35
q
o
q
30
i
f
30
t
d
s
m
s
20
l
n
20
b
r
10
10
x
c
a
t
y

Compas optique. 26

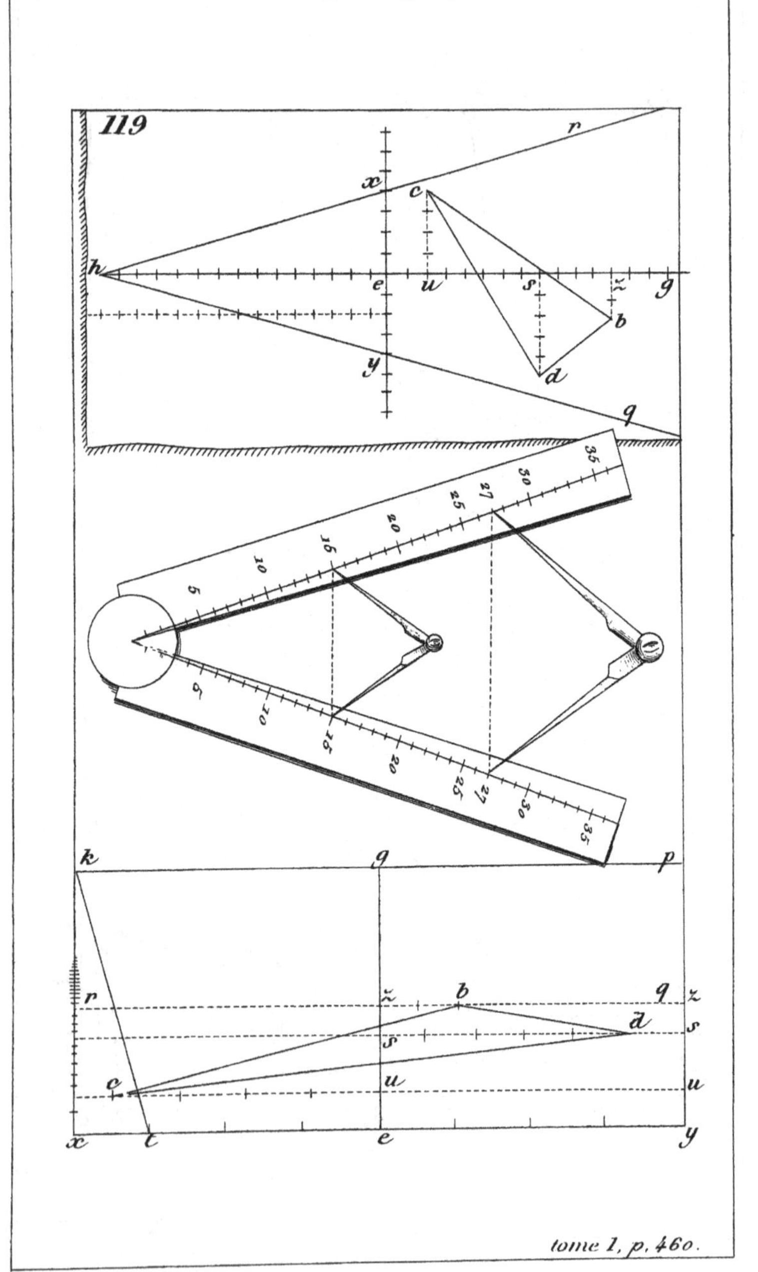

tome 1, p. 460.

Printed in the United States
By Bookmasters